普通高等教育“十一五”国家级规划教材

经济管理数学基础

徐向红　周冉　李佳民　主编

概率论与数理统计习题课教程

(第3版)

清華大学出版社
北京

内 容 简 介

本书是普通高等教育“十一五”国家级规划教材，是《概率论与数理统计(第 3 版)》（郑文瑞、徐向红、李亚军主编，清华大学出版社，2022）的配套习题课教材. 内容包括随机事件及其概率、随机变量及其概率分布、二维随机变量及其概率分布、随机变量的数字特征、大数定律和中心极限定理、数理统计的基本知识、参数估计和假设检验. 本书分为 8 章，各章首先概括主要内容和教学要求，继之进行例题选讲、常见错误类型分析、疑难问题解答，最后给出练习题、综合练习题及其参考答案与提示.

本书可作为高等学校经济、管理、金融及相关专业概率论与数理统计课程的习题课教材或教学参考书.

图书在版编目（CIP）数据

概率论与数理统计习题课教程 / 徐向红，周冉，李佳民主编. -- 3 版. -- 北京 ：清华大学出版社，2025. 7. -- (经济管理数学基础). -- ISBN 978-7-302-69598-1

Ⅰ. O21

中国国家版本馆 CIP 数据核字第 2025Z5Z916 号

责任编辑： 佟丽霞
封面设计： 傅瑞学
责任校对： 王淑云
责任印制： 杨 艳

出版发行： 清华大学出版社
网 址：https://www.tup.com.cn，https://www.wqxuetang.com
地 址：北京清华大学学研大厦 A 座　　邮 编：100084
社 总 机：010-83470000　　邮 购：010-62786544
投稿与读者服务：010-62776969，c-service@tup.tsinghua.edu.cn
质量反馈：010-62772015，zhiliang@tup.tsinghua.edu.cn
印 装 者： 小森印刷（天津）有限公司
经 销： 全国新华书店
开 本： 170mm×230mm　　**印 张：** 16　　**字 数：** 312 千字
版 次： 2007 年 3 月第 1 版　2025 年 8 月第 3 版　　**印 次：** 2025 年 8 月第 1 次印刷
定 价： 48.00 元

产品编号：097774-01

第 3 版前言

经济管理数学基础《概率论与数理统计习题课教程》教材第 2 版已出版 10 年了，感谢兄弟院校的关注和广大同学们的使用. 在国家推进新文科建设的背景下，根据当前教学形势的发展及需求，并结合我们近几年的教学研究与教学实践，作者认为有必要对本教材进行再版修订.

本次修订的指导思想：修订的重点是将纸介质教材与数字资源进行一体化设计，相互配合、相互支撑，进一步提高教材的适用性和对课程教学的支撑性，形成新形态教材.

修订的重点内容是配套了数字资源，数字资源包括：对重点和不易理解的知识点进行细致讲解；对部分例题和习题中容易出现的错误及问题，也进行了分析；在每章后针对学习要点增加了综合自测题. 数字资源以二维码形式给出. 同时修正了第 2 版中存在的不当之处和部分习题中的错误，更换了部分例题和习题.

参加本书第 3 版修订工作的有徐向红（第 3 ~ 6 章），周冉（第 1 、2 章），李佳民（第 7 、 8 章），高彦伟、李佳民承担了数字资源的编制、录制工作. 全书由徐向红统稿.

在本书的修订过程中，得到了吉林大学本科生院、吉林大学数学学院和清华大学出版社的大力支持和帮助，吴晓俐承担教材修订的编务工作，在此一并表示衷心的感谢.

由于编者水平所限，书中的疏漏和不当之处，敬请广大读者批评指正，以期不断完善.

作　者

2025 年 3 月

总序

第 1 版前言

第 2 版前言

目　录

第 1 章　随机事件及其概率 1

1.1　随机事件及其概率 1

一、主要内容 1

二、教学要求 1

三、例题选讲 1

四、常见错误类型分析 7

五、疑难问题解答 8

练习 1.1 9

练习 1.1 参考答案与提示 11

1.2　计算概率的几个公式 12

一、主要内容 12

二、教学要求 12

三、例题选讲 12

四、常见错误类型分析 19

五、疑难问题解答 20

练习 1.2 21

练习 1.2 参考答案与提示 22

综合练习 1 23

综合练习 1 参考答案与提示 24

第 2 章　随机变量及其概率分布 27

一、主要内容 27

二、教学要求 27

三、例题选讲 27

四、常见错误类型分析 46

五、疑难问题解答 48

练习 2 48

练习 2 参考答案与提示 51

综合练习 2 52

综合练习 2 参考答案与提示 54

第 3 章　二维随机变量及其概率分布 57
一、主要内容 57
二、教学要求 57
三、例题选讲 57
四、常见错误类型分析 79
五、疑难问题解答 83
练习 3 84
练习 3 参考答案与提示 87
综合练习 3 91
综合练习 3 参考答案与提示 94

第 4 章　随机变量的数字特征 98
一、主要内容 98
二、教学要求 98
三、例题选讲 98
四、常见错误类型分析 120
五、疑难问题解答 121
练习 4 122
练习 4 参考答案与提示 124
综合练习 4 126
综合练习 4 参考答案与提示 129

第 5 章　大数定律和中心极限定理 131
一、主要内容 131
二、教学要求 131
三、例题选讲 131
四、常见错误类型分析 140
五、疑难问题解答 142
练习 5 143
练习 5 参考答案与提示 143
综合练习 5 144
综合练习 5 参考答案与提示 145

第 6 章　数理统计的基本知识 148
一、主要内容 148
二、教学要求 148

三、例题选讲 148
四、常见错误类型分析 161
五、疑难问题解答 162
练习 6 164
练习 6 参考答案与提示 165
综合练习 6 168
综合练习 6 参考答案与提示 169

第 7 章 参数估计 172

7.1 点估计 172
一、主要内容 172
二、教学要求 172
三、例题选讲 172
四、常见错误类型分析 196
五、疑难问题解答 197
练习 7.1 199
练习 7.1 参考答案与提示 200
7.2 区间估计 202
一、主要内容 202
二、教学要求 202
三、例题选讲 202
练习 7.2 213
练习 7.2 参考答案与提示 213
综合练习 7 215
综合练习 7 参考答案与提示 217

第 8 章 假设检验 220

一、主要内容 220
二、教学要求 220
三、例题选讲 220
四、常见错误类型分析 232
五、疑难问题解答 234
练习 8 237
练习 8 参考答案与提示 239
综合练习 8 241

综合练习 8 参考答案与提示 242

参考文献 **245**

第 1 章　随机事件及其概率

1.1　随机事件及其概率

一、主要内容

随机试验和随机事件的概念，随机事件的关系及运算，概率的定义和性质，古典概型和几何概型的概率计算.

二、教学要求

1. 理解随机试验、样本空间和随机事件的概念，掌握随机事件间的关系和运算.

2. 理解概率的定义，掌握概率的性质.

3. 掌握古典概率及几何概率的计算，能用概率的基本性质计算随机事件的概率.

三、例题选讲

例 1.1　写出下列随机试验的基本空间：

(1) 掷两枚骰子，分别观察其出现的点数；

(2) 一人射靶三次，观察其中靶的情况；

(3) 口袋中装有 10 个球，6 个白球，4 个红球，分别标有 $1\sim10$ 号，从中任取一球，观察球的号数；

(4) 在单位圆内任取一点，记录它的坐标.

解　(1) $\Omega=\{(1,1),\cdots,(1,6),(2,1),\cdots,(2,6),(3,1),\cdots,(3,6),(4,1),\cdots,(4,6),(5,1),\cdots,(5,6),(6,1),\cdots,(6,6)\}$.

其中 (i,j) 表示第一枚骰子掷出 i 点，第二枚骰子掷出 j 点 $(i,j$=1,2,3,4,5,6).

(2) $\Omega=\{w_{000},w_{001},w_{010},w_{011},w_{100},w_{101},w_{110},w_{111}\}$, 其中 w_{000} 表示三次均没中靶，w_{110} 表示第一次中靶，第二次中靶，第三次没中靶，依次类推.

(3) $\Omega=\{1,2,3,4,5,6,7,8,9,10\}$.

(4) 取一直角坐标系，则有 $\Omega=\{(x,y)|x^2+y^2<1\}$, 若取极坐标系，则有 $\Omega=\{(\rho,\theta)\,|\rho<1,0\leqslant\theta<2\pi\}$.

例 1.2 设 A,B,C 为三事件，用 A,B,C 的运算关系表示下列各事件：

(1) A 发生， B 与 C 不发生；

(2) A 与 B 都发生，而 C 不发生；

(3) A,B,C 中至少有一个发生；

(4) A,B,C 都发生；

(5) A,B,C 都不发生；

(6) A,B,C 中不多于一个发生；

(7) A,B,C 中不多于两个发生；

(8) A,B,C 中至少有两个发生.

解 以下分别用 $D_i(i=1,2,3,\cdots,8)$ 表示 (1), (2), $\cdots$, (8) 中所给出的事件. 注意到一个事件不发生即为它的对立事件发生，例如事件 A 不发生即 $\overline{A}$ 发生.

(1) $D_1 = A\overline{B}\,\overline{C}$ 或写成 $D_1 = A-B-C$.

(2) $D_2 = AB\overline{C}$ 或写成 $D_2 = AB-C$.

(3) $D_3 = A\cup B\cup C$ 或写成 $D_3 = \overline{\overline{A}\,\overline{B}\,\overline{C}}$, 或写成 $D_3 = A\overline{B}\,\overline{C}\cup\overline{A}B\overline{C}\cup\overline{A}\,\overline{B}C\cup AB\overline{C}\cup A\overline{B}C\cup\overline{A}BC\cup ABC$.

(4) $D_4 = ABC$.

(5) $D_5 = \overline{A}\,\overline{B}\,\overline{C}$.

(6) $D_6 = \overline{A}\,\overline{B}\,\overline{C}\cup A\overline{B}\,\overline{C}\cup\overline{A}B\overline{C}\cup\overline{A}\,\overline{B}C$ 或写成 $D_6 = \overline{AB\cup BC\cup CA} = \overline{AB}\cap\overline{BC}\cap\overline{CA}$.

(7) $D_7 = \overline{A}\,\overline{B}\,\overline{C}\cup A\overline{B}\,\overline{C}\cup\overline{A}B\overline{C}\cup\overline{A}\,\overline{B}C\cup AB\overline{C}\cup A\overline{B}C\cup\overline{A}BC$ 或写成 $D_7 = \overline{A}\cup\overline{B}\cup\overline{C}$ 或写成 $D_7 = \overline{ABC}$.

(8) $D_8 = AB\cup BC\cup CA$ 或写成 $D_8 = ABC\cup\overline{A}BC\cup A\overline{B}C\cup AB\overline{C}$.

例 1.3 指出下列关系中哪些成立，哪些不成立.

(1) $\overline{A}B = A\cup\overline{B}$; (2) 若 $AB=\varnothing$, 且 $C\subset A$, 则 $BC=\varnothing$;

(3) $AB\cap A\overline{B}=\varnothing$; (4) 若 $\overline{A}\subset\overline{B}$, 则 $A\supset B$;

(5) $\overline{A-B}=\overline{A}-\overline{B}$; (6) $\overline{(A\cup B)C}=\overline{A}\,\overline{B}\,\overline{C}$.

解 (1) 不成立. 因为左边不含 A 而右边含 A.

(2) 成立. 因若 $BC\neq\varnothing$, 又 $C\subset A$, 则 $BA\neq\varnothing$, 此与条件矛盾.

(3) 成立. 因为 $B,\overline{B}$ 不同时发生，从而 AB 与 $A\overline{B}$ 也不同时发生.

(4) 成立. 若 B 发生不导致 A 发生，则导致 $\overline{A}$ 发生， $\overline{A}\subset\overline{B}$, 即导致 $\overline{B}$ 发生，从而 $B\subset\overline{B}$, 矛盾.

(5) 不成立. 因为 $\overline{A-B}=\overline{(A\overline{B})}=\overline{A}\cup B$, 而 $\overline{A}-\overline{B}=\overline{A}\cap B$.

(6) 不成立. 因为 $\overline{(A\cup B)C}=\overline{A}\,\overline{B}\cup\overline{C}$.

例 1.4　已知两事件：$A \subset B, P(A) = 0.2, P(B) = 0.3$. 求：
(1) $P(\overline{A})$;　(2) $P(\overline{B})$；　(3) $P(AB)$；
(4) $P(A \cup B)$；　(5) $P(B\overline{A})$；　(6) $P(A - B)$.

解　(1) $P(\overline{A}) = 1 - P(A) = 1 - 0.2 = 0.8$.

(2) $P(\overline{B}) = 1 - P(B) = 1 - 0.3 = 0.7$.

(3) $P(AB) = P(A) = 0.2$.

(4) $P(A \cup B) = P(A) + P(B) - P(AB) = 0.3$ 或 $P(A \cup B) = P(B) = 0.3$.

(5) $P(B\overline{A}) = P(B - A) = P(B) - P(AB)$

$$= P(B) - P(A) = 0.3 - 0.2 = 0.1.$$

(6) $P(A - B) = P(\varnothing) = 0$.

例 1.5　设事件 A 与 B 同时发生必导致 C 发生，则（　　）.
(A) $P(C) = P(AB)$　　(B) $P(C) \geqslant P(A) + P(B) - 1$
(C) $P(C) = P(A \cup B)$　　(D) $P(C) \leqslant P(A) + P(B) - 1$

解　由于 $P(C) \geqslant P(AB)$, 而

$$P(AB) = P(A) + P(B) - P(A \cup B) \geqslant P(A) + P(B) - 1.$$

所以选 (B).

例 1.6　袋内放有 2 个伍分，3 个贰分和 5 个壹分的钱币，任取其中 5 个，求钱额总数超过壹角的概率.

解　共有 10 个钱币，任取 5 个，则基本事件总数为 C_{10}^5, 有利于事件 A(取 5 个钱币金额超壹角) 的情形有以下两种：

(1) 取 2 个 5 分币，其余 3 个可任取，其总数为

$$\mathrm{C}_2^2\mathrm{C}_3^3 + \mathrm{C}_2^2\mathrm{C}_3^2\mathrm{C}_5^1 + \mathrm{C}_2^2\mathrm{C}_3^1\mathrm{C}_5^2 + \mathrm{C}_2^2\mathrm{C}_5^3\ (\text{或}\ \mathrm{C}_2^2\mathrm{C}_8^3);$$

(2) 取 1 个 5 分币，则 2 分币至少要取 2 个，其总数为

$$\mathrm{C}_2^1\mathrm{C}_3^3\mathrm{C}_5^1 + \mathrm{C}_2^1\mathrm{C}_3^2\mathrm{C}_5^2.$$

故有利于事件 A 的基本事件总数为

$$\mathrm{C}_2^2\mathrm{C}_3^3 + \mathrm{C}_2^2\mathrm{C}_3^2\mathrm{C}_5^1 + \mathrm{C}_2^2\mathrm{C}_3^1\mathrm{C}_5^2 + \mathrm{C}_2^2\mathrm{C}_5^3 + \mathrm{C}_2^1\mathrm{C}_3^3\mathrm{C}_5^1 + \mathrm{C}_2^1\mathrm{C}_3^2\mathrm{C}_5^2 = 126.$$

所以
$$P(A)=\frac{126}{\mathrm{C}_{10}^{5}}=\frac{1}{2}.$$

例 1.7 一袋内装有 7 个球，其中 4 个白球，3 个黑球. 从中一次抽取 3 个，求至少有 2 个白球的概率.

解 设事件 A_i 表示“抽到的 3 个球中有 $i\ (i=2,3)$ 个白球”，A_2 与 A_3 互不相容，由古典概率的定义，有
$$P(A_2)=\frac{\mathrm{C}_4^2\mathrm{C}_3^1}{\mathrm{C}_7^3}=\frac{18}{35},\quad P(A_3)=\frac{\mathrm{C}_4^3}{\mathrm{C}_7^3}=\frac{4}{35},$$
故所求概率为
$$P(A_2\cup A_3)=P(A_2)+P(A_3)=\frac{22}{35}.$$

例 1.8 设有大小相同标号分别为 1,2,3,4,5 的 5 个球，同时有标号为 1, 2, 3, $\cdots$,10 的 10 个盒子，将 5 个球放入 10 个盒子中，假设每个球放入任何一个盒子中的可能性相同，并且每个盒子可以同时容纳 5 个以上的球. 求下列事件的概率：

(1) 某指定的 5 个盒子各有一个球；

(2) 每个盒子中最多只有 1 个球；

(3) 某指定的盒子内不空.

解 5 个球放入 10 盒子中，因为每个球有 10 种投法，据乘法原理，共有 10^5 种不同的投法，且是等可能的.

(1) 设 A 表示“某指定的 5 个盒子中各有 1 个球”的事件. A 包含的基本事件数为 5 个不同元素的全排列，共有 $n_A=5!$, 于是
$$P(A)=\frac{5!}{10^5}=0.0012.$$

(2) 设 B 表示“每个盒子中最多只有一个球”的事件. 再求 B 包含的基本事件数时，因为不指定哪 5 个盒子有球，首先从 10 个盒中任取 5 个盒子，共有 C_{10}^5 种取法. 然后再求取出的这 5 个盒子中，每个盒子有一球包含的基本事件数为 5! 个，据乘法原理知 $n_B=\mathrm{C}_{10}^5\times 5!$, 于是
$$P(B)=\frac{\mathrm{C}_{10}^5\cdot 5!}{10^5}=0.3024.$$

(3) 设 C 表示“某指定的盒子内不空”的事件；$\overline{C}$ 表示“某指定的盒子是空”的事件，$\overline{C}$ 包含基本事件数即 5 个球可以向另外 9 个盒子任意投，共有 9^5 种投法，于是
$$P(C)=1-P(\overline{C})=1-\frac{9^5}{10^5}=0.40951.$$

例 1.9　掷 5 次骰子. 试求：(1) 恰好有 3 次点数相同的概率；(2) 至少有两次 6 点的概率.

解　(1) 随机试验的样本空间所含的基本事件总数为 6^5, 5 次中恰好有 3 次点数为 1 的基本事件数是 $\mathrm{C}_5^3\cdot 5^2$, 恰好有 3 次是 2,3,4,5,6 点的基本事件数也分别是 $\mathrm{C}_5^3\cdot 5^2$, 设 A 表示“恰好有 3 次点数相同”的事件，则

$$P(A)=\frac{6\cdot \mathrm{C}_5^3\cdot 5^2}{6^5}=\frac{125}{648}=0.193.$$

(2) 不出现 6 点的基本事件数是 6^5, 只出现一次 6 点的基本事件数 $\mathrm{C}_6^1\cdot 5^4$, 设 B 表示“至少有两次 6 点”的事件，则

$$P(B)=1-\frac{5^5}{6^5}-\frac{\mathrm{C}_5^1\cdot 5^4}{6^5}=\frac{1526}{7776}=0.196.$$

例 1.10　从 5 双不同的手套中任取 4 只，这 4 只手套中至少有两只手套配成一双的概率是多少？

分析　设 A 表示事件“取出的 4 只手套至少有两只手套配成一双”，则 $\overline{A}$ 表示“ 4 只手套中没有两只配成一双”，本题有多种解法.

解　方法 1　5 双手套中任取 4 只共有 $\mathrm{C}_{10}^4=210$ 种取法，且为等可能的. 先考虑 $\overline{A}$ 包含的基本事件数. 为使取出的 4 只手套中没有两只能配成一双的. 我们先从 5 双手套中任取 4 双, 然后从取出的 4 双手套中各取一只, 共有 $\mathrm{C}_5^4\times 2^4=80$ 种取法. 于是

$$P(A)=1-P(\overline{A})=1-\frac{80}{210}=\frac{13}{21}.$$

方法 2　5 双手套中任取 4 只有 $\mathrm{C}_{10}^4=210$ 种取法，且是等可能的. 为使取出的 4 只中至少有两只能配成一双，我们先从 5 双手套中任取 1 双，再从剩下的 4 双中任取 2 只, 共有 $\mathrm{C}_5^1\mathrm{C}_8^2$ 种取法, 因为有重复, 要减去 C_5^2. 因此 $n_A=\mathrm{C}_5^1\mathrm{C}_8^2-\mathrm{C}_5^2$, 于是

$$P(A)=\frac{\mathrm{C}_5^1\mathrm{C}_8^2-\mathrm{C}_5^2}{\mathrm{C}_{10}^4}=\frac{13}{21}.$$

方法 3　设 A_1 表示事件“取出的 4 只手套恰有两只能配成一双”， A_2 表示事件“取出的 4 只手套恰好配成两双”，于是 $A=A_1\cup A_2$, 而

$$P(A_1)=\frac{\mathrm{C}_5^1\left(\mathrm{C}_8^2-\mathrm{C}_4^1\right)}{\mathrm{C}_{10}^4},\quad P(A_2)=\frac{\mathrm{C}_5^2}{\mathrm{C}_{10}^4}.$$

于是

$$P(A)=P(A_1)+P(A_2)=\frac{\mathrm{C}_5^1\left(\mathrm{C}_8^2-\mathrm{C}_4^1\right)}{\mathrm{C}_{10}^4}+\frac{\mathrm{C}_5^2}{\mathrm{C}_{10}^4}=\frac{13}{21}.$$

例 1.11 自 $1,2,3,\cdots,9$ 这 9 个数中随机地取出一个数，取后放回，连续取 n 次，求取到的 n 个数之积能被 10 整除的概率.

分析 如果直接求解，则很繁琐，若能求出逆事件的概率，再利用概率的性质计算就会容易得出. 其他问题也常采用这种方法.

解 试验的每个结果对应一个从 9 个元素中允许重复的 n 个元素的排列，因此基本事件总数为 9^n.

设 A 表示事件“取出的 n 个数之积能被 10 整除”，则 $\overline{A}$ 表示事件“取出的 n 个数之积不能被 10 整除”，由于 $10=2\times 5$，把 $\overline{A}$ 分成两个事件的和.

设 B 表示事件“取出 n 个数中不含 5”； C 表示“取出的 n 个数中必含 5，但不含 2,4,6,8 中任何一个”. 则 B 与 C 是互不相容的，且 $\overline{A}=B\cup C$.

B 包含的基本事件，即 $1,2,3,4,6,7,8,9$，这 8 个数中允许重复取 n 个的排列，共有 8^n 个，因此

$$P(B)=\frac{8^n}{9^n}.$$

C 包含的基本事件是由 $1,3,5,7,9$，这 5 个数允许重复取 n 个数的排列，共有 5^n 个，减去由 $1,3,7,9$ 这 4 个数允许重复取 n 个的排列数 4^n 个，得 5^n-4^n 个，因此 $P(C)=\dfrac{5^n-4^n}{9^n}$，故

$$P(A)=1-P(\overline{A})=1-P(B\cup C)=1-\frac{8^n+5^n-4^n}{9^n}.$$

例 1.12 在边长为 3 的正方形内，随机抛入一个半径为 1 的圆环. 设圆环的圆心一定落入正方形内，求圆环能与正方形的边相交的概率.

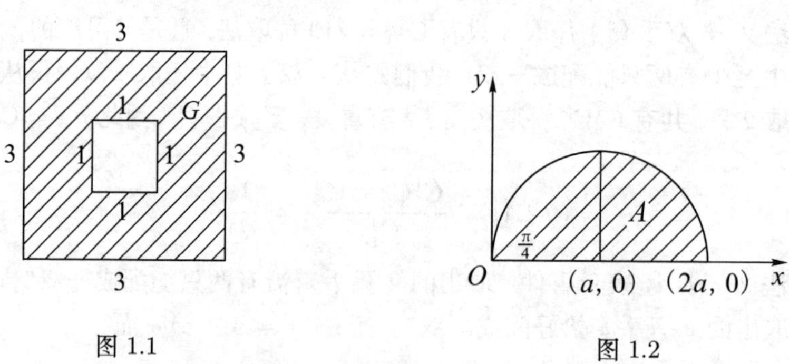

图 1.1 图 1.2

解 半径为 1 的圆能与正方形的边相交的充分必要条件是圆环的圆心落入图中阴影部分 G(图 1.1); 故由几何概率的计算公式，得所求概率为

$$p=\frac{G\text{的面积}}{\Omega\text{的面积}}=\frac{9-1}{9}=\frac{8}{9}.$$

例 1.13　随机地向半圆 $0<y<\sqrt{2ax-x^2}$ (a为正常数) 内掷一点，点落在半圆内任何区域的概率与区域的面积成正比，求原点和该点的连线与 x 轴的夹角小于 $\dfrac{\pi}{4}$ 的概率.

解　样本空间 Ω 可表示为 $(x-a)^2+y^2\leqslant a^2$ 的上半圆的所有点 (图 1.2), 此时 Ω 的面积为 $\dfrac{\pi a^2}{2}$.

令 $A=\left\{\text{掷点和原点的连线与 } x \text{ 轴的夹角小于}\dfrac{\pi}{4}\right\}$, 则

$$A\text{的面积}=\int_0^{\frac{\pi}{4}}\mathrm{d}\theta\int_0^{2a\cos\theta} r\mathrm{d}r=\frac{a^2}{2}+\frac{a^2}{4}\pi,$$

因此所求概率为

$$P(A)=\frac{\dfrac{a^2}{2}+\dfrac{a^2}{4}\pi}{\dfrac{\pi}{2}a^2}=\frac{1}{2}+\frac{1}{\pi}.$$

小结　本节的主要内容是概率的概念及古典概率的计算，这是概率论中最基本的内容. 在计算比较复杂的事件的概率时，常常先将复杂事件用简单事件通过运算表示，然后再利用概率的性质计算复杂事件的概率.

四、常见错误类型分析

例 1.14　掷两枚骰子，试求事件 $A=\{\text{点数之和为 } 5\}$ 的概率.

错误解法　考虑到观察的是两颗骰子出现点数之和，因而样本空间可构造如下：

$$\Omega=\{2,3,4,\cdots,12\},$$

而 $A=\{5\}$, 故 $P(A)=\dfrac{1}{11}$.

错因分析　错的原因是样本空间中的 11 个基本事件的出现不是等可能的. 因此，这种试验不是古典概型，故用古典定义计算是错误的.

正确解法　考虑掷两颗骰子的所有可能出现的结果. 利用乘法原理，基本事件总数 $n=6\times 6=36$, 而 $A=\{\text{点数之和等于 } 5\}$ 包含的基本事件数 $r=4$. 故所求概率为 $P(A)=\dfrac{4}{36}=\dfrac{1}{9}$.

例 1.15　从有 3 件次品的 10 件产品中，一件一件不放回地任意取出 4 件，求 4 件中恰有 1 件次品的概率.

错误解法 把 10 件产品一件一件不放回地取出 4 件, 第一次有 10 种取法, 第二次有 9 种取法, 第三次有 8 种取法, 第四次有 7 种取法, 由乘法原理知共有 $10\times9\times8\times7$ 种取法, 样本空间含有 $10\times9\times8\times7$ 个基本事件.

$$A=\{取出的 4 件恰有 1 件次品\},$$

则 A 含有 $\mathrm{C}_3^1\times\mathrm{C}_7^3$ 个基本事件, 即先从 3 个次品中取 1 件, 再从 7 件正品中取 3 件, 共有 $\mathrm{C}_3^1\times\mathrm{C}_7^3$ 种取法. 故

$$P(A)=\frac{\mathrm{C}_3^1\times\mathrm{C}_7^3}{10\times9\times8\times7}=\frac{1}{48}.$$

错因分析 其错的原因是计算总的基本事件数是用排列的方法, 即考虑了抽取顺序, 而计算事件 A 所含的基本事件数时用的是组合的方法, 即没有考虑抽取的顺序. 这样的两类基本事件数就不属于同一样本空间. 正确的方法是一定要把两类基本事件置于同一样本空间, 即计算都用排列方法或组合方法.

正确解法 方法 1 由题意, 总的基本事件数为 $n=\mathrm{P}_{10}^4$. A 含有 $\mathrm{C}_4^1\times\mathrm{P}_3^1\mathrm{P}_7^3$ 个基本事件. 所以

$$P(A)=\frac{\mathrm{C}_4^1\mathrm{P}_3^1\mathrm{P}_7^3}{\mathrm{P}_{10}^4}=\frac{1}{2}.$$

方法 2 一件一件不放回地抽取 4 件可以看成一次抽取 4 件, 故总的基本事件数为 C_{10}^4,A 中含有 $\mathrm{C}_3^1\times\mathrm{C}_7^3$ 个基本事件. 所以

$$P(A)=\frac{\mathrm{C}_3^1\mathrm{C}_7^3}{\mathrm{C}_{10}^4}=\frac{1}{2}.$$

五、疑难问题解答

1. 怎样理解互逆事件和互斥事件?

答 若 $AB=\varnothing$, 则称事件 A 与 B 为互不相容或互斥. 从“事件是由一些基本事件所构成的”这个观点看, 互斥事件无非是说: 构成这两个事件各自的试验结果中不能有公共的基本事件.

若给定一个事件 A, 则“ A 不发生”这个事件, 称为 A 的对立事件, 记为 $\overline{A}$.A 和 $\overline{A}$ 称为互逆事件. 例如: 掷一枚骰子, 事件“出现 1 点”和“出现 5 点”互斥; 事件“出现点数不小于 4 点”和“出现点数小于 4 ”互逆.

互逆事件和互斥事件有明显的区别: 当样本空间划分为含所考察的两个事件在内的每个事件时, 这两个事件才可能互斥; 当样本空间仅划分为所考察的两个事件时, 这两个事件才能互逆. 某一试验中, 互斥事件可以都不发生, 互逆事件有且仅有一个发生. 也就是说互逆事件一定互斥, 但互斥事件不一定互逆.

2. 样本空间的选取是否唯一？

答　解决许多古典概型问题有不同的方法，这往往是由样本空间的不同构造引起的，也就由基本事件确定的不同而引起的.

例　某次掷两颗骰子，求出现点数和为偶数的概率.

方法 1　样本空间 Ω={(奇, 奇),(奇, 偶),(偶, 奇),(偶, 偶)}, A={(奇, 奇),(偶, 偶)}, $P(A)=\dfrac{2}{4}=\dfrac{1}{2}$.

方法 2　样本空间 Ω ={(点数和为奇数),(点数和为偶数)}, A ={点数和为偶数 }, $P(A)=\dfrac{1}{2}$.

方法 3　若基本空间 $\Omega=\{(i,j)|i,j=1,2,\cdots,6\}$, 样本空间基本事件总数为 $6\times 6=36$; 事件 A 基本事件数 $2\times 3\times 3=18, P(A)=\dfrac{18}{36}=\dfrac{1}{2}$.

所以，样本空间的选取一般不唯一，在解题过程中，选取适当的样本空间，对快速正确的解题有很大作用.

3. 古典概型中易忽略的问题.

答　解决古典概型的问题包括两个步骤：

(1) 选取适当的样本空间，其中的基本事件数必须是有限的，而且基本事件的发生是等可能的；

(2) 求样本空间及事件中的基本事件数.

在解决具体问题时往往重视步骤 (2) 而忽视了步骤 (1). 所以在这里特别强调: 基本事件的发生必须是等可能的，并且要求其概率的事件必须是样本空间的子集. 以下用例子说明.

例　掷两枚骰子，求出现的点数和为偶数的概率.

取样本空间 Ω={(奇, 奇),(奇, 偶),(偶, 奇),(偶, 偶)},A={(奇, 奇),(偶, 偶)}, 则 $P(A)=\dfrac{2}{4}=\dfrac{1}{2}$. 若取样本空间 Ω={(两奇),(一奇，一偶),(两偶)},A={(两奇),(两偶)}, 则 $P(A)=\dfrac{2}{3}$. 显然后者的结果是错误的，因为后面所取样本空间中基本事件发生不是等可能的： $P(\text{两奇})=\dfrac{1}{4}, P(\text{一奇，一偶})=\dfrac{1}{2}$.

总之，违背“基本事件的发生必须是等可能的，并且要求其概率的事件必须是样本空间的子集”这一要求而求解古典概型的问题，会得出错误甚至荒谬的结果.

练习 1.1

1. 写出下列随机试验的样本空间：

(1) 口袋中装有 10 个球，分别标有 1 ～ 10 号，从中任取一球，观察球的号数；

(2) 掷两枚骰子，分别观察其点数；

(3) 将 1 米长的尺子折成三段，观察各段长度.

2. 在计算机系的学生中任选一个学生，以 A 表示“被选学生为男生”的事件，B 表示“该生来自少数民族”的事件. C 表示“该生是学生干部”的事件:

(1) 说明 $AB\overline{C}$ 的意义；　(2) 什么条件下成立 $ABC=C$?

(3) 何时成立 $C\subset B$?　(4) 什么时候 $\overline{A}=B$ 是正确的？

3. 假设 A_1,A_2,A_3 是同一随机试验的三个事件，试通过它们表示下列各事件:

(1) 只有 A_1 发生；　(2) 只有 A_1 和 A_3 发生；

(3) A_1,A_2,A_3 都发生；　(4) A_1,A_2,A_3 恰有一个发生；

(5) A_1,A_2,A_3 至少有一个发生；　(6) A_1,A_2,A_3 都不发生；

(7) A_1,A_2,A_3 中恰有两个发生；　(8) A_1,A_2,A_3 中最多有两个发生.

4. 下列等式是否成立？若不成立，写出正确的结果.

(1) $A\cup B=\left(A\overline{B}\right)\cup B$;　(2) $A=(AB)\cup\left(A\overline{B}\right)$;

(3) $A-B=A\overline{B}$;　(4) $(AB)\left(A\overline{B}\right)=\varnothing$;

(5) $(A-B)\cup B=A$;　(6) $(A\cup B)-B=A$.

5. 已知 $P(A)=0.8, P(A-B)=0.1$, 求 $P(\overline{AB})$.

6. N 件产品中有 N_1 件次品，从中任取 n 件 (不放回), 其中 $1\leqslant n\leqslant N$.

(1) 求其中恰有 k 件 ($k\leqslant n$ 且 $k\leqslant N_1$) 次品的概率；

(2) 求其中有次品的概率；

(3) 如果 $N_1\geqslant 2, n\geqslant 2$, 求其中至少有两件次品的概率.

7. 某班级有 n 个同学 ($n\leqslant 365$), 求至少有两位同学的生日在同一天的概率 (设一年按 365 天计).

8. 在书架上任意放 20 本不同的书，求其中指定的两本放在首末的概率.

9. 从 $1\sim 100$ 中任取一个整数，求取到的整数能被 5 或 9 整除的概率.

10. 在六位电话号码的 6 个数字中，求恰有 2 个数字相同的概率.

11. 把 4 个颜色分别为黑、白、红、黄的球任意地放入 4 个颜色分别为黑、白、红、黄的盒子中，每盒放一球，求球与盒子的颜色都不一致的概率.

12. 设停车场有 12 个位置，排成一行，现停着 8 辆车，求恰有 4 个接连的位置空着的概率.

13. 一辆飞机场的交通车载有 25 名乘客，途经 9 个站点，每位乘客都等可能地在 9 个站中任意一站下车，交通车只有乘客下车时才停车. 求下列事件的概率:

(1) 交通车在第 i 站停车；

(2) 交通车在第 i 站和第 j 站至少有一站停车；

(3) 交通车第 i 站和第 j 站都停车;

(4) 在第 i 站有 3 个人下车.

14. 把 6 个不同的球随机地投入 4 个不同的盒子中，每个球进入任何一个盒子都是等可能的. 试求:

(1) 第一个盒子中恰有两个球的概率;　(2) 没有空盒的概率.

15. 甲、乙两人约定下午 1 时到 2 时之间到某车站乘高速巴士. 这段时间内有 4 个班车，开车时间分别为 $1:15, 1:30, 1:45, 2:00$. 如果约定: (1) 见车就乘; (2) 最多等一班车，求甲、乙同乘一车的概率. 假定甲、乙两人到达车站的时刻互不关联，且每人在 1 时至 2 时内的任何时刻到达车站是等可能的.

16. 任取两个不大于 1 的正数，求它们的积不大于 $\dfrac{2}{9}$，且它们的和不大于 1 的概率.

练习 1.1 参考答案与提示

1. (1) $\Omega=\{1,2,\cdots,10\}$;　(2) $\Omega=\{(i,j)|i,j=1,2,\cdots,6\}$;

(3) $\Omega=\{(x,y,z)|x,y,z>0,x+y+z=1\}$.

2. (1) $AB\overline{C}$ 表示该生是男生，来自少数民族，但不是学生干部;

(2) 在计算机系的学生干部均为来自少数民族男生的条件下成立 $ABC=C$;

(3) 在计算机系的学生干部全部来自少数民族时成立 $C\subset B$;

(4) 当计算机系来自少数民族的学生均为女生，而来自汉族的学生均为男生的时候成立 $\overline{A}=B$.

3. (1) $A_1\overline{A}_2\overline{A}_3$;　(2) $A_1\overline{A}_2A_3$;　(3) $A_1A_2A_3$;　(4) $A_1\overline{A}_2\overline{A}_3\cup\overline{A}_1A_2\overline{A}_3\cup\overline{A}_1\overline{A}_2A_3$;

(5) $A_1\cup A_2\cup A_3$;　(6) $\overline{A}_1\overline{A}_2\overline{A}_3$;　(7) $A_1A_2\overline{A}_3\cup A_1\overline{A}_2A_3\cup\overline{A}_1A_2A_3$;

(8) $\overline{A_1A_2A_3}=\overline{A}_1\cup\overline{A}_2\cup\overline{A}_3$.

4. (1) 成立;　(2) 成立;　(3) 成立;　(4) 成立;

(5) 不成立;　$(A-B)\cup B=A\cup B$;　(6) 不成立;　$(A\cup B)-B=A-B$.

5. 0.3.

6. (1) $\dfrac{\mathrm{C}_{N_1}^k\mathrm{C}_{N-N_1}^{n-k}}{\mathrm{C}_N^n}$;　(2) $1-\dfrac{\mathrm{C}_{N-N_1}^n}{\mathrm{C}_N^n}$;　(3) $1-\dfrac{\mathrm{C}_{N-N_1}^n}{\mathrm{C}_N^n}-\dfrac{\mathrm{C}_{N_1}^1\mathrm{C}_{N-N_1}^{n-1}}{\mathrm{C}_N^n}$.

7. $1-\dfrac{\mathrm{P}_{365}^n}{365^n}$.

8. $\dfrac{1}{190}$.

9. 0.29.

10. $\dfrac{10\cdot\mathrm{C}_6^2\cdot\mathrm{A}_9^4}{10^6}=0.4536$.

11. $\dfrac{3}{8}$.

12. $\dfrac{1}{55}$.

13. (1) $1-\left(\dfrac{8}{9}\right)^{25}$; (2) $1-\left(\dfrac{7}{9}\right)^{25}$; (3) $1-2\cdot\left(\dfrac{8}{9}\right)^{25}+\left(\dfrac{7}{9}\right)^{25}$;

(4) $C_{25}^{3}\left(\dfrac{1}{9}\right)^{3}\left(\dfrac{8}{9}\right)^{22}$.

14. (1) $\dfrac{C_6^2\cdot 3^4}{4^6}$;

(2) 设 B 表示事件没有空盒子, 它包含的基本事件分两种情况. 其一是 4 个盒子中有两个盒子各有两个球, 另外两个盒子中各有一个球, 有 $\dfrac{4!C_6^2C_4^2C_2^1C_1^1}{2!2!}=1080$ 个基本事件. 其二是四个盒子中, 有一个盒子中 3 球, 另外三个盒子中各有一个球, 包含 $\dfrac{4!C_6^3C_3^1C_2^1C_1^1}{3!}=480$ 个基本事件, 所以 $P(B)=\dfrac{1560}{4^6}=\dfrac{195}{512}$.

15. (1) $\dfrac{1}{4}$; (2) $\dfrac{5}{8}$.

16. $\dfrac{1}{3}+\dfrac{2}{9}\ln 2$.

1.2 计算概率的几个公式

一、主要内容

条件概率的定义, 乘法公式, 全概率公式, 贝叶斯公式, 事件的独立性定义与性质, n 重伯努利试验, 二项概率公式.

二、教学要求

1. 理解条件概率的概念, 掌握概率的乘法公式.
2. 掌握全概率公式和贝叶斯公式, 能利用它们计算复杂事件的概率.
3. 理解事件的独立性概念, 掌握用事件独立性计算概率的方法.
4. 理解独立重复试验的概念, 掌握计算有关事件概率的方法.

三、例题选讲

例 1.16 设 A 与 B 是两个事件, 已知 $P(A)=0.4, P(B)=0.5$. 在下面两种情况下分别求出 $P(A|B)$ 与 $P(\overline{A}|\overline{B})$:

(1) A 与 B 互不相容;

(2) A 与 B 有包含关系.

例 1.16

解　(1) 由于 A 与 B 互不相容，故 $P(AB)=0$. 于是

$$P(A|B)=\frac{P(AB)}{P(B)}=0;$$

$$\begin{aligned}P(\overline{A}|\overline{B})&=\frac{P(\overline{A}\,\overline{B})}{P(\overline{B})}=\frac{1-P(A\cup B)}{P(\overline{B})}\\&=\frac{1-P(A)-P(B)}{1-P(B)}\\&=\frac{0.1}{0.5}=\frac{1}{5}.\end{aligned}$$

(2) 当 A 与 B 有包含关系时，由 $P(A)=0.4<0.5=P(B)$, 所以 $A\subset B$, 且 $AB=A, \overline{A}\,\overline{B}=\overline{B}$, 于是

$$P(A|B)=\frac{P(AB)}{P(B)}=\frac{P(A)}{P(B)}=\frac{0.4}{0.5}=\frac{4}{5};$$

$$P(\overline{A}|\overline{B})=\frac{P(\overline{A}\,\overline{B})}{P(\overline{B})}=\frac{P(\overline{B})}{P(\overline{B})}=1.$$

例 1.17　已知事件 A 与 B 相互独立, A 与 C 互不相容, $P(A)=0.4, P(B)=0.3$, $P(C)=0.4$, $P(C|B)=0.2$, 求 $P(C|A\cup B)$ 及 $P(AB|\overline{C})$.

解

$$\begin{aligned}P(C|A\cup B)&=\frac{P[C(A\cup B)]}{P(A\cup B)}=\frac{P(CB)}{P(A\cup B)}\\&=\frac{P(B)P(C|B)}{P(A)+P(B)-P(AB)}\\&=\frac{0.3\times 0.2}{0.4+0.3-0.4\times 0.3}\\&\approx 0.103.\end{aligned}$$

由于 $AC=\varnothing, A\subset\overline{C}, AB\subset\overline{C}$, 所以 $AB\overline{C}=AB$. 故

$$\begin{aligned}P(AB|\overline{C})&=\frac{P(AB\overline{C})}{P(\overline{C})}=\frac{P(AB)}{1-P(C)}\\&=\frac{P(A)P(B)}{1-P(C)}=\frac{0.4\times 0.3}{1-0.4}=0.2.\end{aligned}$$

例 1.18　市场上供应的某种商品中，甲厂产品占 65%, 乙厂占 35%, 甲厂产品的次品率为 3%, 乙厂产品的次品率为 2%, 若用事件 $A, \overline{A}$ 分别表示甲，乙两厂的产品，B 表示产品为次品. 试分别计算概率 $P(A), P(B\mid A), P(B\mid\overline{A}), P(\overline{B}\mid A)$, $P(\overline{B}\mid\overline{A})$.

解 由题意知

$$P(A)=\frac{65}{100};\qquad P(B\mid A)=\frac{3}{100};$$
$$P(B\mid \overline{A})=\frac{2}{100};\qquad P(\overline{B}\mid A)=\frac{97}{100};$$
$$P(\overline{B}\mid \overline{A})=\frac{98}{100}.$$

例 1.19 某厂的产品中有 4% 的废品, 在 100 件合格品中有 75 件一等品, 试求在该厂的产品中任取一件是一等品的概率.

解 A 表示 "任取的一件是合格品" 的事件, B 表示 "任取一件是一等品" 的事件, 此题要求 $P(AB)$. 由于

$$P(A)=1-P\left(\overline{A}\right)=0.96,\ P(B|A)=75\%,$$

所以

$$P(AB)=P(A)P(B|A)=\frac{96}{100}\times\frac{75}{100}=0.72.$$

例 1.20 设 50 件产品中有 5 件是次品, 每次抽 1 件, 不放回地抽取 3 件, A_i 表示第 i 次抽到次品 $(i=1,2,3)$, 求 $P(A_1),P(A_1A_2),P\left(A_1\overline{A}_2A_3\right)$.

解 依题意及乘法公式得

$$\begin{aligned}
&P(A_1)=\frac{5}{50}=0.1;\\
&P(A_1A_2)=P(A_1)P(A_2|A_1)=\frac{5}{50}\times\frac{4}{49}\approx 0.0082;\\
&P\left(A_1\overline{A}_2A_3\right)=P(A_1)P\left(\overline{A}_2|A_1\right)P\left(A_3|A_1\overline{A}_2\right)\\
&\qquad\qquad\quad=\frac{5}{50}\times\frac{45}{49}\times\frac{4}{48}\approx 0.0077.
\end{aligned}$$

例 1.21 设甲箱中有 a 个白球, b 个红球 $(a>0,b>0)$, 乙箱中有 c 个白球, d 个红球 $(c>0,d>0)$, 从甲箱中任取一球放入乙箱中, 然后再从乙箱中任取一球, 试求从乙箱中取出的球为白球的概率.

解 方法 1 设 B 表示 "从乙箱中取出的球为白球" 的事件, B 是试验结果, 导致 B 发生的原因是什么呢？从甲箱中取出了一白球放入乙箱中, 或者从甲箱中取出了一红球放入乙箱中, 而导致 B 发生. 于是我们找到了导致 B 发生的一组原因 A_1,A_2, 其中设 A_1 表示 "从甲箱中取出的球为白球" 的事件, A_2 表示 "从甲箱中取出的球为红球" 的事件, 则由全概率公式, 得

$$P(B)=P(A_1)P(B|A_1)+P(A_2)P(B|A_2)$$

$$= \frac{a}{a+b} \cdot \frac{c+1}{c+d+1} + \frac{b}{a+b} \cdot \frac{c}{c+d+1}$$
$$= \frac{a(c+1)+bc}{(a+b)(c+d+1)}.$$

方法 2 找出另一组原因.

设 A_1 表示“从乙箱中取出的球是甲箱中的”事件， A_2 表示“从乙箱中取出的球是原乙箱中的”事件，由全概率公式，得

$$\begin{aligned} P(B) &= P(A_1)P(B|A_1) + P(A_2)P(B|A_2) \\ &= \frac{1}{c+d+1} \cdot \frac{a}{a+b} + \frac{c+d}{c+d+1} \cdot \frac{c}{c+d} \\ &= \frac{a(c+1)+bc}{(a+b)(c+d+1)}. \end{aligned}$$

例 1.22　已知自然人患有癌症的概率为 0.005, 据以往记录，某种诊断癌症的试验具有如下效果：被诊断患有癌症试验反映为阳性的概率为 0.95, 被诊断者不患有癌症试验反映为阳性的概率为 0.06. 在普查中发现某人试验反映为阳性，问他确实患有癌症的概率是多少？

分析　被诊断者无论是否患有癌症，都有可能在诊断中反映阳性. 若某人试验反映为阳性，他可能患有癌症，也可能不是. 这是后验概率问题应该用贝叶斯公式.

解　设 A 表示事件“试验反映为阳性”，B_1 表示事件“被诊断者患有癌症”，B_2 表示事件“被诊断者不患有癌症”，则 $B_1B_2 = \varnothing, B_1 \cup B_2 = \Omega$. 所求概率为 $P(B_1|A)$. 由已知得

$$P(B_1) = 0.005, \quad P(B_2) = 1 - 0.005 = 0.995,$$
$$P(A|B_1) = 0.95, \quad P(A|B_2) = 0.06.$$

根据全概率公式得

$$\begin{aligned} P(A) &= P(B_1)P(A|B_1) + P(B_2)P(A|B_2) \\ &= 0.005 \times 0.95 + 0.995 \times 0.06 \\ &= 0.06445. \end{aligned}$$

根据贝叶斯公式，所求概率为

$$P(B_1|A) = \frac{P(B_1A)}{P(A)}$$

$$= \frac{P(B_1)P(A|B_1)}{P(A)}$$
$$= \frac{0.005 \times 0.95}{0.06445}$$
$$\approx 0.074.$$

注 $P(A|B_1)$ 与 $P(B_1|A)$ 是两个不同概念，它们之间并没有确定的大小关系.

例 1.23 袋中有 12 个乒乓球, 其中 9 个是没有用过的新球. 第一次比赛时任取 3 个使用, 用毕放回. 第二次比赛时也任取 3 个球, 求此 3 个球都没有用过的概率.

解 设 B_i $(i=0,1,2,3)$ 为"第一次取出的 3 个球恰好有 i 个新的"， A 为"第二次取出的 3 个球全是没用过的". 依题意，可得

$$P(B_i)=\frac{\mathrm{C}_9^i\mathrm{C}_6^{3-i}}{\mathrm{C}_{12}^3},\quad P(A|B_i)=\frac{\mathrm{C}_{9-i}^3}{\mathrm{C}_{12}^3},\quad i=0,1,2,3.$$

由全概率公式得

$$P(A)=\sum_{i=0}^{3}P(B_i)P(A|B_i)=\sum_{i=0}^{3}\frac{\mathrm{C}_9^i\mathrm{C}_6^{3-i}}{\mathrm{C}_{12}^3}\frac{\mathrm{C}_{9-i}^3}{\mathrm{C}_{12}^3}=0.1458.$$

例 1.24 设 $0<P(A)<1$, 证明: 事件 A 与 B 相互独立的充要条件是 $P(B|A)=P(B|\overline{A})$.

证明 充分性. 由全概率公式

例 1.24

$$\begin{aligned}P(B)=&P(A)P(B|A)+P(\overline{A})P(B|\overline{A})\\=&P(A)P(B|A)+P(\overline{A})P(B|A)\\=&[P(A)+P(\overline{A})]P(B|A)\\=&P(B|A)\\=&\frac{P(B)P(B|A)}{P(A)},\end{aligned}$$

所以

$$P(AB)=P(A)P(B).$$

故 A 与 B 相互独立.

必要性. 由 A 与 B 相互独立知 $\overline{A}$ 与 B 也独立, 因此

$$P(B|A)=P(B),\quad P(B|\overline{A})=P(B),$$

故

$$P(B|A)=P(B|\overline{A}).$$

□

例 1.25　一工人看管 3 台机床, 在 1 小时内甲、乙、丙 3 台机床需工人照看的概率分别是 0.9,0.8,0.85. 求在 1 小时中,

(1) 没有机床需要照看的概率;

(2) 至少有一台机床需要照看的概率;

(3) 至多只有一台机床需要照看的概率.

解　令 A_i 表示事件“第 i 台机床需要照看”　$(i=1,2,3)$;

A 表示事件“没有机床需要照看”;

B 表示事件“至少有一台机床需要照看”;

C 表示事件“至多只有一台机床需要照看”.

因为 3 台机床要不要照看是相互独立的, 故

(1) $P(A)=P\left(\overline{A}_1\ \overline{A}_2\ \overline{A}_3\right)=P\left(\overline{A}_1\right)P\left(\overline{A}_2\right)P\left(\overline{A}_3\right)$
$=(1-0.9)\times(1-0.8)\times(1-0.85)=0.003.$

(2) $P(B)=1-P\left(\overline{B}\right)=1-P\left(A_1A_2A_3\right)=1-P\left(A_1\right)P\left(A_2\right)P\left(A_3\right)$
$=1-0.9\times0.8\times0.85=0.388.$

(3) $P(C)=P\left(\overline{A}_1\ \overline{A}_2\ \overline{A}_3\right)+P\left(A_1\overline{A}_2\ \overline{A}_3\right)+P\left(\overline{A}_1A_2\overline{A}_3\right)+P\left(\overline{A}_1\ \overline{A}_2A_3\right)$
$=0.003+0.9\times0.2\times0.15+0.1\times0.8\times0.15+0.1\times0.2\times0.85$
$=0.059.$

例 1.26　如果每次试验成功的概率是 0.01, 问需要有多少次试验才能使得至少出现一次成功的概率不小于 $\dfrac{1}{2}$?

解　设需要 n 次试验才能保证至少一次成功的概率不小于 $\dfrac{1}{2}$. n 次试验都不成功的概率为 $(1-0.01)^n$, n 次试验中至少有一次成功的概率为 $1-(1-0.01)^n$, 于是需解不等式

$$1-(1-0.01)^n\geqslant\frac{1}{2},$$

$$-n\lg0.99\geqslant\lg2,$$

$$n\geqslant70.$$

只要 $n \geqslant 70$, 就能保证至少成功一次的概率不小于 $\dfrac{1}{2}$.

例 1.27 甲、乙、丙三人独立地去破译一份密码, 已知每个人能译出的概率依次分别为 $\dfrac{1}{5}, \dfrac{1}{3}, \dfrac{1}{4}$, 问三人中至少有一个人能将此密码译出的概率是多少?

解 A 表示事件"甲能译出", B 表示事件"乙能译出", C 表示事件"丙能译出", 则 {三人中至少有一个能将此密码译出}$=A\cup B\cup C$, 故

$$
\begin{aligned}
P(A\cup B\cup C) &= 1-P\left(\overline{A}\,\overline{B}\,\overline{C}\right)\\
&= 1-\frac{4}{5}\times\frac{2}{3}\times\frac{3}{4}=\frac{3}{5}=0.6.
\end{aligned}
$$

例 1.28 为了估计湖中有多少条鱼, 同时从湖中捞出 1000 条鱼, 标上记号后又放回湖中, 然后再捞 150 条鱼, 发现其中有 10 条带有记号. 问湖中有多少条鱼, 才能使 150 条鱼中出现 10 条带有记号的鱼的概率最大.

解 设湖中有 N 条鱼, 其中有 1000 条带有记号, 则捞出的 150 条鱼中有 10 条带有记号 (记作事件 A) 的概率为

$$
P(A)=\frac{\mathrm{C}_{1000}^{10}\mathrm{C}_{N-1000}^{140}}{\mathrm{C}_{N}^{150}}=L(N).
$$

为了找出使 $P(A)$ 或 $L(N)$ 达到最大的 N, 考查

$$
\begin{aligned}
\frac{L(N)}{L(N-1)} &= \frac{\dfrac{\mathrm{C}_{1000}^{10}\mathrm{C}_{N-1000}^{140}}{\mathrm{C}_{N}^{150}}}{\dfrac{\mathrm{C}_{1000}^{10}\mathrm{C}_{N-1-1000}^{140}}{\mathrm{C}_{N-1}^{150}}}\\
&= 1+\frac{10(1500-N)}{N(N-1140)}.
\end{aligned}
$$

显然 $N-1140>0$ (否则 $P(A)\approx 0$), 因而当 $N\leqslant 15000$ 时, $L(N)\geqslant L(N-1)$; 当 $N\geqslant 15000$ 时, $L(N)\leqslant L(N-1)$. 所以当 $N=15000$ 时, $L(N)$ 即 $P(A)$ 最大.

小结 用概率的各种公式进行计算时, 首先要准确定义计算中将要用到的各种事件, 并理清各事件的关系及运算, 以保证公式运用正确. 在运用全概率公式、贝叶斯公式计算事件 B 的概率或条件概率时, 关键需找到一个完备事件组 $A_1, A_2, \cdots, A_n$, 使得 B 仅能与 $A_1, A_2, \cdots, A_n$ 之一同时发生.

n 重伯努利试验的一个重要应用就是可以用来计算在 n 次重复试验中某个事件 A 恰好发生 $k(0\leqslant k\leqslant n)$ 次的概率; 以及至少发生了 k 次或最多发生 k 次

的概率. 在这类问题中, 如果至少发生 k 次 $\left(k<\dfrac{n}{2}\right)$ 时, 要用 $P(\geqslant k)=1-P(<k)=1-\sum\limits_{i=0}^{k-1}P_n(i)$ 计算比较方便.

在求解"至多"、"至少"等事件的概率问题时, 经常会比较复杂, 这时可以考虑先求解其对立事件的概率, 再根据公式 $P(A)=1-P(\overline{A})$ 即可得到原事件的概率.

在求解条件概率的问题时, 要注意区分条件概率 $P(A|B)$ 与乘积事件概率 $P(AB)$ 的区别, 并且在求解条件概率 $P(A|B)$ 时, 可考虑两种方法: 一是在除去事件 B 的样本点之后的样本空间中重新计算事件 A 的概率; 二是运用公式 $P(A|B)=\dfrac{P(AB)}{P(B)}$ 直接计算.

四、常见错误类型分析

例 1.29　设事件 A、B 相互独立, 且事件 A、B 的概率分别为 0.4,0.5, 求 $P(A\cup B)$.

错误解法　$P(A\cup B)=P(A)+P(B)-P(AB)=0.4+0.5-0=0.9$.

错因分析　错的原因就是将相互独立和互不相容混淆. 错把相互独立等同于互不相容.

正确解法　$P(A\cup B)=0.4+0.5-0.4\times 0.5=0.7$.

例 1.30　一批晶体管共有 100 只, 次品率为 10%, 接连两次从其中任取一个 (不放回抽样), 求第二次才取到正品的概率.

错误解法　设 $A=\{$第一次取到次品$\}$, $B=\{$第二次取到正品$\}$, $C=\{$第二次才取到正品$\}$. 故 $P(C)=P(B|A)=\dfrac{90}{99}=\dfrac{10}{11}$.

错因分析　错的原因是将乘积事件与条件事件相混淆. C 的发生要求 A 与 B 都发生, 而不是已知 A 发生的情况下要求 B 发生.

正确解法　设 $A=\{$第一次取到次品$\}$,$B=\{$第二次取到正品$\}$, $C=\{$第二次才取到正品$\}$, 则

$$P(C)=P(AB)=P(A)P(B|A)=\frac{10}{100}\times\frac{90}{99}=\frac{1}{11}.$$

五、疑难问题解答

1. $P(A|B)$ 与 $P(AB)$ 的区别与联系？

答 $P(AB)$ 表示事件 A 和 B 同时发生的概率，$P(B|A)$ 表示在事件 A 发生的条件下事件 B 发生的概率. 虽然 A 和 B 都发生了，但以上两个概率的计算有本质区别.

首先 $P(AB)$ 是 (AB) 包含的基本事件数同整个空间所含的基本事件数之比. 而 $P(B|A)$ 可以用以下两种方法：

(1) 在增加了条件 A 后缩减的样本空间 Ω_A 中，事件 B 中基本事件数同 Ω_A 中的基本事件数之比就是 $P(B|A)$；

(2) 在样本空间为 Ω 的情况下利用公式 $P(B|A)=\dfrac{P(AB)}{P(A)}$ 来计算.

其次，在求 $P(B|A)$ 时必须要求 $P(A)>0$, 而求 $P(AB)$ 时则无此要求.

除了以上区别外，$P(AB)$ 和 $P(B|A)$ 两者还有紧密的联系；当 $P(A)>0$ 时，$P(AB)=P(A)P(B|A)$, 当 $P(A)=P(\Omega)=1$ 时，$P(B|A)=P(AB)$, 其中 Ω 是样本空间.

2. 事件 A,B 相互独立与事件 A,B 互斥能否同时成立？

答 事件 A,B 相互独立指 A 发生与 B 无关，用公式表达为 $P(AB)=P(A)P(B)$.

A,B 互斥是指它们不能同时出现，即 $AB=\varnothing$, 它描述的是两事件之间的关系.

例如，甲乙打篮球，甲乙互不干扰，则“甲投中”与“乙投中”是相互独立的，“甲投中”与“甲未投中”是互斥的.

事件 A,B 相互独立与 A,B 互斥能否同时成立？

事实上，若 $P(A)>0, P(B)>0$, 则“ A,B 互斥”与“ A,B 相互独立”不可能同时成立.

因为，对任意事件 A,B, 公式

$$P(A\cup B)=P(A)+P(B)-P(AB)$$

恒成立. 如果 A,B 相互独立，那么

$$P(A\cup B)=P(A)+P(B)-P(A)P(B)<P(A)+P(B),$$

也就是说 $P(A\cup B)\neq P(A)+P(B)$, 此时 A,B 不可能互斥. 所以 A,B 相互独立，则 A,B 不可能互斥.

若 A,B 互斥，则 $P(AB) = P(\varnothing) = 0$，而 $P(A) > 0, P(B) > 0$，故 $P(A)P(B) > 0$，于是 $P(AB) \neq P(A)P(B)$，即 A 与 B 不相互独立.

3. 何时应用全概率公式或贝叶斯公式？

答　若所要求其概率的事件与前后两个试验有关，且这两个试验彼此有关联，第 1 个试验的各种结果直接对第 2 个试验产生影响，要求第 2 个试验出现某个结果的概率，可以用全概率公式. 把前一个试验的所有可能结果设成基本空间 Ω 的一个分割.

若已知某事件已经发生，欲求在该事件发生的条件下样本空间的划分中某事件发生的概率，可以用贝叶斯公式. 全概率公式实质上是由原因求结果，而贝叶斯公式是由结果求原因.

4. 小概率事件及实际推断原理.

答　在一次试验中发生的概率很小的事件，称为小概率事件.

设事件 A 在一次试验出现的概率为 p,p 很小，则在 n 次试验中事件 A 至少出现一次的概率为

$$P_n = 1-(1-p)^n\text{，于是}\ \lim_{n\to\infty} P_n = \lim_{n\to\infty}\left[1-(1-p)^n\right] = 1.$$

故一个事件无论发生的概率多么小，只要不断地重复试验，事件的发生几乎是肯定的. 枪法很糟的射手，抱着枪扫射，总会击中目标就是这个道理.

实际推断原理的内容是：小概率事件在一次试验几乎不可能发生，而某一概率很小的事件，居然在某一次试验中发生了，我们有理由怀疑原来的假设的正确性. 实际推断原理在现实中有广泛的应用，是显著性检验的根据.

练习 1.2

1. 假设四个人的准考证混放在一起，现在将其随意地发给四个人，试求事件 $A=\{$没有一个人领到自己准考证$\}$ 的概率.

2. 在 100 件产品中有 5 件是次品，每次从中随机地抽取 1 件，取后不放回，问第 3 次才取到次品的概率是多少？

3. 设甲、乙两人独立射击同一目标，他们击中目标的概率分别为 0.9 和 0.8，求在一次射击中，目标被击中的概率.

4. 有甲、乙两袋，甲袋中有 3 个白球 2 个黑球，乙袋中有 4 个白球 4 个黑球，从甲袋中任取两球放入乙袋，然后再从乙袋中任取一球，求此球为白球的概率.

5. 一个家庭中有两个小孩.

(1) 已知其中有一个是女孩，求另外一个也是女孩的概率；

(2) 已知第一胎是女孩，求第二胎也是女孩的概率.

6. 某商店成箱出售玻璃杯，每箱 20 只，假定各箱中有 0, 1, 2 只残次品的概率依次为 0.8, 0.1, 0.1. 一顾客购买时，售货员随机地取一箱，而顾客随机地察看该箱中的 4 只玻璃杯，若无残次品，则买下该箱玻璃杯；否则退回. 求：

(1) 顾客买下该箱玻璃杯的概率；

(2) 在顾客买下的一箱中确实没有残次品的概率.

7. 现有 3 个箱子, 第一个箱子中有 4 个黑球 1 个白球, 第二个箱子中有 3 个黑球 3 个白球, 第三个箱子有 3 个黑球 5 个白球, 现随机地取一个箱子, 再从这个箱子中取出一个球. 求：

(1) 这个球是白球的概率；

(2) 已知取出的球为白球，此球属于第二个箱子的概率.

8. 某工厂的 3 个车间生产同一种产品，其产量比为 $9:7:4$, 各车间产品的废品率依次为 4%, 2%, 5%, 求该厂这种产品的废品率.

9. 在电报通信中接连不断地发送信号 0 和 1, 统计资料表明，发 0 和 1 的比率相应为 0.6 和 0.4, 由于信道中的随机干扰，发 0 时分别以概率 0.7 和 0.1 接收到 0 和 1, 而以概率 0.2 接收到模糊信号 X. 发 1 时分别以概率 0.05 和 0.85 接收到 0 和 1, 而以概率 0.1 接收到模糊信号 X, 分别计算：在接收到模糊信号 X 的情况下原发信号是 0 和 1 的概率.

10. 一批产品中有 30% 的一级品，进行重复抽样调查，共取 5 个样品. 求：

(1) 取出的 5 个样品中恰有 2 个一级品的概率；

(2) 取出的 5 个样品中至少有 2 个一级品的概率.

11. 每次射击的命中率均为 0.2, 必须进行多少次独立射击，才能使至少击中一次的概率不小于 0.9?

练习 1.2 参考答案与提示

1. $\dfrac{5}{12}$.

2. 0.046.

3. 0.98.

4. 0.51.

5. (1) $\dfrac{1}{3}$; (2) $\dfrac{1}{2}$.

6. (1) 0.94; (2) 0.85.

7. (1) $\dfrac{53}{120}$; (2) $\dfrac{20}{53}$.

8. 3.5%.

9. 0.75 和 0.25.

10. (1) 0.309; (2) 0.472.

11. $\geqslant 11$ 次.

综合练习 1

1. 填空题

(1) 设事件 A,B 互不相容，已知 $P(A)=p,P(B)=q$, 则 $P(A\cup B)=$ ________; $P(\overline{A}\cup B)=$ ________; $P(\overline{A}B)=$ ________; $P(\overline{AB})=$ ________.

(2) 设事件 A,B 及 $A\cup B$ 的概率分别为 p,q 及 r. 则 $P(AB)=$ ________; $P(A\overline{B})=$ ________; $P(\overline{A}B)=$ ________; $P(\overline{A}\,\overline{B})=$ ________.

(3) 假设一批产品中一、二、三等品各占 60%, 30%, 10%, 从中随机取出一件, 结果不是三等品，则取到的是一等品的概率为 ________.

(4) 已知 $P(A)=\dfrac{1}{2},P(B|A)=\dfrac{1}{3},P(A|B)=\dfrac{1}{2}$, 则 $P(A\cup B)=$ ______.

(5) 把 10 本书随意放在书架上，求其中指定的 5 本书放在一起的概率.

2. 选择题

(1) 设 $P(AB)=0$, 则 (　　).

(A) $P(A)=0$ 或 $P(B)=0$　　(B) 事件 A 和 B 互不相容

(C) $P(A-B)=P(A)$　　(D) 事件 A 和 B 相互独立

(2) 设 A,B,C 是两两相互独立且三事件不能同时发生的事件，且 $P(A)=P(B)=P(C)=x$, 则使 $P(A\cup B\cup C)$ 最大值的 x 为 (　　).

(A) $\dfrac{1}{2}$　　(B) 1　　(C) $\dfrac{1}{3}$　　(D) $\dfrac{1}{4}$

(3) 将 3 个相同的小球随机地放入 4 个杯子中，则杯子中球的个数最大为 1 的概率为 (　　).

(A) $\dfrac{\mathrm{P}_4^3}{4^3}$　　(B) $\dfrac{\mathrm{C}_4^3}{4^3}$　　(C) $\dfrac{\mathrm{P}_4^3}{3^4}$　　(D) $\dfrac{\mathrm{C}_4^3}{3^4}$

(4) 已知在 10 只电子元件中有 2 只是次品，从其中取两次，每次随机地取一只，作不放回抽取，则第二次取出的是次品的概率为 (　　).

(A) $\dfrac{1}{45}$　　(B) $\dfrac{1}{5}$　　(C) $\dfrac{16}{45}$　　(D) $\dfrac{8}{45}$

(5) 设 A 和 B 是任意二事件，若 $A\supset B$, 则 (　　).

(A) $P(B|A)=P(B)$　　(B) $P(\overline{A}\cup\overline{B})=P(\overline{A})$

(C) $P(A|B)=P(B)$ (D) $P(\overline{A}\cup\overline{B})=P(\overline{B})$

3. 在房间里有 4 个人，问至少有 2 人的生日在同一个月的概率是多少？

4. 某厂生产的产品次品率为 0.05, 每 100 个产品为一批，抽查产品质量时，在每一批中任取一半来检查，如果发现次品不多于 1 个，则这批产品可以认为合格的，求一批产品被认为是合格的概率.

5. 假设有两箱同种零件：第一箱内装 50 件，其中 10 件为一等品；第二箱内装 30 件，其中 18 件为一等品．现从两箱中随意挑出一箱，然后从该箱中先后随机取出两个零件 (取出的零件均不放回). 试求：

(1) 先取的零件是一等品的概率；

(2) 在先取出的零件是一等品的条件下，第二次取出的零件仍是一等品的条件概率.

6. 轰炸机轰炸目标, 它能飞到距目标 400m,200m,100m 的概率分别是 0.5,0.3, 0.2, 又设它在距目标 400m,200m,100m 时的命中率分别为 0.01,0.02,0.1, 当目标被击中时，求飞机是在 400m,200m,100m 处轰炸的概率各为多少？

7. 设一个学生可以从 100 个问题中随机抽取 3 个问题进行回答，若 3 个问题均答对，则他可以通过考试． 100 个问题他只能答对 90 个．问该学生可通过考试的概率为多少？

8. 设事件 A 与 B 互斥，且 $0<P(B)<1$, 证明： $P\left(A|\overline{B}\right)=\dfrac{P(A)}{1-P(B)}$.

综合练习 1 参考答案与提示

1. (1) $p+q,\quad 1-p,\quad q,\quad 1-p-q$;

(2) $p+q-r,\quad r-q,\quad r-p,\quad 1-r$;

(3) $\dfrac{2}{3}$; (4) $\dfrac{2}{3}$; (5) $\dfrac{6!5!}{10!}=\dfrac{1}{42}$.

2. (1) (C); (2) (A); (3) (A); (4) (B); (5) (D).

3. 设 A 表示“至少有 2 个人的生日在同一个月”的事件，则 $\overline{A}$ 表示“ 4 个人都不生在同一个月”的事件，则

$$P\left(\overline{A}\right)=\frac{\mathrm{P}_{12}^{4}}{12^{4}},$$

故 $P(A)=1-P\left(\overline{A}\right)=\dfrac{1-\mathrm{P}_{12}^{4}}{12^{4}}=\dfrac{41}{96}$.

4. A 表示“一批产品被认为是合格的”， A_1 表示“每批中任取一半，没有次品”， A_2 表示“每批中任取一半来检查恰有 1 个是次品”，则 $A=A_1\cup A_2$, 于是

$$P(A)=P(A_1)+P(A_2)=\frac{\mathrm{C}_{95}^{50}}{\mathrm{C}_{100}^{50}}+\frac{\mathrm{C}_{95}^{49}\cdot\mathrm{C}_{5}^{1}}{\mathrm{C}_{100}^{50}}=0.2794.$$

5. 设 A_i 表示 "取到第 i 箱产品" 的事件 $(i=1,2)$.

(1) 设 B_1 表示 "先取的零件是一等品", 则依题意第二次取产品不影响第一次取产品, 故由全概率公式, 得

$$\begin{aligned} P(B_1) &= P(A_1)P(B_1|A_1) + P(A_2)P(B_1|A_2) \\ &= \frac{1}{2}\times\frac{1}{5}+\frac{1}{2}\times\frac{18}{30}=0.4. \end{aligned}$$

(2) 设 B_1 表示 "先取的零件是一等品", C_i 表示 "第一次取到第 i 箱的一等品" $(i=1,2)$, 设 B_2 表示 "第二次取出的是一等品", 则 $B_1=C_1\cup C_2$, 由条件概率公式, 得

$$\begin{aligned} P(B_2|B_1) &= \frac{P(B_1B_2)}{P(B_1)} = \frac{P(B_2(C_1\cup C_2))}{P(B_1)} \\ &= \frac{P(B_2C_1\cup B_2C_2)}{P(B_1)} = \frac{P[C_1B_2+P(C_2B_2)]}{P(B_1)} \\ &= \frac{P\left[C_1P(B_2|C_1)+P(C_2)P(B|C_2)\right]}{P(B_1)} \\ &= \frac{\frac{1}{2}\times\frac{1}{5}\times\frac{9}{49}+\frac{1}{2}\times\frac{3}{5}\times\frac{17}{29}}{P(B_1)} \\ &= 0.486. \end{aligned}$$

6. 设 A 表示 "目标被击中" 的事件, A_1 表示 "距目标 400m 命中目标" 的事件, A_2 表示 "距目标 200m 命中目标" 的事件, A_3 表示 "距目标 100m 命中目标" 的事件, 利用全概率公式, 有

$$\begin{aligned} P(A) &= P(A_1)P(A|A_1)+P(A_2)P(A|A_2)+P(A_3)P(A|A_3) \\ &= 0.31; \end{aligned}$$

由贝叶斯公式, 得所求事件的概率为

$$\begin{aligned} P(A_1|A) &= \frac{P(A_1)P(A|A_1)}{P(A)} = \frac{5}{31}, \\ P(A_2|A) &= \frac{P(A_2)P(A|A_2)}{P(A)} = \frac{6}{31}, \\ P(A_3|A) &= \frac{P(A_3)P(A|A_3)}{P(A)} = \frac{20}{31}. \end{aligned}$$

7. $p=\dfrac{\mathrm{C}_{90}^{3}}{\mathrm{C}_{100}^{3}}=0.73.$

8. 因为 A 与 B 互斥，即 $AB=\varnothing$, 所以 $P(AB)=0$. 又

$$P(A)=P\left(A\overline{B}\right)+P(AB)=P\left(A\overline{B}\right),$$

$$0<P(B)<1\Rightarrow P\left(\overline{B}\right)=1-P(B)>0,$$

故 $P\left(A|\overline{B}\right)=\dfrac{P\left(A\overline{B}\right)}{P\left(\overline{B}\right)}=\dfrac{P(A)}{1-P(B)}$.

第 1 章自测题

第 2 章　随机变量及其概率分布

一、主要内容

随机变量的概念，随机变量分布函数的概念及性质，离散型随机变量的概率分布，连续型随机变量的概率密度及性质，常见的随机变量的概率分布，随机变量函数的概率分布.

二、教学要求

1. 理解随机变量及其概率分布的概念.

2. 理解随机变量分布函数的概念，掌握分布函数的性质，会计算与随机变量有关的事件的概率.

3. 理解离散型随机变量及其概率分布的概念，掌握 $0-1$ 或 $B(X,p)$ 分布，二项分布，几何分布，泊松分布及其应用.

4. 理解连续型随机变量及其概率密度的概念，掌握概率密度的性质，掌握均匀分布，指数分布，正态分布及其应用.

5. 会求简单的随机变量函数的分布.

三、例题选讲

例 2.1　常数 $b=(\quad)$ 时，$p_k=\dfrac{b}{k(k+1)}\ (k=1,2,\cdots)$ 为离散型随机变量的概率分布.

(A) 2　　(B) 1　　(C) $\dfrac{1}{2}$　　(D) 3

分析　因为 $\displaystyle\sum_{k=1}^{\infty}\frac{b}{k(k+1)}=1$, 而

$$\sum_{k=1}^{\infty}\frac{b}{k(k+1)}=b\sum_{k=1}^{n}\left(\frac{1}{k}-\frac{1}{k+1}\right)=b\lim_{n\to\infty}\left(1-\frac{1}{n+1}\right)=b.$$

于是，得 $b=1$, 故选 (B).

例 2.2　一箱中装有 6 个产品，其中有 2 个是二等品，现从中随机地取出 3 个，试求取出的二等品个数 X 的概率分布.

分析 求离散型随机变量的分布律，应先分析一下 X 可能取值是什么. 本题中 X 的可能取值是 $0,1,2$. 再求 $\{X=0\},\{X=1\},\{X=2\}$ 的概率，利用古典概率来求，从而得到 X 的分布律.

解 随机变量 X 的可能取值是 $0,1,2$, 在 6 个产品中任取 3 个共有 $\mathrm{C}_6^3=20$ 种取法，故

$$P\{X=0\}=\frac{\mathrm{C}_4^3}{\mathrm{C}_6^3}=0.2,$$

$$P\{X=1\}=\frac{\mathrm{C}_4^2\mathrm{C}_2^1}{\mathrm{C}_6^3}=0.6,$$

$$P\{X=2\}=\frac{\mathrm{C}_4^1\mathrm{C}_2^2}{\mathrm{C}_6^3}=0.2.$$

所以，X 的分布律为

X	0	1	2
P	0.2	0.6	0.2

例 2.3 一汽车沿一街道行驶，需要通过 3 个均设有红绿信号灯的路口. 每个路口信号灯为红或绿与其他路口信号灯为红或绿相互独立，且红、绿两种信号显示的时间相等. 以 X 表示该汽车首次遇到红灯前已通过的路口个数，求 X 的概率分布.

解 由题设可知 X 的可能取值为 $0,1,2,3$, 设 A_i 表示 "汽车在第 i 个路口遇到红灯" $(i=1,2,3)$, A_1,A_2,A_3 相互独立, 且 $P(A_i)=P(\overline{A}_i)=\dfrac{1}{2}$ $(i=1,2,3)$. 于是

$$P\{X=0\}=P(A_1)=\frac{1}{2},\quad P\{X=1\}=P(\overline{A}_1A_2)=\frac{1}{2^2},$$

$$P\{X=2\}=P(\overline{A}_1\overline{A}_2A_3)=\frac{1}{2^3},\quad P\{X=3\}=P(\overline{A}_1\overline{A}_2\overline{A}_3)=\frac{1}{2^3}.$$

故 X 的分布律为

X	0	1	2	3
P	$\frac{1}{2}$	$\frac{1}{2^2}$	$\frac{1}{2^3}$	$\frac{1}{2^3}$

例 2.4　设试验成功的概率为 $\dfrac{3}{4}$, 失败的概率为 $\dfrac{1}{4}$, 独立重复试验直到成功两次和三次为止, 分别求所需试验次数的概率分布.

解　设 X 表示直到成功两次为止所需的试验次数, 则 X 是随机变量, X 可能取的值为 $2,3,4,\cdots$.

事件 $\{X=k\}$, 即前 $k-1$ 次中有一次成功 (不论哪一次), 并且第 k 次成功. 由于各次试验是独立进行的, "前 $k-1$ 次试验中固定一次成功, 并且第 k 次成功" 的概率为 $\left(\dfrac{1}{4}\right)^{k-2}\left(\dfrac{3}{4}\right)^{2}$. 而前 $k-1$ 次试验中有一次成功, 又有 C_{k-1}^{1} 种情况, 即可以第 1 次成功, 第 2 次成功 ,$\cdots$, 或第 $k-1$ 次成功. 故 X 的概率分布为

$$P\{X=k\}=\mathrm{C}_{k-1}^{1}\left(\frac{1}{4}\right)^{k-2}\left(\frac{3}{4}\right)^{2},\quad k=2,3,4,\cdots.$$

设 Y 表示直到成功 3 次为止所需试验的次数, 则 Y 可能取值为 $3,4,5,\cdots$. 事件 $\{Y=k\}$ 即前 $k-1$ 次试验中有两次成功, 并且第 k 次成功, 同理可得 Y 的概率分布为

$$P\{Y=k\}=\mathrm{C}_{k-1}^{2}\left(\frac{1}{4}\right)^{k-3}\left(\frac{3}{4}\right)^{3},\quad k=3,4,5,\cdots.$$

例 2.5　以下不能为某随机变量的分布函数的是 (　　).

(A) $F(x)=\begin{cases}0, & x<0,\\ x^2, & 0\leqslant x<1,\\ 1, & x\geqslant 1\end{cases}$

(B) $F(x)=\begin{cases}0, & x<-1,\\ \dfrac{1}{2}+\dfrac{1}{\pi}\arcsin x, & -1\leqslant x<1,\\ 1, & x\geqslant 1\end{cases}$

(C) $F(x)=\begin{cases}0, & x<1,\\ \dfrac{1}{4}, & 1\leqslant x<2,\\ 1, & x\geqslant 2\end{cases}$

(D) $F(x)=\begin{cases}0, & x<0,\\ \dfrac{\ln(1+x)}{1+x}, & x\geqslant 0\end{cases}$

解　因为 $\lim\limits_{x\to+\infty}\dfrac{\ln(1+x)}{1+x}=0\neq 1$, 所以选 (D).

例 2.6　设有 80 台同类型设备, 各台工作相互独立, 发生故障的概率都是 0.01, 且一台设备的故障一个人能维修. 考虑两种配备维修工人的方案: 其一, 由

4 个人维修，每人承包 20 台；其二，由 3 个人共同维护 80 台. 试比较两种方案的优劣.

解 设备发生故障而不能及时维修的概率，大的为劣，小的为优.

先考虑第一种方案. A_i $(i=1,2,3,4)$ 表示第 i 个人维修的 20 台中发生故障而不能及时维修的事件，X 表示第一个人维护的 20 台同一时刻发生故障的台数，则 80 台中发生故障而不能及时维修的概率为

$$P(A_1 \cup A_2 \cup A_3 \cup A_4) \geqslant P(A_1) = P\{X \geqslant 2\}.$$

因为 $X \sim B(20, 0.01), \lambda = np = 20 \times 0.01 = 0.2$, 故有

$$P(A_1 \cup A_2 \cup A_3 \cup A_4) \geqslant P\{X \geqslant 2\} \approx \sum_{k=2}^{20} \frac{(0.2)^k}{k!} \mathrm{e}^{-0.2} \approx 0.0175.$$

再考虑第二种方案. Y 表示 80 台中同一时刻发生故障的台数，$Y \sim B(80, 0.01), \lambda = np = 80 \times 0.01$, 故 80 台中发生故障而不能及时维修的概率为

$$P\{Y > 3\} \approx \sum_{k=4}^{80} \frac{(0.8)^k}{k!} \mathrm{e}^{-0.8} \approx 0.0091.$$

比较可知，后一方案优于前一方案.

例 2.7 从始发站乘汽车到终点站的途中有 3 个交通岗. 假设在各个交通岗遇到红灯的事件呈相互独立的，且概率都是 $\frac{1}{5}$. 设 X 为途中遇到红灯数，求 X 的分布律.

解 X 的可能取值为 $0, 1, 2, 3$, 而

$$P\{X=0\} = \left(1-\frac{1}{5}\right)^3 = \frac{64}{125},$$

$$P\{X=1\} = \mathrm{C}_3^1 \left(\frac{1}{5}\right)\left(1-\frac{1}{5}\right)^2 = \frac{48}{125},$$

$$P\{X=2\} = \mathrm{C}_3^2 \left(\frac{1}{5}\right)^2\left(1-\frac{1}{5}\right) = \frac{12}{125},$$

$$P\{X=3\} = \mathrm{C}_3^3 \left(\frac{1}{5}\right)^3 = \frac{1}{125},$$

即 X 的分布律为

X	0	1	2	3
P	$\dfrac{64}{125}$	$\dfrac{48}{125}$	$\dfrac{12}{125}$	$\dfrac{1}{125}$

例 2.8　设某地区在任何时长为 t(单位：周) 的时间间隔内发生地震的次数 $X\sim\pi(\lambda t)(\lambda>0$ 为常数).

(1) 设 T 为两次地震之间的时间间隔，求 T 的概率分布；

(2) 求在相邻两周内至少发生 3 次地震的概率；

(3) 求在连续 8 周无地震的条件下，未来 8 周内仍无地震的概率.

解　X 的概率分布为 $P\{X=k\}=\dfrac{(\lambda t)^k\mathrm{e}^{-\lambda t}}{k!}$, $k=0,1,2,\cdots$.

例 2.8

(1) 由于在一次地震后时间 t 内仍无地震这一事件为 $\{T>t\}=\{X=0\}$, 所以

$$P\{T>t\}=P\{X=0\}=\mathrm{e}^{-\lambda t}.$$

从而 T 的分布函数为

$$F(t)=P\{T\leqslant t\}=1-P\{T>t\}=\begin{cases}1-\mathrm{e}^{-\lambda t}, & t\geqslant 0,\\ 0, & t<0.\end{cases}$$

T 的概率密度为

$$f(t)=\begin{cases}\lambda\mathrm{e}^{-\lambda t}, & t\geqslant 0,\\ 0, & t<0,\end{cases}$$

即 T 服从参数为 λ 的指数分布.

(2) 所求概率为 $t=2$ 时 $P\{X\geqslant 3\}$ 的值，所以

$$\begin{aligned}P\{X\geqslant 3\}=&1-\sum_{k=0}^{2}P\{X=k\}=1-\sum_{k=0}^{2}\frac{(2\lambda)^k\mathrm{e}^{-2\lambda}}{k!}\\=&1-(1+2\lambda+2\lambda^2)\mathrm{e}^{-2\lambda}.\end{aligned}$$

(3) 由条件概率的定义得

$$P\{T\geqslant 16|T\geqslant 8\}=\frac{P\{T\geqslant 16,T\geqslant 8\}}{P\{T\geqslant 8\}}=\frac{P\{T\geqslant 16\}}{P\{T\geqslant 8\}}=\frac{\mathrm{e}^{-16\lambda}}{\mathrm{e}^{-8\lambda}}=\mathrm{e}^{-8\lambda}.$$

例 2.9　设随机变量 X 在 $[2,5]$ 上服从均匀分布，现对 X 进行 3 次独立观测，试求至少有两次观测值大于 3 的概率.

解 因为随机变量 X 在 $[2,5]$ 上服从均匀分布，所以 X 的概率密度为

$$f(x)=\begin{cases}\dfrac{1}{3}, & 2\leqslant x\leqslant 5,\\ 0, & \text{其他}.\end{cases}$$

A 表示"对 X 的观测值大于 3"的事件，即 $A=\{X>3\}$，

$$P(A)=P\{X>3\}=\frac{2}{3}.$$

设 Y 表示 3 次独立观测中观测值大于 3 的次数，显然 $Y\sim B\left(3,\dfrac{2}{3}\right)$，于是

$$P\{Y\geqslant 2\}=\mathrm{C}_3^2\left(\frac{2}{3}\right)^2\left(1-\frac{2}{3}\right)+\mathrm{C}_3^3\left(\frac{2}{3}\right)^3\left(1-\frac{2}{3}\right)^0=\frac{20}{27}.$$

例 2.10 下列函数可以作为某一随机变量 X 的概率密度的是( ).

(A) $f_1(x)=\begin{cases}\sin x, & \text{当 } x\in[0,\pi],\\ 0, & \text{其他}\end{cases}$

(B) $f_2(x)=\begin{cases}\sin x, & \text{当 } x\in\left[0,\dfrac{3}{2}\pi\right],\\ 0, & \text{其他}\end{cases}$

(C) $f_3(x)=\begin{cases}\sin x, & \text{当} x\in\left[-\dfrac{\pi}{2},\dfrac{\pi}{2}\right],\\ 0, & \text{其他}\end{cases}$

(D) $f_4(x)=\begin{cases}\sin x, & \text{当} x\in\left[0,\dfrac{\pi}{2}\right],\\ 0, & \text{其他}\end{cases}$

解 因为 $f_2(x),f_3(x)$ 都不满足非负性，所以 $f_2(x),f_3(x)$ 不可能作为随机变量的概率密度. 又因

$$\int_{-\infty}^{+\infty}f_1(x)\mathrm{d}x=\int_0^{\pi}\sin x\mathrm{d}x=2,$$

所以 $f_1(x)$ 也不可能作为随机变量的概率密度. 而

$$\int_{-\infty}^{+\infty}f_4(x)\mathrm{d}x=\int_0^{\frac{\pi}{2}}\sin x\mathrm{d}x=1.$$

故选 (D).

例 2.11 设 X 的概率密度为

$$f(x)=A\mathrm{e}^{-|x|},\quad -\infty<x<+\infty,$$

则 $A=(\quad)$.

(A) 3　(B) $\frac{1}{2}$　(C) $\frac{5}{2}$　(D) 4

解　因为 $\int_{-\infty}^{+\infty} f(x)\mathrm{d}x=1$, 而

$$\begin{aligned}\int_{-\infty}^{+\infty} A\mathrm{e}^{-|x|}\mathrm{d}x &= \int_{-\infty}^{0} A\mathrm{e}^{x}\mathrm{d}x+\int_{0}^{+\infty} A\mathrm{e}^{-x}\mathrm{d}x \\ &= A+A=2A,\end{aligned}$$

故 $A=\frac{1}{2}$. 应选 (B).

例 2.12 设随机变量 X 的概率密度为

$$f(x)=\begin{cases} Ax^2\mathrm{e}^{-kx}, & x>0, \\ 0, & x\leqslant 0,\end{cases} \quad k>0,$$

求：(1) 常数 A 的值；(2) 分布函数 $F(x)$.

解　(1) 利用概率密度的性质

$$\int_{-\infty}^{+\infty} f(x)\mathrm{d}x=1,$$

而

$$\begin{aligned}\int_{-\infty}^{+\infty} f(x)\mathrm{d}x &= A\int_{0}^{+\infty} x^2\mathrm{e}^{-kx}\mathrm{d}x \\ &= A\left(-\frac{1}{k}x^2\,\mathrm{e}^{-kx}\Big|_0^{+\infty}+\frac{2}{k}\int_0^{+\infty} x\mathrm{e}^{-kx}\mathrm{d}x\right) \\ &= \frac{2A}{k}\left(-\frac{1}{k}x\,\mathrm{e}^{-kx}\Big|_0^{+\infty}+\frac{1}{k}\int_0^{+\infty}\mathrm{e}^{-kx}\mathrm{d}x\right) \\ &= \frac{2A}{k^2}\left(-\frac{1}{k}\mathrm{e}^{-kx}\right)\Big|_0^{+\infty}=\frac{2A}{k^3},\end{aligned}$$

于是，得 $A=\frac{k^3}{2}$.

(2) 当 $x<0$ 时，$F(x)=0$.

当 $x\geqslant 0$ 时，有

$$F(x)=\int_0^x \frac{k^3}{2}t^2\mathrm{e}^{-kt}\mathrm{d}t$$

$$\begin{aligned}
&=\frac{k^3}{2}\left(-\frac{1}{k}t^2\,\mathrm{e}^{-kt}\Big|_0^x+\frac{2}{k}\int_0^x t\mathrm{e}^{-kt}\mathrm{d}t\right)\\
&=-\frac{k^2}{2}x^2\mathrm{e}^{-kx}+k^2\left(-\frac{1}{k}\,t\mathrm{e}^{-kt}\Big|_0^x+\frac{1}{k}\int_0^x\mathrm{e}^{-kt}\mathrm{d}t\right)\\
&=-\frac{k^2}{2}x^2\mathrm{e}^{-kx}-kx\mathrm{e}^{-kx}+k\left(-\frac{1}{k}\mathrm{e}^{-kt}\right)\Big|_0^x\\
&=1-\frac{k^2}{2}x^2\mathrm{e}^{-kx}-kx\mathrm{e}^{-kx}-\mathrm{e}^{-kx}.
\end{aligned}$$

故所求的分布函数

$$F(x)=\begin{cases}1-\left(\dfrac{k}{2}x^2+kx+1\right)\mathrm{e}^{-kx}, & x\geqslant 0,\\ 0, & x<0.\end{cases}$$

例 2.13　设随机变量 X 的概率密度为

$$f(x)=\begin{cases}4x^3, & 0<x<1,\\ 0, & 其他,\end{cases}$$

(1) 求常数 a, 使 $P\{X>a\}=P\{X<a\}$;

(2) 求常数 b, 使 $P\{X>b\}=0.05$.

解　(1) 由于 X 是连续型随机变量, 因此有 $P\{X=a\}=0$. 从而

$$P\{X>a\}+P\{X<a\}=1.$$

由题设得

$$P\{X>a\}=P\{X<a\}.$$

于是, 有 $P\{X<a\}=\dfrac{1}{2}$, 且有 $0<a<1$, 而 $P\{X<a\}=\displaystyle\int_0^a 4x^3\mathrm{d}x=a^4$, 解得 $a^4=\dfrac{1}{2}$, 故 $a=\sqrt[4]{0.5}$.

(2) 由于 $P\{X>b\}=0.05$, 有 $0<b<1$, 而

$$P\{X>b\}=\int_b^1 4x^3\mathrm{d}x=1-b^4,\quad 1-b^4=0.05.$$

故 $b=\sqrt[4]{0.95}$.

例 2.14　已知连续型随机变量 X 的分布函数为

$$F(x)=\begin{cases}A\mathrm{e}^x, & x<0,\\ B, & 0\leqslant x<1,\\ 1-A\mathrm{e}^{-(x-1)}, & x\geqslant 1.\end{cases}$$

求：(1) 常数 A 与 B 的值；　(2) X 的概率密度；　(3) $P\left\{x>\dfrac{1}{3}\right\}$.

分析　由于 X 是连续型随机变量，因此 $F(x)$ 在 $(-\infty,+\infty)$ 内是连续的，利用该结论可求出 A,B.

解　(1) 由 $F(x)$ 在 $x=0, x=1$ 处连续，必有

$$\begin{cases}\lim\limits_{x\to 0^-}F(x)=A,\\ \lim\limits_{x\to 0^+}F(x)=B,\end{cases}$$

可知

$$A=B. \tag{1}$$

又

$$\begin{cases}\lim\limits_{x\to 1^-}F(x)=B,\\ \lim\limits_{x\to 1^+}F(x)=1-A,\end{cases}$$

可知

$$B=1-A. \tag{2}$$

由式 (1)、(2) 两式得 $A=B=\dfrac{1}{2}$. 于是，得

$$F(x)=\begin{cases}\dfrac{1}{2}\mathrm{e}^{x}, & x<0,\\ \dfrac{1}{2}, & 0\leqslant x<1,\\ 1-\dfrac{1}{2}\mathrm{e}^{-(x-1)}, & x\geqslant 1.\end{cases}$$

(2) X 的概率密度为

$$f(x)=\begin{cases}\dfrac{1}{2}\mathrm{e}^{x}, & x<0,\\ 0, & 0\leqslant x<1,\\ \dfrac{1}{2}\mathrm{e}^{-(x-1)}, & x\geqslant 1.\end{cases}$$

(3) $P\left\{x>\dfrac{1}{3}\right\}=1-P\left\{x\leqslant\dfrac{1}{3}\right\}=1-F\left(\dfrac{1}{3}\right)=1-\dfrac{1}{2}=\dfrac{1}{2}.$

例 2.15　设随机变量 $X\sim N(10,4^2)$，求：

(1) $P\{X\leqslant 0\}$；　(2) $P\{|X-10|<4\}$；　(3) $P\{|X|<16\}$.

分析　设 X 的分布函数为 $F(x)$, 标准正态分布函数为 $\Phi(x)$, 利用公式

$$F(x)=\Phi\left(\frac{x-10}{2}\right)$$

可求各概率.

解　(1) $P\{X\leqslant 0\}=\Phi\left(\frac{0-10}{4}\right)=\Phi(-2.5)=1-\Phi(2.5)=0.006$;

(2) $$\begin{aligned}P\{|X-10|<4\}&=P\{6<X<14\}\\&=\Phi\left(\frac{14-10}{4}\right)-\Phi\left(\frac{6-10}{4}\right)\\&=\Phi(1)-\Phi(-1)\approx 0.6826;\end{aligned}$$

(3) $$\begin{aligned}P\{|X|<16\}&=P\{-16<X<16\}\\&=\Phi\left(\frac{16-10}{4}\right)-\Phi\left(\frac{-16-10}{4}\right)\\&=\Phi(1.5)-\Phi(-6.5)\approx 0.9332.\end{aligned}$$

例 2.16　*在电源电压不超过 200V, 在 200V～240V 之间和超过 240V 这三种情况下, 某种电子元件损坏的概率分别为 0.1, 0.001, 0.2, 假设电源电压 X 服从正态分布 $N(220,25^2)$, 求:*

(1) 该电子元件损坏的概率 α;

(2) 该电子元件损坏时, 电源电压在 200V～240V 之间的概率 β.

分析　设 A 表示事件"该电子元件损坏", B_1,B_2 和 B_3 分别表示事件"电压不超过 200V", "电压在 200V~240V 之间"和"电压超过 240V", 根据电压 $X\sim N(220,25^2)$, 求出概率 $P(B_i)$ $(i=1,2,3)$, 再利用全概率公式求 α, 用贝叶斯公式求 β.

解　由 $\frac{X-220}{25}\sim N(0,1)$ 可得

$$\begin{aligned}P(B_1)&=P\{X\leqslant 200\}=P\left\{\frac{X-220}{25}\leqslant\frac{200-220}{25}\right\}\\&=\Phi(-0.8)=1-\Phi(0.8)=0.2119,\\P(B_2)&=P\{200<X\leqslant 240\}\\&=P\left\{\frac{200-220}{25}<\frac{X-220}{25}\leqslant\frac{240-220}{25}\right\}\\&=\Phi(0.8)-\Phi(-0.8)=0.5762,\\P(B_3)&=P\{X>240\}\end{aligned}$$

$$
\begin{aligned}
&= 1 - P\{X \leqslant 240\} \\
&= 1 - P\left\{\frac{X-220}{25} \leqslant \frac{240-220}{25}\right\} \\
&= 1 - \Phi(0.8) = 0.2119.
\end{aligned}
$$

(1) 由全概率公式得

$$
\begin{aligned}
\alpha = P(A) &= \sum_{i=1}^{3} P(B_i)P(A|B_i) \\
&= 0.2119 \times 0.1 + 0.5762 \times 0.001 + 0.2119 \times 0.2 = 0.06415.
\end{aligned}
$$

(2) 根据贝叶斯公式有

$$
\begin{aligned}
\beta = P(B_2|A) &= \frac{P(B_2)P(A|B_2)}{P(A)} \\
&= \frac{0.5762 \times 0.001}{0.06415} = 0.00898.
\end{aligned}
$$

例 2.17　某科统考成绩近似服从正态分布 $N(70, 10^2)$, 在参加统考的人中, 及格者 100 人 (及格分数为 60 分), 计算:

(1) 不及格人数;

(2) 成绩前 10 名的人数在考生中所占的比例;

(3) 估计第 10 名考生的成绩 (单位: 分).

解　设考生的统考成绩为 $X, X \sim N(70, 10^2)$, 首先求参加统考的人数 n.

$$
\begin{aligned}
P\{X \geqslant 60\} &= 1 - P\{X < 60\} \\
&= 1 - \Phi\left(\frac{60-70}{10}\right) = \Phi(1) = 0.8413.
\end{aligned}
$$

这表明及格人数占统考人数的比例为 84.13%, 即

$$
\frac{100}{n} = 0.8413, \quad n = \frac{100}{0.8413} \approx 119.
$$

(1) 不及格的人数占统考人数的 15.87%, 因此, 不及格人数为

$$
0.1587n = 0.1587 \times \frac{100}{0.8413}\text{人} \approx 19\text{人}.
$$

(2) 前 10 名考生所占的比例为

$$
\frac{10}{n} = 10 \times \frac{0.8413}{100} = 0.08413 \approx 8.413\%.
$$

(3) 设第 10 名考生成绩为 x_0 分，则

$$P\{X \geqslant x_0\} = 0.08413, \quad P\{X < x_0\} = 0.91587,$$

$$\Phi\left(\frac{x_0 - 70}{10}\right) = 0.91587.$$

查标准正态分布表，得

$$\frac{x_0 - 70}{10} = 1.376, \quad x_0 = 83.76\text{分} \approx 84\text{分}.$$

例 2.18　公共汽车门的高度是按男子与车门顶碰头的机会在 0.01 以下设计的. 设男子身长服从正态分布 $N(170, 6^2)$ (单位： cm), 问车门高度应为多少？

解　设车门的高度为 h(cm), 按设计要求 $P\{X \geqslant h\} \leqslant 0.01$. 为此，必须有 $\Phi\left(\dfrac{h-170}{6}\right) \geqslant 0.99$, 查表得 $\Phi(2.33) = 0.9901 > 0.99$, 于是，$\dfrac{h-170}{6} \geqslant 2.33$, 即 $h \geqslant 183.98$. 故车门高度为 184cm.

例 2.19　设随机变量 X 的分布律为

X	-2	-1	0	1	3
P	$\frac{1}{5}$	$\frac{1}{6}$	$\frac{1}{5}$	$\frac{1}{15}$	$\frac{11}{30}$

求： (1) $Y = 2X + 1$ 分布律； (2) $Y = X^2$ 的分布律.

解　(1)

$2X+1$	-3	-1	1	3	7
P	$\frac{1}{5}$	$\frac{1}{6}$	$\frac{1}{5}$	$\frac{1}{15}$	$\frac{11}{30}$

(2)

X^2	0	1	4	9
P	$\frac{1}{5}$	$\frac{7}{30}$	$\frac{1}{5}$	$\frac{11}{30}$

例 2.20　设随机变量 X 的概率密度为

$$f_X(x) = \begin{cases} x^3 \mathrm{e}^{-x^2}, & x \geqslant 0, \\ 0, & x < 0, \end{cases}$$

试求下列随机变量的概率密度： (1) $Y = 2X + 3$； (2) $Y = X^2$； (3) $Y = \ln X$.

解　(1) $Y=2X+3$, 于是

$$y=2x+3,$$

得 $x=\dfrac{y-3}{2}, x'=\dfrac{1}{2}$. 故

$$f_Y(y)=\begin{cases} f_x\left(\dfrac{y-3}{2}\right)\cdot\left|\left(\dfrac{y-3}{2}\right)'\right|, & y\geqslant 3,\\ 0, & y<3.\end{cases}$$
$$=\begin{cases} \dfrac{1}{2}\left(\dfrac{y-3}{2}\right)^3 \mathrm{e}^{-\left(\frac{y-3}{2}\right)^2}, & y\geqslant 3,\\ 0, & y<3.\end{cases}$$

(2) $Y=X^2$, 于是 $y=x^2$, $x_1=\sqrt{y}$ 或 $x_2=-\sqrt{y}<0$,

$$x_1'=\frac{1}{2\sqrt{y}},\quad x_2'=-\frac{1}{2\sqrt{y}}.$$

故当 $y>0$ 时,

$$\begin{aligned} f_Y(y)&=f_X(\sqrt{y})\left(\sqrt{y}\right)_y'+f_X\left(-\sqrt{y}\right)\left|\left(-\sqrt{y}\right)_y'\right|\\ &=\frac{1}{2\sqrt{y}}\left(\sqrt{y}\right)^3\mathrm{e}^{-\left(\sqrt{y}\right)^2}+0\times\frac{1}{2\sqrt{y}},\end{aligned}$$

因此

$$f_Y(y)=\begin{cases}\dfrac{1}{2}y\mathrm{e}^{-y}, & y>0,\\ 0, & y\leqslant 0.\end{cases}$$

(3) $Y=\ln X$, 于是 $y=\ln x, x=\mathrm{e}^y, x'=\mathrm{e}^y$. 故

$$f_Y(y)=f_X(\mathrm{e}^y)\mathrm{e}^y=\mathrm{e}^{4y}\mathrm{e}^{-\mathrm{e}^{2y}},\quad -\infty<y<+\infty.$$

例 2.21　在半径为 R, 中心在原点的圆周上任抛一点, 求: (1) 该点横坐标 X 的概率密度 $f_X(x)$; (2) 该点到点 $(-R,0)$ 的距离 Z 的概率密度 $f_Z(z)$.

解　有关圆的问题, 常以圆心角 θ 作参数, 设随机点 $M(X,Y)$ 的圆心角为 θ (如图 2.1 所示). 由题意可设 θ 为 $(0,2\pi)$ 上的均匀分布, 其密度为

$$f(\theta)=\begin{cases}\dfrac{1}{2\pi}, & \theta\in(0,2\pi),\\ 0, & \text{其他}.\end{cases}$$

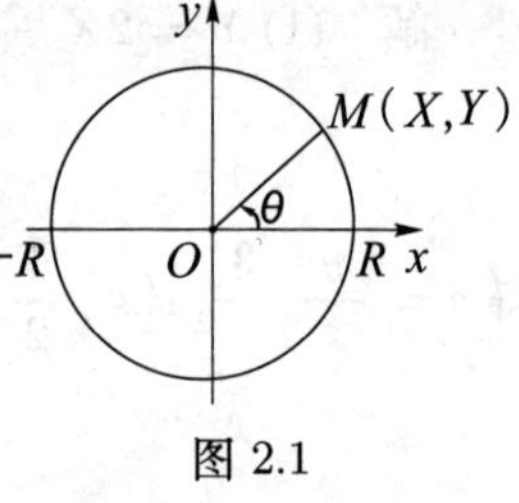

图 2.1

(1) 由几何知识有 $X=R\cos\theta$.

该函数在 $(0,2\pi)$ 内非单调, 在 $(0,\pi)$ 与 $(\pi,2\pi)$ 内单调. 其反函数分别为

$$\theta_1=\arccos\frac{x}{R},\quad \theta_1'=-\frac{1}{\sqrt{R^2-x^2}},$$

$$\theta_1\in(0,\pi),\quad |x|<R,$$

$$\theta_2=2\pi-\arccos\frac{x}{R},\quad \theta_2'=\frac{1}{\sqrt{R^2-x^2}},\ \theta_2\in(\pi,2\pi),\quad |x|<R.$$

故

$$\begin{aligned}f_X(x)&=f(\theta_1)\,|\theta_1'|+f(\theta_2)\,|\theta_2'|\\&=\begin{cases}\dfrac{1}{\pi}\dfrac{1}{\sqrt{R^2-x^2}}, & |x|<R,\\ 0, & \text{其他}.\end{cases}\end{aligned}$$

(2) 由几何知识可知, 随机点 M 到 $(-R,0)$ 的距离 Z 为

$$Z=2R\cos\frac{\theta}{2},\ \theta\in(0,\pi),\ 0\leqslant z\leqslant 2R.$$

该函数在 $(0,\pi)$ 为单调减少函数, 其反函数为

$$\theta=2\arccos\frac{z}{2R},$$

$$\theta'=-\frac{2}{\sqrt{4R^2-z^2}},\quad 0\leqslant z<2R.$$

故 $f_Z(z)=\begin{cases}\dfrac{2}{\pi}\dfrac{1}{\sqrt{4R^2-z^2}}, & 0\leqslant z\leqslant 2R,\\ 0, & \text{其他}.\end{cases}$

例 2.22 设随机变量 X 在 $(0,1)$ 服从均匀分布, 求: (1)$Y=\mathrm{e}^X$ 的概率密度; (2)$Y=-2\ln X$ 的概率密度.

解 由题设知, X 的概率密度为

$$f_X(x)=\begin{cases}1, & 0<x<1,\\ 0, & \text{其他}.\end{cases}$$

(1) 当 $1<y<\mathrm{e}$ 时, $Y=\mathrm{e}^X$ 的分布函数为

$$F_Y(y)=P\{Y\leqslant y\}=P\{\mathrm{e}^X\leqslant y\}=P\{X\leqslant \ln y\}$$

$$= \int_0^{\ln y} f_X(x)\mathrm{d}y = \int_0^{\ln y} \mathrm{d}x = \ln y.$$

当 $y \leqslant 1$ 时，$F_Y(y) = 0$.

当 $y \geqslant \mathrm{e}$ 时，$F_Y(y) = 1$.

故
$$f_Y(y) = F_Y'(y) = \begin{cases} \dfrac{1}{y}, & 1 < y < \mathrm{e}, \\ 0, & \text{其他}. \end{cases}$$

(2) 由 $y = -2\ln x$ 得 $x = h(y) = \mathrm{e}^{-\frac{y}{2}}, h'(y) = -\dfrac{1}{2}\mathrm{e}^{-\frac{y}{2}}$, 由公式可得，$Y = -2\ln X$ 的概率密度为

$$f_Y(y) = \begin{cases} \dfrac{1}{2}\mathrm{e}^{-\frac{y}{2}}, & y > 0, \\ 0, & y \leqslant 0. \end{cases}$$

或由 $Y = -2\ln X$ 知，Y 的取值必为非负.

故当 $y \leqslant 0$ 时，$\{Y \leqslant y\}$ 是不可能事件，所以

$$F_Y(y) = P\{Y \leqslant y\} = 0, \quad f_Y(y) = 0.$$

当 $y > 0$ 时，

$$\begin{aligned} F_Y(y) &= P\{Y \leqslant y\} = P\{-2\ln X \leqslant y\} \\ &= P\{\ln X \geqslant -\frac{y}{2}\} = P\{X \geqslant \mathrm{e}^{-\frac{y}{2}}\} = \int_{\mathrm{e}^{-\frac{y}{2}}}^{1} f_X(x)\mathrm{d}x \\ &= \int_{\mathrm{e}^{-\frac{y}{2}}}^{1} \mathrm{d}x = 1 - \mathrm{e}^{-\frac{y}{2}}. \end{aligned}$$

从而 $f_Y(y) = F_Y'(y) = \dfrac{1}{2}\mathrm{e}^{-\frac{y}{2}}$.

故

$$f_Y(y) = \begin{cases} \dfrac{1}{2}\mathrm{e}^{-\frac{y}{2}}, & y > 0, \\ 0, & y \leqslant 0. \end{cases}$$

例 2.23　设随机变量 X 的概率密度为

$$f(x) = \begin{cases} \dfrac{2x}{\pi^2}, & 0 < x < \pi, \\ 0, & \text{其他}, \end{cases}$$

求 $Y = \sin X$ 的概率密度.

解　由 $Y = \sin X$ 知 $0 < Y < 1$, 当 $y \leqslant 0$ 时，$F_Y(y) = 0$, 故 $f_Y(y) = 0$.

当 $0<y<1$ 时,

$$F_Y=P\{Y\leqslant y\}=P\{\sin X\leqslant y\}=P\{[0<X\leqslant x_1]\cup[x_2\leqslant x<\pi]\},$$

其中 $x_1=\arcsin y, x_2=\pi-\arcsin y$, 即

$$\begin{aligned}F_Y(y)&=\int_0^{x_1}f(x)\mathrm{d}x+\int_{x_2}^{\pi}f(x)\mathrm{d}x\\&=\int_0^{\arcsin y}\frac{2x}{\pi^2}\mathrm{d}x+\int_{\pi-\arcsin y}^{\pi}\frac{2x}{\pi^2}\mathrm{d}x,\end{aligned}$$

所以

$$\begin{aligned}f_Y(y)&=\frac{2\arcsin y}{\pi^2}\times\frac{1}{\sqrt{1-y^2}}-\frac{2(\pi-\arcsin y)}{\pi^2}\times\left(-\frac{1}{\sqrt{1-y^2}}\right)\\&=\frac{2}{\pi\sqrt{1-y^2}}.\end{aligned}$$

当 $y\geqslant 1$ 时, $F_Y(y)=1, f_Y(y)=0$.

故
$$f_Y(y)=\begin{cases}\dfrac{2}{\pi\sqrt{1-y^2}}, & 0<y<1,\\ 0, & \text{其他}.\end{cases}$$

例 2.24 设 X 服从参数为 2 的指数分布. 令 $Y=1-\mathrm{e}^{-2x}$, 证明 Y 在 $(0,1)$ 上服从均匀分布.

证明 方法 1 先求 Y 的分布函数, 求导得概率密度. 已知 X 的概率密度为

$$f_X(x)=\begin{cases}2\mathrm{e}^{-2x}, & x>0,\\ 0, & x\leqslant 0,\end{cases}$$

则 $Y=1-\mathrm{e}^{-2x}$ 的取值范围是 $(0,1)$, 即

当 $y\leqslant 0$ 时, $F_Y(y)=0, f_Y(y)=0$;

当 $y\geqslant 1$ 时, $F_Y(y)=1, f_Y(y)=0$;

当 $0<y<1$ 时,

$$\begin{aligned}F_Y(y)=&P\{Y\leqslant y\}=P\left\{1-\mathrm{e}^{-2x}\leqslant y\right\}\\=&P\left\{X\leqslant-\frac{\ln(1-y)}{2}\right\}=F_X\left(-\frac{\ln(1-y)}{2}\right),\end{aligned}$$

所以

$$f_Y(y)=f_X\left(-\frac{\ln(1-y)}{2}\right)\cdot\left(-\frac{-1}{2(1-y)}\right)$$

$$=\frac{1}{2(1-y)}\cdot 2\mathrm{e}^{-2\left(-\frac{\ln(1-y)}{2}\right)}=1.$$

综上

$$f_Y(y)=\begin{cases}1, & 0<y<1,\\ 0, & \text{其他}.\end{cases}$$

所以 Y 在 $(0,1)$ 上服从均匀分布.

方法 2　利用公式 $y=1-\mathrm{e}^{-2x}$ 在 $(0,+\infty)$ 上严格单增，处处可导，其反函数为

$$x=h(y)=-\frac{\ln(1-y)}{2},\quad h'(y)=-\frac{1}{2}\cdot\frac{-1}{1-y}=\frac{1}{2(1-y)},$$

而 $Y=1-\mathrm{e}^{-2X}$ 取值范围为 $(0,1)$，则当 $0<y<1$ 时，

$$f_Y(y)=f_X(h(y))|h'(y)|=2\mathrm{e}^{-2\cdot\frac{-\ln(1-y)}{2}}\cdot\frac{1}{2(1-y)}=1.$$

所以

$$f_Y(y)=\begin{cases}1, & 0<y<1,\\ 0, & \text{其他}.\end{cases}$$

故 $Y=1-\mathrm{e}^{-2X}$ 在 $(0,1)$ 上服从均匀分布.　□

例 2.25　设随机变量 X 的概率密度为

$$f_X(x)=\begin{cases}\dfrac{1}{3x^{\frac{2}{3}}}, & 1\leqslant x\leqslant 8,\\ 0, & \text{其他}.\end{cases}$$

$F(x)$ 是 X 的分布函数，求随机变量 $Y=F(X)$ 的分布函数和概率密度.

解　当 $x<1$ 时，$F(x)=P\{X\leqslant x\}=0$；当 $x>8$ 时，$F(x)=P\{X\leqslant x\}=0$；当 $1\leqslant x\leqslant 8$ 时，

$$F(x)=P\{X\leqslant x\}=\int_1^x\frac{1}{3t^{\frac{2}{3}}}\,\mathrm{d}t=\sqrt[3]{x}-1.$$

综合上述讨论，可得

$$F(x)=\begin{cases}0, & x<1,\\ \sqrt[3]{x}-1, & 1\leqslant x\leqslant 8,\\ 0, & x>8.\end{cases}$$

设 $F_Y(y)$ 是 $Y=F(X)$ 的分布函数. 由于 Y 的取值范围为 $[0,1]$, 因此当 $y\leqslant 0$ 时, $F_Y(y)=0$; 当 $y\geqslant 1$ 时, $F_Y(y)=1$; 当 $0<y<1$ 时,

$$\begin{aligned}F_Y(y)&=P\{Y\leqslant y\}=P\{F(X)\leqslant y\}=P\{\sqrt[3]{X}-1\leqslant y\}\\&=P\left\{X\leqslant (y+1)^3\right\}=F\left((y+1)^3\right)=y.\end{aligned}$$

因此, $Y=F(X)$ 的分布函数为

$$F_Y(y)=\begin{cases}0, & y\leqslant 0,\\ y, & 0<y<1,\\ 0, & y\geqslant 1.\end{cases}$$

$Y=F(X)$ 的概率密度为

$$f_Y(x)=\frac{\mathrm{d}}{\mathrm{d}y}F_Y(y)=\begin{cases}1, & 0<y<1,\\ 0, & \text{其他}.\end{cases}$$

例 2.26 设随机变量 X 的概率密度为

$$f(x)=\begin{cases}\dfrac{1}{9}x^2, & 0<x<3,\\ 0, & \text{其他},\end{cases}$$

令随机变量

$$Y=\begin{cases}2, & x\leqslant 1,\\ X, & 1<x<2,\\ 1, & x\geqslant 2.\end{cases}$$

求: (1) Y 的分布函数;

(2) 概率 $P\{X\leqslant Y\}$.

解 (1) 由题设知, $P\{1\leqslant Y\leqslant 2\}=1$. 记 Y 的分布函数为 $F_Y(y)$, 则当 $y<1$ 时, $F_Y(y)=0$; 当 $1\leqslant y<2$ 时,

$$\begin{aligned}F_Y(y)&=P\{Y\leqslant y\}=P\{Y=1\}+P\{1<Y\leqslant y\}\\&=\int_2^3\frac{1}{9}x^2\,\mathrm{d}x+\int_1^y\frac{1}{9}x^2\,\mathrm{d}x=\frac{y^3+18}{27};\end{aligned}$$

当 $y\geqslant 2$ 时, $F_y(y)=1$.

所以 Y 的分布函数为

$$F_y(y)=\begin{cases}0, & y<1,\\ \dfrac{y^3+18}{27}, & 1\leqslant y<2,\\ 1, & y\geqslant 2.\end{cases}$$

(2) $P\{X\leqslant Y\}=P\{X<2\}=\int_0^2 \frac{1}{9}x^2\,\mathrm{d}x=\frac{8}{27}$.

例 2.27　设随机变量 X 的概率密度为

$$f(x)=\begin{cases}\dfrac{1}{2}, & -1<x<0,\\ \dfrac{1}{4}, & 0\leqslant x<2,\\ 0, & \text{其他}.\end{cases}$$

例 2.27

求 $Y=X^2$ 的概率密度 $f_Y(y)$.

解　方法 1　当 $-1<x<0$ 时，$0<y<1, y=x^2$ 的反函数为 $x=-\sqrt{y}$, 此时

$$f_Y(y)=\frac{1}{2}\cdot\left|-\frac{1}{2\sqrt{y}}\right|=\frac{1}{4\sqrt{y}}.$$

当 $0<x<2$ 时，$0<y<4, y=x^2$ 的反函数为 $x=\sqrt{y}$, 此时

$$f_Y(y)=\frac{1}{4}\cdot\left|\frac{1}{2\sqrt{y}}\right|=\frac{1}{8\sqrt{y}}.$$

综上所述，$Y=X^2$ 的概率密度

$$f_Y(y)=\begin{cases}\dfrac{3}{8\sqrt{y}}, & 0<y<1,\\ \dfrac{1}{8\sqrt{y}}, & 1\leqslant y<4,\\ 0, & \text{其他}.\end{cases}$$

方法 2　$Y=X^2$ 的值域为 $[0,4]$. 设 Y 的分布函数为 $F_Y(y)=P\{Y\leqslant y\}$.
当 $y\leqslant 0$ 时，$F_Y(y)=P\left\{X^2\leqslant y\right\}=0$;
当 $0<y<1$ 时,

$$\begin{aligned}F_Y(y)&=P\left\{X^2\leqslant y\right\}=P\{-\sqrt{y}\leqslant X\leqslant\sqrt{y}\}=\int_{-\sqrt{y}}^{\sqrt{y}}f(x)\mathrm{d}x\\&=\int_{-\sqrt{y}}^{0}\frac{1}{2}\,\mathrm{d}x+\int_0^{\sqrt{y}}\frac{1}{4}\,\mathrm{d}x=\frac{3}{4}\sqrt{y};\end{aligned}$$

当 $1 \leqslant y < 4$ 时,

$$F_Y(y) = P\left\{X^2 \leqslant y\right\} = P\{-\sqrt{y} \leqslant X \leqslant \sqrt{y}\} = \int_{-\sqrt{y}}^{\sqrt{y}} f(x)\mathrm{d}x$$
$$= \int_{-1}^{0} \frac{1}{2}\,\mathrm{d}x + \int_{0}^{\sqrt{y}} \frac{1}{4}\,\mathrm{d}x = \frac{1}{2} + \frac{1}{4}\sqrt{y};$$

当 $y \geqslant 4$ 时, $F_Y(y) = 1$.

于是 Y 的概率密度

$$f_Y(y) = F_Y'(y) = \begin{cases} \dfrac{3}{8\sqrt{y}}, & 0 < y < 1, \\ \dfrac{1}{8\sqrt{y}}, & 1 \leqslant y < 4, \\ 0, & \text{其他}. \end{cases}$$

小结 本章是概率论的基础, 要掌握好随机变量的分布函数, 概率分布或概率密度, 会用分布函数或概率密度的定义和性质进行计算. 熟练掌握重要分布, 主要有: $0-1$ 分布、二项分布、泊松分布、几何分布、均匀分布、指数分布和正态分布. 会用分布函数法求随机变量的函数的分布.

四、常见错误类型分析

例 2.28 设 X 的概率密度为

$$f(x) = \begin{cases} \mathrm{e}^{-x}, & x \geqslant 0, \\ 0, & x < 0, \end{cases}$$

求 X 的分布函数 $F(x)$.

错误解法 $F(x) = \displaystyle\int_{-\infty}^{x} f(t)\,\mathrm{d}t = \int_{0}^{x} \mathrm{e}^{-t}\mathrm{d}t = 1 - \mathrm{e}^{-x}\ \ (x \geqslant 0)$.

错因分析 分布函数是在整个数轴上定义的, 解答只在 $x \geqslant 0$ 时有表达式显然是不对的, 正确的作法是就 x 落在每个分段区间讨论.

正确解法 $F(x) = \begin{cases} \displaystyle\int_{-\infty}^{0} 0\mathrm{d}x + \int_{0}^{x} \mathrm{e}^{-t}\mathrm{d}t = 1 - \mathrm{e}^{-x}, & x \geqslant 0, \\ \displaystyle\int_{-\infty}^{x} 0\mathrm{d}t = 0, & x < 0. \end{cases}$

例 2.29 已知 X 的分布律是

X	-1	1
P	$\frac{1}{3}$	$\frac{2}{3}$

求 $P\{-1 \leqslant x < 1\}$.

错误解法　先求分布函数 $F(x)$

$$F(x) = \begin{cases} 0, & x < -1, \\ \dfrac{1}{3}, & -1 \leqslant x < 1, \\ 1, & x \geqslant 1. \end{cases}$$

所以 $P\{-1 \leqslant x < 1\} = F(1) - F(-1) = 1 - \dfrac{1}{3} = \dfrac{2}{3}$.

错因分析　此解错的原因是对分布函数的定义没有搞清，求分布函数时，用的定义是

$$F(x) = P\{X \leqslant x\},$$

而求概率时用的定义是

$$F(x) = P\{X < x\}.$$

正确解法

$$\begin{aligned} P\{-1 \leqslant X < 1\} &= P\{X = -1\} + P\{-1 < X \leqslant 1\} - P\{X = 1\} \\ &= \frac{1}{3} + F(1) - F(-1) - \frac{2}{3} \\ &= \frac{1}{3} + 1 - \frac{1}{3} - \frac{2}{3} = \frac{1}{3}. \end{aligned}$$

或者直接计算得

$$P\{-1 \leqslant X < 1\} = P\{X = -1\} = \frac{1}{3}.$$

例 2.30　设 $X \sim N(3,4)$, 求 $P\{-3 < X < 9\}$.

错误解法

$$\begin{aligned} P\{-3 < X < 9\} &= P\{-3 < X \leqslant 9\} \\ &= F(9) - F(-3) = F(9) - [1 - F(3)] \\ &= F(9) + F(3) - 1 \\ &= \Phi\left(\frac{9-3}{4}\right) + \Phi\left(\frac{3-3}{4}\right) - 1 \end{aligned}$$

$$
\begin{aligned}
&= \Phi(1.5) + \Phi(0) - 1 \\
&= 0.9332 + 0.5 - 1 \\
&= 0.4332.
\end{aligned}
$$

错因分析 此解有两个错误. 其一, 误认为一般正态分布函数具有 $F(-x) = 1 - F(x)$, 这是不对的, 故解中的 $F(-3) \neq 1 - F(3)$, 只有标准正态分布函数才有 $\Phi(-x) = 1 - \Phi(x)$. 其二, 误认为 $\sigma = 4$. 根据正态分布的定义 $\sigma^2 = 4$, 即 $\sigma = 2$.

正确解法

$$
\begin{aligned}
P\{-3 < X < 9\} &= F(9) - F(-3) \\
&= \Phi\left(\frac{9-3}{2}\right) - \Phi\left(\frac{-3-3}{2}\right) \\
&= \Phi(3.0) - \Phi(-3.0) \\
&= 2\Phi(3.0) - 1 \\
&= 0.9974.
\end{aligned}
$$

五、疑难问题解答

1. 随机变量与微积分中讨论的函数有什么区别?

答 随机变量虽然是一个实值单值函数, 但它与微积分中讨论的函数有本质区别. 第一, 随机变量是定义在样本空间上的, 而不一定是实数值; 第二, 随机变量的取值是随机的, 它取每一个可能值都是有一定概率的; 第三, 随机变量是随机事件的数量化.

2. 分布函数 $F(x)$ 是什么样的函数?

答 定义中的 $\{X \leqslant x\}$ 表示事件“随机变量 X 取值不大于 x”, $F(x)$ 是以事件 $\{X \leqslant x\}$ 的概率定义的函数, 其自变量 x 取值在 $(-\infty, +\infty)$ 内, 值域为 $[0, 1]$.

练习 2

1. 设某种零件的合格品率为 0.9, 不合格品率为 0.1, 现对这种零件逐一有放回地进行测试, 直到测得一个合格品为止, 求测试次数的分布律.

2. 重复掷一枚骰子直到恰好两次出现被 3 整除的点为止, 试求投掷次数 X 的概率分布.

3. 一袋中有 8 个球：5 个新的，3 个旧的．每次从中任取一个，有下述两种方式进行抽取，X 表示直到取得新球为止所进行的抽取次数：

(1) 不放回地抽取；　(2) 有放回地抽取．

求抽取次数的概率分布．

4. 向同一目标接连不断地、独立地射击，直到恰好 r 次命中目标为止．假设每次射击的命中率为 p，试求射击次数 X 的概率分布．

5. 现有 3 封信，逐封随机地投入编号分别为 $1,2,3,4$ 的 4 个空邮筒，以随机变量 X 表示不空邮筒的最小号码，求 X 的概率分布．

6. 设随机变量 X 的可能值为一切非负整数，它的概率分布为 $P\{X=k\}=\dfrac{a^k}{(1+a)^{k+1}}, a>0$ 为常数，试确定 a 的值．

7. 已知离散型随机变量 X 只能取 $-1,0,1,\sqrt{2}$ 共四个值，相应概率依次为 $\dfrac{1}{2a},\dfrac{3}{4a},\dfrac{5}{8a},\dfrac{7}{16a}$，计算 $P\{|X|\leqslant 1|X\geqslant 0\}$．

8. 设连续型随机变量 X 的分布函数为

$$F(x)=\begin{cases} 0, & x<0, \\ a\sqrt{x}, & 0\leqslant x<1, \\ 1, & x\geqslant 1. \end{cases}$$

求：(1) 常数 a；(2) $P\{-1<X<0.25\}$；(3) X 的概率密度 $f(x)$．

9. 设连续型随机变量 X 的分布函数为

$$F(x)=\begin{cases} A, & x<0, \\ Bx^2, & 0\leqslant x<1, \\ Cx-\dfrac{1}{2}x^2-1, & 1\leqslant x<2, \\ 1, & x\geqslant 2. \end{cases}$$

求：(1) A,B,C 的值；(2) X 的概率密度；(3) $P\{1\leqslant X<3\}$．

10. 设随机变量 X 的概率密度为

$$f(x)=\begin{cases} \dfrac{1}{\theta}\mathrm{e}^{-\frac{x}{\theta}}, & x\geqslant 0, \\ 0, & x<0, \end{cases}\quad \theta>0.$$

求 a 的值，使 $P\{X>a\}=\dfrac{1}{2}$．

11. 设随机变量 X 的分布函数为

$$F(x)=\begin{cases}0, & x<0,\\ \dfrac{x^2}{25}, & 0\leqslant x<5,\\ 1, & x\geqslant 5.\end{cases}$$

求关于 t 的一元二次方程 $t^2+Xt+\dfrac{1}{4}(X+2)=0$ 有实根的概率？

12. 设随机变量 X 的概率密度 $f(x)=\dfrac{1}{2}\mathrm{e}^{-|x|},-\infty<x<+\infty$($X$ 服从拉普拉斯分布), 则其分布函数 $F(x)$ 是 (　　).

(A) $F(x)=\begin{cases}\dfrac{1}{2}\mathrm{e}^{x}, & x<0,\\ 0, & x\geqslant 0\end{cases}$　　(B) $F(x)=\begin{cases}\dfrac{1}{2}\mathrm{e}^{x}, & x<0,\\ 1-\dfrac{1}{2}\mathrm{e}^{-x}, & x\geqslant 0\end{cases}$

(C) $F(x)=\begin{cases}1-\dfrac{1}{2}\mathrm{e}^{-x}, & x<0,\\ 1, & x\geqslant 0\end{cases}$　　(D) $F(x)=\begin{cases}\dfrac{1}{2}\mathrm{e}^{x}, & x<0,\\ 1-\dfrac{1}{2}\mathrm{e}^{-x}, & 0\leqslant x<1,\\ 1, & x\geqslant 1\end{cases}$

13. 设 100 件产品中有 95 件合格品， 5 件次品，现有放回地取 10 次，每次任取 1 件. 求：(1) 所取 10 件产品中包含的次品数的概率分布； (2)10 件产品中恰有 2 件次品的概率； (3)10 件产品中至少有 2 件次品的概率.

14. 在一公共汽车站有甲、乙、丙 3 人, 分别等 1, 2, 3 路车, 设每人等车的时间 (min) 都服从 $[0,5]$ 上的均匀分布, 求 3 人中至少有 2 人等车时间不超过 2min 的概率.

15. 设随机变量 $X\sim N(-1,4^2)$. 求： (1) $P\{X<2.44\}$； (2) $P\{X>-1.5\}$; (3) $P\{|X|<4\}$； (4)$P\{|X-1|>1\}$.

16. 设随机变量 X 的分布律为

X	-2	-1	0	1
P	$\dfrac{1}{5}$	$\dfrac{1}{7}$	$\dfrac{13}{35}$	$\dfrac{2}{7}$

求： (1) $Y=X^2$ 的分布律； (2) $Y=3X+1$ 的分布律.

17. 设随机变量 X 的概率密度为 $f(x),-\infty<x<+\infty$, 求 $Y=X^3$ 的概率密度.

18. 设随机变量 X 的概率密度为

$$f(x)=\begin{cases}\mathrm{e}^{-x}, & x>0,\\ 0, & x\leqslant 0,\end{cases}$$

求 $Y=X^2$ 的概率密度.

19. 设随机变量 X 在 $[0,1]$ 上服从均匀分布，试求：

(1) $Y=\mathrm{e}^{2X}$ 的概率密度;

(2) $Z=-3\ln X$ 的概率密度.

练习 2 参考答案与提示

1. $P\{X=k\}=(0.1)^{k-1}\times 0.9,\ k=1,2,\cdots.$

2. $P\{X=k\}=(k-1)\left(\dfrac{1}{3}\right)^2\left(\dfrac{2}{3}\right)^{k-2}\quad(k=2,3,\cdots).$

3. (1)

X	1	2	3	4
P	$\dfrac{5}{8}$	$\dfrac{15}{56}$	$\dfrac{5}{56}$	$\dfrac{1}{56}$

(2) $P\{X=k\}=\left(\dfrac{3}{8}\right)^{k-1}\times\dfrac{5}{8},\ k=1,2,\cdots.$

4. $P\{X=k\}=\mathrm{C}_{k-1}^{k-r}p^r(1-p)^{k-r},\quad k=r,r+1,\cdots.$

5.

X	1	2	3	4
P	$\dfrac{37}{64}$	$\dfrac{19}{64}$	$\dfrac{7}{64}$	$\dfrac{1}{64}$

6. a 为大于零的任何实数.

7. $\dfrac{22}{37}$.

8. (1) $a=1$;　(2) $P\{-1<X<0.25\}=F(0.25)-F(-1)=0.5$;

(3) $f(x)=\begin{cases}\dfrac{1}{2\sqrt{x}}, & 0\leqslant x<1,\\ 0, & \text{其他}.\end{cases}$

9. (1) $A=0,B=\dfrac{1}{2},C=2$;　(2) $f(x)=\begin{cases}x, & 0\leqslant x<1,\\ 2-x, & 1\leqslant x<2,\\ 0, & \text{其他}.\end{cases}$

(3) $\dfrac{1}{2}$.

10. $a=\theta\ln 2$.

11. $\dfrac{21}{25}$.

12. (B).

13. 因为是有放回地抽样，所以 10 次抽取是独立重复进行的，每次取到次品的概率为 0.05, 因此这是一个 10 重伯努利试验. 如果设 X 表示所取 10 件产品中所含次品数，则 $X \sim B(10, 0.05)$. 故

(1) $P\{X=k\}=\mathrm{C}_{10}^{k}(0.05)^{k}(0.95)^{n-k}, k=0,1,2,\cdots,10$;

(2) $P\{X=2\}=\mathrm{C}_{10}^{2}(0.05)^{2}(0.95)^{8} \approx 0.0746$;

(3) $P\{X \geqslant 2\}=1-P\{X<2\}=1-\mathrm{C}_{10}^{0}(0.95)^{10}-\mathrm{C}_{10}^{1}(0.05)(0.95)^{9} \approx 0.0861$.

14. 0.352.

15. (1) $P\{X<2.44\}=0.8051$; (2) $P\{X>-1.5\}=0.5498$;

(3) $P\{|X|<4\}=0.6678$; (4) $P\{|X-1|>1\}=0.8253$.

16. (1)

X^2	0	1	4
P	$\frac{13}{35}$	$\frac{3}{7}$	$\frac{1}{5}$

(2)

$3X+1$	-5	-2	1	4
P	$\frac{1}{5}$	$\frac{1}{7}$	$\frac{13}{35}$	$\frac{2}{7}$

17. 由 $y=x^3$ 得， $x=h(y)=\sqrt[3]{y}$, 且 $h'(y)=\dfrac{1}{3\sqrt[3]{y^2}}$, 由公式得， $Y=X^3$ 的概率密度为

$$f_Y(y)=\frac{1}{3\sqrt[3]{y^2}} f(\sqrt[3]{y}), -\infty<y<+\infty.$$

18. 先求 Y 的分布函数 $F_Y(y)$, 将 $F_Y(y)$ 表达成 X 的分布函数的关系式，两端对 y 求导得 Y 的概率密度.

$$f_Y(y)=\begin{cases}\dfrac{1}{2\sqrt{y}}\mathrm{e}^{-\sqrt{y}}, & y>0,\\ 0, & y \leqslant 0.\end{cases}$$

19. (1) $f_Y(y)=\begin{cases}\dfrac{1}{2y}, & 1 \leqslant y \leqslant \mathrm{e}^2,\\ 0, & \text{其他};\end{cases}$ (2) $f_Z(z)=\begin{cases}\dfrac{1}{3}\mathrm{e}^{-\frac{z}{3}}, & z \geqslant 0,\\ 0, & z<0.\end{cases}$

综合练习 2

1. 填空题

(1) 设 100 件产品中有 10 件次品，每次随机地抽取 1 件，检验后放回去，连续抽 3 次，则最多取到 1 件次品的概率为 ________.

(2) 接连进行 3 次射击，假设每次射击命中率为 0.6, 求命中目标的次数 X 的概率分布为 ________.

(3) 设随机变量 X 在 $[1,4]$ 上服从均匀分布，现在对 X 进行 3 次独立试验，则至少有 2 次观察值大于 2 的概率为 ________.

(4) 设随机变量 X 服从泊松分布，且 $P\{X=1\}=P\{X=2\}$，则 $P\{X=4\}=$ ____________.

(5) 设随机变量 X 的分布函数为

$$F(x)=\begin{cases}0, & x<-1,\\ 0.4, & -1\leqslant x<1,\\ 0.8, & 1\leqslant x<3,\\ 1, & x\geqslant 3,\end{cases}$$

则 X 的分布律为 ____________.

2. 选择题

(1) 设随机变量 X 的分布函数为 $F(x)$，在下列概率中表示 $F(a)-F(a-0)$ 的是 (　　).

(A) $P\{X\leqslant a\}$　(B) $P\{X>a\}$　(C) $P\{X=a\}$　(D) $P\{X\geqslant a\}$

(2) 下列函数可以作为某一随机变量 X 的概率密度的是 (　　).

(A) $f_1(x)=\begin{cases}\sin x, & \text{当 } x\in[0,\pi],\\ 0, & \text{其他}\end{cases}$

(B) $f_2(x)=\begin{cases}\sin x, & \text{当 } x\in\left[0,\dfrac{3}{2}\pi\right],\\ 0, & \text{其他}\end{cases}$

(C) $f_3(x)=\begin{cases}\sin x, & \text{当 } x\in\left[-\dfrac{\pi}{2},\dfrac{\pi}{2}\right],\\ 0, & \text{其他}\end{cases}$

(D) $f_4(x)=\begin{cases}\sin x, & \text{当 } x\in\left[0,\dfrac{\pi}{2}\right],\\ 0, & \text{其他}\end{cases}$

(3) 设 X 的概率密度为

$$f(x)=\begin{cases}\dfrac{Ax}{(1+x)^4}, & x>0,\\ 0, & x\leqslant 0,\end{cases}$$

则 $A=$ (　　).

(A) 3　(B) 6　(C) $\dfrac{5}{2}$　(D) 4

(4) 设随机变量 X 的概率密度函数为 $\varphi(x)$，且 $\varphi(-x)=\varphi(x)$，$F(x)$ 为 X 的分布函数，则对任意实数 a，有 (　　).

(A) $F(-a)=\dfrac{1}{2}-\displaystyle\int_0^a\varphi(x)\mathrm{d}x$　(B) $F(-a)=1-\displaystyle\int_0^a\varphi(x)\mathrm{d}x$

(C) $F(-a)=F(a)$　(D) $F(-a)=2F(a)-1$

(5) 设 $F_1(x)$ 与 $F_2(x)$ 分别为随机变量 X_1 与 X_2 的分布函数，为使 $F(x)=aF_1(x)-bF_2(x)$ 是某一随机变量的分布函数,在下列给出的各组数值中应取 (　　).

(A) $a=\dfrac{3}{5}$，$b=-\dfrac{2}{5}$　　(B) $a=\dfrac{2}{3}$，$b=\dfrac{2}{3}$

(C) $a=-\dfrac{1}{2}$，$b=\dfrac{3}{2}$　　(D) $a=\dfrac{1}{2}$，$b=-\dfrac{3}{2}$

3. 假设一厂家生产的每台仪器，以概率 0.7 可以直接出厂，以概率 0.3 需进一步调试；经调试后以概率 0.8 可以出厂，以概率 0.2 定为不合格不能出厂. 现该厂新生产 $n(n\geqslant 2)$ 台仪器 (假设各台仪器的生产过程相互独立), 求：

(1) 全部能出厂的概率 α;

(2) 其中恰好有两件不能出厂的概率 β;

(3) 其中至少有两件不能出厂的概率 θ.

4. 设在 15 台同类型的零件中有 2 台是次品，在其中取 3 次，每次任取 1 台，作不放回抽样，以 X 表示取出次品的次数，求 X 的分布律.

5. 若 X 的概率密度为

$$f(x)=\begin{cases} ax^2\mathrm{e}^{-\lambda x}, & x>0, \\ 0, & x\leqslant 0, \end{cases}$$

其中 λ 为大于 0 的常数. 试求： (1) 未知系数 a; (2) 随机变量 X 的分布函数.

6. 设随机变量 X 在 $[1,6]$ 上服从均匀分布，则方程 $t^2+Xt+1=0$ 有实根的概率为多少？

7. 设随机变量 X 的概率密度为 $f_X(x)=\begin{cases} \mathrm{e}^{-x}, & x\geqslant 0, \\ 0, & x<0, \end{cases}$ 求随机变量 $Y=\mathrm{e}^X$ 的概率密度.

8. 假设随机变量 X 在 $(1,2)$ 上服从均匀分布，试求随机变量 $Y=\mathrm{e}^{2X}$ 的概率密度.

综合练习 2 参考答案与提示

1. (1) 0.972;　(2)

X	0	1	2	3
P	0.0640	0.2880	0.4320	0.2160

(3) $\dfrac{20}{27}$;　(4) $\dfrac{2}{3}\mathrm{e}^{-2}$;　(5)

X	-1	1	3
P	0.4	0.4	0.2

2. (1) (C);　(2) (D);　(3) (B);　(4) (A);　(5) (A).

3. A 表示“仪器需调试”，B 表示“仪器能出厂”，$\overline{A}$ 表示“仪器能直接出厂”，AB 表示“仪器经调试后能出厂”. $B=\overline{A}\cup AB$, $P(A)=0.3$, $P(B|A)=0.8$,

$$P(AB)=P(A)P(B|A)=0.3\times 0.8=0.24,$$

$$P(B)=P(\overline{A})+P(AB)=0.7+0.24=0.94.$$

设 X 为所生产的 n 台仪器中能出厂的台数，则 $X\sim B(n,0.94)$. 所求概率即可求出.

(1) $\alpha=(0.94)^n$;　(2) $\beta=\mathrm{C}_n^2(0.94)^{n-2}(0.06)^2$;

(3) $\theta=1-0.06n(0.94)^{n-1}-(0.94)^n$.

4.

X	0	1	2
P	$\frac{22}{35}$	$\frac{12}{35}$	$\frac{1}{35}$

5. (1) $a=\dfrac{\lambda^3}{2}$;

(2) $F(x)=\begin{cases}1-\mathrm{e}^{-\lambda x}\left(1+\lambda x+\dfrac{\lambda^2x^2}{2}\right), & x>0,\\ 0, & x\leqslant 0.\end{cases}$

6. 方程 $t^2+Xt+1=0$ 有实根，即 $X^2\geqslant 4$. 故

$$P\{X^2\geqslant 4\}=P\{(X\leqslant -2)\cup(X\geqslant 2)\}=P\{X\geqslant 2\}=0.8.$$

7. $Y=\mathrm{e}^X$, 于是 $y=\mathrm{e}^x$(单调)$\Rightarrow x=\ln y, x'=\dfrac{1}{y}$, 故

$$f_Y(y)=\begin{cases}f_X(\ln y)\dfrac{1}{y}, & y\geqslant 1,\\ 0, & y<1\end{cases}
=\begin{cases}\dfrac{1}{y^2}, & y\geqslant 1,\\ 0, & y<1.\end{cases}$$

8. 由于 X 在 $(1,2)$ 上服从均匀分布，所以

$$f_X(x)=\begin{cases}1, & 1<x<2,\\ 0, & \text{其他}.\end{cases}$$

$Y=\mathrm{e}^{2X}$, 于是 $y=\mathrm{e}^{2x}$(单调)$\Rightarrow x=\dfrac{1}{2}\ln y, x'=\dfrac{1}{2}\ln y$, 故

$$f_Y(y)=\begin{cases} f_X\left(\dfrac{1}{2}\ln y\right)\dfrac{1}{2y}, & \mathrm{e}^2<y<\mathrm{e}^4, \\ 0, & \text{其他} \end{cases}$$

$$=\begin{cases} \dfrac{1}{2y}, & \mathrm{e}^2<y<\mathrm{e}^4, \\ 0, & \text{其他}. \end{cases}$$

第 2 章自测题

第 3 章　二维随机变量及其概率分布

一、主要内容

二维随机变量的概念，二维随机变量的分布函数及其性质，二维离散型随机变量的概率分布及其性质，二维连续型随机变量的概率密度及其性质，二维随机变量的边缘分布和条件分布，随机变量的独立性，两个随机变量的函数的分布.

二、教学要求

1. 了解二维随机变量的概念.

2. 了解二维随机变量的分布函数及其性质，理解二维离散型随机变量的概率分布及其性质，理解二维连续型随机变量的概率密度及其性质并会用它们计算有关事件的概率.

3. 了解二维随机变量的边缘分布和条件分布.

4. 理解随机变量独立性的概念，并会用独立性计算概率.

5. 会求两个随机变量的简单函数的分布.

三、例题选讲

例 3.1　设随机变量 X 在 $1,2,3,4$ 四个整数中等可能地取值，另一随机变量 Y 在 $1\sim X$ 中等可能地取一整数值，试求 (X,Y) 的分布律，关于 X,Y 的边缘分布律.

解　$\{X=i,Y=j\}$ 的取值情况是：$i=1,2,3,4$, j 是不大于 i 的正整数. 由乘法公式可得

$$P\{X=i,Y=j\}=P\{X=i\}P\{Y=j|X=i\}=\frac{1}{4}\cdot\frac{1}{i}\quad(i=1,2,3,4).$$

$j\leqslant i$. 于是 (X,Y) 的联合分布律及关于 X,Y 的边缘分布律为

X \ Y	1	2	3	4	$P\{X=i\}=p_{i\cdot}$
1	$\frac{1}{4}$	0	0	0	$\frac{1}{4}$
2	$\frac{1}{8}$	$\frac{1}{8}$	0	0	$\frac{1}{4}$
3	$\frac{1}{12}$	$\frac{1}{12}$	$\frac{1}{12}$	0	$\frac{1}{4}$
4	$\frac{1}{16}$	$\frac{1}{16}$	$\frac{1}{16}$	$\frac{1}{16}$	$\frac{1}{4}$
$P\{Y=i\}=p_{\cdot j}$	$\frac{25}{48}$	$\frac{13}{48}$	$\frac{7}{48}$	$\frac{3}{48}$	1

例 3.2　设随机变量 X 和 Y 相互独立，下表是 X 和 Y 的联合概率分布和边缘概率分布，试给出表中空白处的数值.

X \ Y	y_1	y_2	y_3	$p_{i\cdot}=P\{X=x_i\}$
x_1		$\frac{1}{8}$		
x_2	$\frac{1}{8}$			
$p_{\cdot j}=P\{Y=y_j\}$	$\frac{1}{6}$			1

解　因为 X 和 Y 相互独立，故

例 3.2

$$\begin{aligned}\frac{1}{8}&=P\{X=x_2,Y=y_1\}\\&=P\{X=x_2\}\cdot P\{Y=y_1\}\\&=P\{X=x_2\}\cdot\frac{1}{6},\end{aligned}$$

于是

$$P\{X=x_2\}=\frac{3}{4}.$$

由 $P\{X=x_1\}+P\{X=x_2\}=1$ 可得，$P\{X=x_1\}=\frac{1}{4}$. 由

$$\frac{1}{6}=p_{\cdot 1}=P\{X=x_1,Y=y_1\}+P\{X=x_2,Y=y_1\}=p_{11}+\frac{1}{8}$$

可得

$$P\{X=x_1,Y=y_1\}=p_{11}=\frac{1}{24}.$$

可类似地求出其他数值填充表中数值如下：

$X \backslash Y$	y_1	y_2	y_3	$p_{i\cdot}=P\{X=x_i\}$
x_1	$\frac{1}{24}$	$\frac{1}{8}$	$\frac{1}{12}$	$\frac{1}{4}$
x_2	$\frac{1}{8}$	$\frac{3}{8}$	$\frac{1}{4}$	$\frac{3}{4}$
$p_{\cdot j}=P\{Y=j\}$	$\frac{1}{6}$	$\frac{1}{2}$	$\frac{1}{3}$	1

例 3.3　将两封信投入 3 个编号为 1,2,3 的信箱，用 X,Y 分别表示投入第 1, 第 2 信箱的数目，求：

(1) (X,Y) 的联合分布律及分别关于 X,Y 的边缘分布律；

(2) 随机变量 $Z=2X+Y, W=XY$ 的分布律.

解　(1) 两封信的投法总数为 $3^2=9$, X 和 Y 可能取值都是 $0,1,2$. 于是

$$P\{X=0,Y=0\}=\frac{1}{9};$$

$$P\{X=0,Y=1\}=P\{X=1,Y=0\}=\frac{2}{9};$$

$$P\{X=1,Y=1\}=\frac{2}{9};$$

$$P\{X=2,Y=0\}=P\{X=0,Y=2\}=\frac{1}{9};$$

$$P\{X=1,Y=2\}=P\{X=2,Y=1\}=P\{X=2,Y=2\}=0.$$

故所求的分布律为

$X \backslash Y$	0	1	2	$P\{X=i\}=p_{i\cdot}$
0	$\frac{1}{9}$	$\frac{2}{9}$	$\frac{1}{9}$	$\frac{4}{9}$
1	$\frac{2}{9}$	$\frac{2}{9}$	0	$\frac{4}{9}$
2	$\frac{1}{9}$	0	0	$\frac{1}{9}$
$P\{Y=j\}=p_{\cdot j}$	$\frac{4}{9}$	$\frac{4}{9}$	$\frac{1}{9}$	1

(2) 先求 $Z=2X+Y$ 及 $W=XY$ 的可能值. Z 的可能值 $0,1,2,3,4,5,6$; 而 W 的可能值为 $0,1,2,4$.

$$P\{Z=0\}=P\{X=0,Y=0\}=\frac{1}{9};$$

$$P\{Z=1\}=P\{X=0,Y=1\}=\frac{2}{9};$$

$$P\{Z=2\}=P\{X=1,Y=0\}+P\{X=0,Y=2\}=\frac{1}{3};$$

$$P\{Z=3\}=P\{X=1,Y=1\}=\frac{2}{9};$$

$$P\{Z=4\}=P\{X=2,Y=0\}+P\{X=1,Y=2\}=\frac{1}{9};$$

$$P\{Z=5\}=P\{X=2,Y=1\}=0;$$

$$P\{Z=6\}=P\{X=2,Y=2\}=0.$$

于是, Z 的分布律为

Z	0	1	2	3	4
P	$\frac{1}{9}$	$\frac{2}{9}$	$\frac{3}{9}$	$\frac{2}{9}$	$\frac{1}{9}$

同样,

$$P\{W=0\}=P\{X=0,Y=0\}+P\{X=0,Y=1\}+P\{X=0,Y=2\}+$$
$$XP\{X=1,Y=0\}+P\{X=2,Y=0\}=\frac{7}{9};$$

$$P\{W=1\}=P\{X=1,Y=1\}=\frac{2}{9};$$

$$P\{W=2\}=P\{X=2,Y=1\}+P\{X=1,Y=2\}=0;$$

$$P\{W=4\}=P\{X=2,Y=2\}=0.$$

故得 W 的分布律为

W	0	1
P	$\frac{7}{9}$	$\frac{2}{9}$

例 3.4 假设某射手的命中率为 $p\ (0<p<1)$, 他一次一次地对同一目标射击，直到恰好两次命中目标为止. 以 X 表示首次命中已射击目标的次数，以 Y 表示射击的总次数，试写出 X 和 Y 的联合分布律.

解 由 X 表示首次命中时已射击目标的次数，Y 表示射击的总次数，则 X 的取值为 $1,2,\cdots,Y$ 的取值为 $2,3,\cdots$. 于是根据题意得

$$P\{X=m,\ Y=n\}=p^2q^{n-2}\quad(m=1,2,\cdots,n-1;\ n=2,3,\cdots).$$

例 3.5 接连不断地掷一枚骰子，直到出现小于 5 的点数为止，以 X 表示最后一次掷出的点数，以 Y 表示掷的次数，试求 X 和 Y 的联合概率分布.

解 X 的可能取值为 $1,2,3,4.Y$ 的可能取值为 $1,2,\cdots.\{X=m,Y=n\}$; $m=1,2,3,4$, 表示共掷了 n 次，前 $n-1$ 次掷到 5 点或 6 点，最后一次掷出 m 点，m 可能取值为 $1,2,3,4$. 故

$$P\{X=m,Y=n\}=\frac{1}{4}\times\frac{4}{6}\times\left(\frac{2}{6}\right)^{n-1},\quad m=1,2,3,4,\ \ n=1,2,3,\cdots.$$

例 3.6 设 ξ,η 是两个相互独立且服从同一分布的随机变量，如果 ξ 的分布律为

$$P\{\xi=i\}=\frac{1}{3},\quad i=1,2,3.$$

又设 $X=\max(\xi,\eta),Y=\min(\xi,\eta)$, 求 X 及 Y 的分布律.

解 先求出 (ξ,η) 的联合分布律，因为 ξ 与 η 相互独立，所以

$$P\{\xi=i,\eta=j\}=P\{\xi=i\}\cdot P\{\eta=j\}.$$

(ξ,η) 的分布律为

$\xi \backslash \eta$	1	2	3
1	$\frac{1}{9}$	$\frac{1}{9}$	$\frac{1}{9}$
2	$\frac{1}{9}$	$\frac{1}{9}$	$\frac{1}{9}$
3	$\frac{1}{9}$	$\frac{1}{9}$	$\frac{1}{9}$

$P\{X=1\}=\dfrac{1}{9},P\{X=2\}=\dfrac{1}{3},P\{X=3\}=\dfrac{5}{9}$. 于是，$X$ 的分布律为

X	1	2	3
P	$\frac{1}{9}$	$\frac{1}{3}$	$\frac{5}{9}$

$P\{Y=1\}=\dfrac{5}{9},P\{Y=2\}=\dfrac{1}{3},P\{Y=3\}=\dfrac{1}{9}$. 于是，$Y$ 的分布律为

Y	1	2	3
P	$\frac{5}{9}$	$\frac{1}{3}$	$\frac{1}{9}$

例 3.7 设随机变量 (X,Y) 的概率密度为

$$f(x,y)=\begin{cases} kxy, & 0\leqslant x\leqslant 1,\ 0\leqslant y\leqslant 1, \\ 0, & \text{其他}. \end{cases}$$

试求：(1) 常数 k; (2) X 与 Y 的联合分布函数；(3) $P\{Y\leqslant X\}$.

解 (1) $1=\displaystyle\int_{-\infty}^{+\infty}\int_{-\infty}^{+\infty}f(x,y)\mathrm{d}x\mathrm{d}y=\int_0^1 x\mathrm{d}x\int_0^1 y\mathrm{d}y=\frac{k}{4}$, 故 $k=4$.

(2) 当 $x<0$ 或 $y<0$ 时，$F(x,y)=0$;

当 $0\leqslant x<1$ 且 $0\leqslant y<1$ 时，

$$F(x,y)=\int_0^x\int_0^y 4uv\mathrm{d}u\mathrm{d}v=x^2y^2;$$

当 $0\leqslant x<1$ 且 $y>1$ 时，

$$F(x,y)=\int_0^x\int_0^1 4uv\mathrm{d}u\mathrm{d}v=x^2;$$

当 $x>1$ 且 $0\leqslant y\leqslant 1$ 时，

$$F(x,y)=\int_0^1\int_0^y 4uv\mathrm{d}u\mathrm{d}v=y^2;$$

当 $x>1$ 且 $y>1$ 时，

$$F(x,y)=\int_0^1\mathrm{d}x\int_0^1 4xy\mathrm{d}y=1.$$

故 X 和 Y 的联合分布函数为

$$F(x,y)=\begin{cases}0, & x<0 \text{ 或 } y<0,\\ x^2y^2, & 0\leqslant x<1,\ 0\leqslant y<1,\\ x^2, & 0\leqslant x<1,\ y>1,\\ y^2, & x>1,\ 0\leqslant y\leqslant 1,\\ 1, & x>1,\ y>1.\end{cases}$$

(3) $P\{Y\leqslant X\}=\int_0^1\mathrm{d}x\int_0^x 4xy\mathrm{d}y=\frac{1}{2}$.

例 3.8 设随机变量 X,Y 的联合概率密度为

$$f(x,y)=\begin{cases}x^2+\frac{xy}{3}, & 0\leqslant x\leqslant 1, 0\leqslant y\leqslant 2,\\ 0, & \text{其他}.\end{cases}$$

求 $P\{X+Y\geqslant 1\}$.

解

$$\begin{aligned}P\{X+Y\geqslant 1\}&=\iint\limits_{x+y\geqslant 1}f(x,y)\mathrm{d}x\mathrm{d}y=\int_0^1\left[\int_{1-x}^2\left(x^2+\frac{xy}{3}\right)\mathrm{d}y\right]\mathrm{d}x\\ &=\int_0^1\left\{x^2(1+x)+\frac{x}{6}\left[4-(1-x)^2\right]\right\}\mathrm{d}x\\ &=\frac{65}{72}.\end{aligned}$$

例 3.9 设二维随机变量 (X,Y) 在 $x^2+y^2\leqslant r^2(r>0)$ 内服从均匀分布，求 X,Y 的边缘概率密度.

解 (X,Y) 的概率密度为

$$f(x,y)=\begin{cases}\frac{1}{\pi r^2}, & x^2+y^2\leqslant r^2,\\ 0, & \text{其他}.\end{cases}$$

由 $f_X(x)=\int_{-\infty}^{+\infty}f(x,y)\mathrm{d}y$ 得，当 $|x|<r$ 时，

$$f_X(x)=\int_{-\infty}^{+\infty}f(x,y)\mathrm{d}y=\int_{-\sqrt{r^2-x^2}}^{\sqrt{r^2-x^2}}\frac{1}{\pi r^2}\mathrm{d}y=\frac{2\sqrt{r^2-x^2}}{\pi r^2},$$

所以

$$f_X(x)=\begin{cases}\frac{2\sqrt{r^2-x^2}}{\pi r^2}, & |x|<r,\\ 0, & |x|\geqslant r.\end{cases}$$

同理可求得

$$f_Y(y)=\begin{cases}\dfrac{2\sqrt{r^2-y^2}}{\pi r^2}, & |y|<r,\\ 0, & |y|\geqslant r.\end{cases}$$

例 3.10　设二维随机变量 (X,Y) 在矩形 $G=\{(x,y)\,|0\leqslant x\leqslant 2,0\leqslant y\leqslant 1\}$ 上服从均匀分布，记 $U=\begin{cases}0, & 若X\leqslant Y,\\ 1, & 若X>Y,\end{cases}$ $V=\begin{cases}0, & 若X\leqslant 2Y,\\ 1, & 若X>2Y,\end{cases}$ 求 U 和 V 的联合分布律.

解　(X,Y) 的概率密度为

$$f(x,y)=\begin{cases}\dfrac{1}{2}, & (x,y)\in G,\\ 0, & 其他.\end{cases}$$

$$\begin{aligned}P\{U=0,V=0\}&=P\{X\leqslant Y,X\leqslant 2Y\}=P\{X\leqslant Y\}\\&=\iint\limits_{x\leqslant y}f(x,y)\mathrm{d}x\mathrm{d}y=\int_0^1\left(\int_0^y\frac{1}{2}\mathrm{d}x\right)\mathrm{d}y=\frac{1}{4},\\P\{U=0,V=1\}&=P\{X\leqslant Y,X>2Y\}=0,\\P\{U=1,V=0\}&=P\{X>Y,X\leqslant 2Y\}=\iint\limits_{y<x\leqslant 2y}f(x,y)\mathrm{d}x\mathrm{d}y\\&=\int_0^1\left(\int_y^{2y}\frac{1}{2}\mathrm{d}x\right)\mathrm{d}y=\frac{1}{4},\\P\{U=1,V=1\}&=P\{X>Y,X>2Y\}=P\{X>2Y\}\\&=\iint\limits_{x>2y}f(x,y)\mathrm{d}x\mathrm{d}y=\int_0^1\left(\int_{2y}^2\frac{1}{2}\mathrm{d}x\right)\mathrm{d}y=\frac{1}{2}.\end{aligned}$$

故 (U,V) 的分布律为

U \ V	0	1
0	$\frac{1}{4}$	0
1	$\frac{1}{4}$	$\frac{1}{2}$

例 3.11　设 (X,Y) 为从 $D=\{(x,y)\,|\,(x-1)^2+(y+2)^2\leqslant 9\}$ 中随机取出的一点的坐标. 求：

(1) (X,Y) 的联合概率密度；

(2) 对任意给定 $X=x$ 下，Y 的条件密度；

(3) $P\{Y>0|X=2\}$.

解　(1) 由题意 (X,Y) 服从 D 上的均匀分布，而 D 的面积为 9π. 故 (X,Y) 的概率密度为

$$f(x,y)=\begin{cases}\dfrac{1}{9\pi}, & (x,y)\in D,\\ 0, & \text{其他}.\end{cases}$$

(2) 求 X 的边缘概率密度. 对 $x\in(-2,4)$, 有

$$\begin{aligned}f_X(x)&=\int_{-\infty}^{+\infty}f(x,y)\mathrm{d}y=\int_{-2-\sqrt{(x+2)(4-x)}}^{-2+\sqrt{(x+2)(4-x)}}\frac{1}{9\pi}\mathrm{d}y\\&=\frac{2\sqrt{(x+2)(4-x)}}{9\pi},\end{aligned}$$

所以

$$f_X(x)=\begin{cases}\dfrac{2\sqrt{(x+2)(4-x)}}{9\pi}, & -2<x<4,\\ 0, & \text{其他}.\end{cases}$$

故当 $x\in(-2,4)$ 时，$X=x$ 条件下，Y 的条件密度为

$$\begin{aligned}&f_{Y|X}(y|x)=\frac{f(x,y)}{f_X(x)}\\=&\begin{cases}\dfrac{1}{2\sqrt{(x+2)(4-x)}}, & -2-\sqrt{(x+2)(4-x)}<y<-2+\sqrt{(x+2)(4-x)},\\ 0, & \text{其他}.\end{cases}\end{aligned}$$

(3) 由 (2) 有

$$f_{Y|X}(y|x=2)=\begin{cases}\dfrac{1}{4\sqrt{2}}, & -2\left(\sqrt{2}+1\right)<y<2\left(\sqrt{2}-1\right),\\ 0, & \text{其他}.\end{cases}$$

所以

$$\begin{aligned}P(Y>0|X=2)&=\int_0^{+\infty}f_{Y|X}(y|x=2)\mathrm{d}y\\&=\int_0^{2\left(\sqrt{2}-1\right)}\frac{1}{4\sqrt{2}}\mathrm{d}y=\frac{2-\sqrt{2}}{4}.\end{aligned}$$

例 3.12　设二维随机变量 (X,Y) 在矩形 $G=\{(x,y)\,|0\leqslant x\leqslant 2,0\leqslant y\leqslant 1\}$ 上服从均匀分布，试求边长为 X 和 Y 的矩形面积 S 的概率密度 $f(s)$.

解　(X,Y) 的概率密度为

$$f(x,y)=\begin{cases}\dfrac{1}{2}, & (x,y)\in G,\\ 0, & \text{其他}.\end{cases}$$

设 $F(s)=P\{S\leqslant s\}$ 为 $S=XY$ 的分布函数，则

当 $s\leqslant 0$ 时，$F(s)=0$;

当 $s\geqslant 2$ 时，$F(s)=1$;

当 $0<s<2$ 时，曲线 $xy=s$ 与矩形 G 的上边交于点 $(s,1)$；位于曲线 $xy=s$ 上方的点满足 $xy>s$，位于下方的点满足 $xy<s$，于是

$$\begin{aligned}F(s)&=P\{S\leqslant s\}=P\{XY\leqslant s\}=1-P\{XY>s\}=1-\iint\limits_{xy>s}f(x,y)\mathrm{d}x\mathrm{d}y\\&=1-\iint\limits_{xy>s}\frac{1}{2}\mathrm{d}x\mathrm{d}y=1-\frac{1}{2}\int_s^2\mathrm{d}x\int_{\frac{s}{x}}^1\mathrm{d}y\\&=\frac{s}{2}\left(1+\ln 2-\ln s\right).\end{aligned}$$

因此 $S=XY$ 的概率密度为

$$f(s)=F'(s)=\begin{cases}\dfrac{1}{2}\left(\ln 2-\ln s\right), & 0<s<2,\\ 0, & \text{其他}.\end{cases}$$

例 3.13　以 X 记某医院一天出生的婴儿的个数，Y 记其中男婴的个数，记 X 和 Y 的联合分布律为

$$P\{X=n,Y=m\}=\frac{\mathrm{e}^{-14}\left(7.14\right)^m\left(6.86\right)^{n-m}}{m!\left(n-m\right)!},$$

$m=0,1,2,\cdots,n$; $m=0,1,2,\cdots$. 求：

(1) 边缘分布律；

(2) 条件分布律；

(3) 当 $X=20$ 时，Y 的条件分布律.

解　(1) 边缘分布律

$$P\{X=n\}=\sum_{m=0}^{n}P\{X=n,Y=m\}$$

$$
\begin{aligned}
&= \sum_{m=0}^{n} \frac{\mathrm{e}^{-14}(7.14)^m(6.86)^{n-m}}{m!(n-m)!} \\
&= \sum_{m=0}^{n} \frac{\mathrm{e}^{-14}}{n!} \cdot \frac{n!}{m!(n-m)!}(7.14)^m(6.86)^{n-m} \\
&= \frac{\mathrm{e}^{-14}}{n!} \sum_{m=0}^{n} \mathrm{C}_n^m (7.14)^m(6.86)^{n-m} \\
&= \frac{\mathrm{e}^{-14}}{n!} 14^n, \quad n = 0, 1, 2, \cdots .
\end{aligned}
$$

$$
\begin{aligned}
P\{Y=m\} &= \sum_{n=m}^{\infty} P\{X=n, Y=m\} \\
&= \sum_{n=m}^{\infty} \frac{\mathrm{e}^{-14}(7.14)^m(6.86)^{n-m}}{m!(n-m)!} \\
&= \sum_{n=m}^{\infty} \frac{\mathrm{e}^{-14}(7.14)^m}{m!} \cdot \frac{(6.86)^{n-m}}{(n-m)!} \\
&= \frac{\mathrm{e}^{-14}(7.14)^m}{m!} \sum_{j=0}^{\infty} \frac{(6.86)^j}{j!} \quad (\text{令} j = n-m) \\
&= \frac{\mathrm{e}^{-14}(7.14)^m}{m!} \mathrm{e}^{6.86} \\
&= \frac{\mathrm{e}^{-7.14}(7.14)^m}{m!}, \quad m = 0, 1, 2, \cdots, n.
\end{aligned}
$$

(2) 条件分布律

$$
\begin{aligned}
P\{X=n|Y=m\} &= \frac{P\{X=n, Y=m\}}{P\{Y=m\}} \\
&= \frac{\mathrm{e}^{-14}(7.14)^m(6.86)^{n-m}}{m!(n-m)!} \frac{m!}{\mathrm{e}^{-7.14}(7.14)^m} \\
&= \frac{\mathrm{e}^{-6.86}(6.86)^{n-m}}{(n-m)!}, \quad n = m, m+1, \cdots .
\end{aligned}
$$

$$
\begin{aligned}
P\{Y=m|X=n\} &= \frac{P\{X=n, Y=m\}}{P\{X=n\}} \\
&= \frac{\mathrm{e}^{-14}(7.14)^m(6.86)^{n-m}}{m!(n-m)!} \cdot \frac{n!}{\mathrm{e}^{-14}(14)^n} \\
&= \mathrm{C}_n^m \left(\frac{7.14}{14}\right)^m \left(\frac{6.86}{14}\right)^{n-m} \\
&= \mathrm{C}_n^m (0.51)^m (0.49)^{n-m}, \quad m = 0, 1, 2, \cdots, n.
\end{aligned}
$$

(3) $P\{Y=m|X=20\} = \mathrm{C}_{20}^m (0.51)^m (0.49)^{20-m}, \quad m = 0, 1, 2, \cdots, 20.$

例 3.14 设随机变量 (X,Y) 的概率密度为

$$f(x,y)=\begin{cases}\mathrm{e}^{-y}, & 0<x<y,\\ 0, & \text{其他}.\end{cases}$$

试求条件概率密度 $f_{X|Y}(x|y)$ 和 $f_{Y|X}(y|x)$.

解 求出关于 X 和 Y 的边缘概率密度:

$$f_X(x)=\int_{-\infty}^{+\infty}f(x,y)\mathrm{d}y=\begin{cases}\displaystyle\int_x^{+\infty}\mathrm{e}^{-y}\mathrm{d}y, & x>0,\\ 0, & \text{其他}\end{cases}$$

$$=\begin{cases}\mathrm{e}^{-y}, & x>0,\\ 0, & \text{其他}.\end{cases}$$

$$f_Y(y)=\int_{-\infty}^{+\infty}f(x,y)\mathrm{d}x=\begin{cases}\displaystyle\int_0^{y}\mathrm{e}^{-y}\mathrm{d}x, & y>0,\\ 0, & \text{其他}\end{cases}$$

$$=\begin{cases}y\mathrm{e}^{-y}, & y>0,\\ 0, & \text{其他}.\end{cases}$$

从而当 $y>0$ 时,

$$f_{X|Y}(x|y)=\begin{cases}\dfrac{\mathrm{e}^{-y}}{y\mathrm{e}^{-y}}, & 0<x<y,\\ 0, & \text{其他}\end{cases}=\begin{cases}\dfrac{1}{y}, & 0<x<y,\\ 0, & \text{其他}.\end{cases}$$

当 $x>0$ 时,

$$f_{Y|X}(y|x)=\begin{cases}\dfrac{\mathrm{e}^{-y}}{\mathrm{e}^{-x}}, & y>x,\\ 0, & \text{其他}\end{cases}=\begin{cases}\mathrm{e}^{x-y}, & y>x,\\ 0, & \text{其他}.\end{cases}$$

例 3.15 设二维随机变量 (X,Y) 具有如下概率密度, 求边缘概率密度.

(1) $f(x,y)=\begin{cases}\dfrac{2\mathrm{e}^{-y+1}}{x^3}, & x>1,y>1,\\ 0, & \text{其他};\end{cases}$

(2) $f(x,y)=\begin{cases}\dfrac{1}{\pi}\mathrm{e}^{-\frac{1}{2}(x^2+y^2)}, & x>0,y\leqslant 0 \text{ 或 } x\leqslant 0,y>0,\\ 0, & \text{其他}.\end{cases}$

解 (1) 对 $x>1$,

$$f_X(x)=\int_{-\infty}^{+\infty}f(x,y)\mathrm{d}y=\int_1^{+\infty}\frac{2\mathrm{e}^{-y+1}}{x^3}\mathrm{d}y=\frac{2}{x^3},$$

所以

$$f_X(x)=\begin{cases}\dfrac{2}{x^3}, & x>1,\\ 0, & x\leqslant 1.\end{cases}$$

对 $y>1$,

$$f_Y(y)=\int_{-\infty}^{+\infty}f(x,y)\mathrm{d}x=\int_1^{+\infty}\frac{2\mathrm{e}^{-y+1}}{x^3}\mathrm{d}x=\mathrm{e}^{-y+1}.$$

所以

$$f_Y(y)=\begin{cases}\mathrm{e}^{-y+1}, & y>1,\\ 0, & y\leqslant 1.\end{cases}$$

(2) 对 $x>0$,

$$f_X(x)=\int_{-\infty}^{0}\frac{1}{\pi}\mathrm{e}^{-\frac{1}{2}(x^2+y^2)}\mathrm{d}y=\frac{1}{\sqrt{2\pi}}\mathrm{e}^{-\frac{x^2}{2}};$$

对 $x\leqslant 0$,

$$f_X(x)=\int_{0}^{+\infty}\frac{1}{\pi}\mathrm{e}^{-\frac{1}{2}(x^2+y^2)}\mathrm{d}y=\frac{1}{\sqrt{2\pi}}\mathrm{e}^{-\frac{x^2}{2}}.$$

所以

$$f_X(x)=\frac{1}{\sqrt{2\pi}}\mathrm{e}^{-\frac{x^2}{2}},\quad -\infty<x<+\infty.$$

同理可得

$$f_Y(y)=\frac{1}{\sqrt{2\pi}}\mathrm{e}^{-\frac{y^2}{2}},\quad -\infty<y<+\infty.$$

例 3.16　设随机变量 X 在区间 $(0,1)$ 上服从均匀分布，在 $X=x\,(0<x<1)$ 的条件下，随机变量 Y 在 $(0,x)$ 上服从均匀分布，试求：

(1) X 与 Y 的联合概率密度；

(2) Y 的概率密度；

(3) $P\{X+Y\geqslant 1\}$.

解　(1) X 的概率密度为

$$f_X(x)=\begin{cases}1, & 0<x<1,\\ 0, & \text{其他}.\end{cases}$$

在 $X=x\,(0<x<1)$ 的条件下，Y 的条件密度为

$$f_{Y|X}(y|x)=\begin{cases}\dfrac{1}{x}, & 0<y<x,\\ 0, & \text{其他}.\end{cases}$$

当 $0<y<x<1$ 时， X 与 Y 的联合概率密度为

$$f(x,y)=f_X(x)f_{Y|X}(y|x)=\frac{1}{x};$$

在其他点处 $f(x,y)=0$, 即

$$f(x,y)=\begin{cases}\dfrac{1}{x}, & 0<y<x<1,\\ 0, & 其他.\end{cases}$$

(2) 当 $0<y<1$ 时， Y 的密度为

$$f_Y(y)=\int_{-\infty}^{+\infty}f(x,y)\mathrm{d}x=\int_y^1\frac{1}{x}\mathrm{d}x=-\ln y.$$

当 $y\leqslant 0$ 或 $y\geqslant 1$ 时， $f_Y(y)=0$. 因此

$$f_Y(y)=\begin{cases}-\ln y, & 0<y<1,\\ 0, & 其他.\end{cases}$$

(3) $P\{X+Y\geqslant 1\}=\displaystyle\iint\limits_{x+y\geqslant 1}f(x,y)\mathrm{d}x\mathrm{d}y=\int_{\frac{1}{2}}^1\mathrm{d}x\int_{1-x}^x\frac{1}{x}\mathrm{d}y=1-\ln 2.$

例 3.17 测量一矩形土地的长与宽，测量的结果得长与宽的分布律如下两表 (长与宽相互独立), 求周长 Z 的分布.

长度 X	29	30	31
P	0.3	0.5	0.2

宽度 Y	19	20	21
P	0.3	0.4	0.5

解 因 X 与 Y 相互独立, 所以

$$p_{ij}=p_{i\cdot}p_{\cdot j}.$$

故 (X,Y) 的联合概率分布为

X \ Y	19	20	21
29	0.09	0.12	0.09
30	0.15	0.20	0.15
31	0.06	0.08	0.06

又因为周长 $Z=2(X+Y)$, 所以 Z 可能取的值为 96, 98, 100, 102, 104. 则

$$
\begin{aligned}
&P\{Z=96\}=P\{X=29,Y=19\}=0.09,\\
&P\{Z=96\}=P\{X=29,Y=20\}+P\{X=30,Y=19\}=0.27,\\
&P\{Z=100\}=P\{X=29,Y=21\}+P\{X=30,Y=20\}+\\
&\qquad\qquad P\{X=31,Y=19\}=0.35,\\
&P\{Z=102\}=P\{X=30,Y=21\}+P\{X=31,Y=20\}=0.23,\\
&P\{Z=104\}=P\{X=31,Y=21\}=0.06.
\end{aligned}
$$

故周长 Z 的分布为

$Z=2(X+Y)$	96	98	100	102	104
P	0.09	0.27	0.35	0.23	0.06

例 3.18　设 A 和 B 为两个随机事件，且 $P(A)=\dfrac{1}{4}$, $P(B|A)=\dfrac{1}{3}$, $P(A|B)=\dfrac{1}{2}$, 令

$$
X=\begin{cases}1, & A\text{发生},\\ 0, & A\text{不发生},\end{cases}\qquad Y=\begin{cases}1, & B\text{发生},\\ 0, & B\text{不发生},\end{cases}
$$

求 X 与 Y 的联合分布律和 $Z=X^2+Y^2$ 的分布律.

分析　(X,Y) 可取值为 $(1,1),(1,0),(0,1),(0,0)$, 将事件 $\{X=i,\ Y=j\}$ $(i=1,0;j=1,0)$ 用 A,B 表示，利用概率计算公式可求得 X 与 Y 的联合分布律，进而可求得 $Z=X^2+Y^2$ 的分布律.

解　由于 $P(AB)=P(A)P(B|A)=\dfrac{1}{12}$, $P(B)=\dfrac{P(AB)}{P(A|B)}=\dfrac{1}{6}$, 于是可得

$$
\begin{aligned}
&P\{X=1,Y=1\}=P(AB)=\frac{1}{12},\\
&P\{X=1,Y=0\}=P\left(A\overline{B}\right)=P(A)-P(AB)=\frac{1}{6},\\
&P\{X=0,Y=1\}=P\left(\overline{A}B\right)=P(B)-P(AB)=\frac{1}{12},\\
&P\{X=0,Y=0\}=P\{\overline{A}\,\overline{B}\}=1-P(A\cup B)=\frac{2}{3}.
\end{aligned}
$$

因此 X 与 Y 的联合分布律为

X \ Y	1	0
1	$\frac{1}{12}$	$\frac{1}{6}$
0	$\frac{1}{12}$	$\frac{2}{3}$

$Z=X^2+Y^2$ 的所有可能取值为 $0,1,2$, 且

$$P\{Z=0\}=P\{X=0,Y=0\}=\frac{2}{3},$$
$$P\{Z=1\}=P\{X=0,Y=1\}+P\{X=1,Y=0\}=\frac{1}{4},$$
$$P\{Z=2\}=P\{X=1,Y=1\}=\frac{1}{12}.$$

因此， $Z=X^2+Y^2$ 的分布律为

Z	0	1	2
P	$\frac{2}{3}$	$\frac{1}{4}$	$\frac{1}{12}$

例 3.19 设随机变量 (X,Y) 的分布律为

Y \ X	0	1	2	3	4	5
0	0	0.01	0.03	0.05	0.07	0.09
1	0.01	0.02	0.04	0.05	0.06	0.08
2	0.01	0.03	0.05	0.05	0.05	0.06
3	0.01	0.02	0.04	0.06	0.06	0.05

试求： (1) $P\{X=2|Y=2\}$, $P\{Y=3|X=0\}$; (2) $V=\max(X,Y)$ 的分布律;
(3) $U=\min(X,Y)$ 的分布律; (4) $W=V+U$ 的分布律.

解　(1)
$$P\{X=2|Y=2\}=\frac{P\{X=2,Y=2\}}{P\{Y=2\}}=\frac{P\{X=2,Y=2\}}{\sum\limits_{i=0}^{5}P\{X=i,Y=2\}}=\frac{0.05}{0.25}=\frac{1}{5};$$

$$P\{Y=3|X=0\}=\frac{P\{X=0,Y=3\}}{P\{X=0\}}=\frac{P\{X=0,Y=3\}}{\sum\limits_{j=0}^{3}P\{X=0,Y=j\}}=\frac{0.01}{0.03}=\frac{1}{3}.$$

(2)
$$P\{V=i\}=P\{\max(X,Y)=i\}=P\{X=i,Y<i\}+P\{X\leqslant i,Y=i\}$$
$$=\sum_{k=0}^{i-1}P\{X=i,Y=k\}+\sum_{k=0}^{i}P\{X=k,Y=i\};i=0,1,\cdots,5.$$

于是

$V=\max(X,Y)$	0	1	2	3	4	5
P	0	0.04	0.16	0.28	0.24	0.28

(3)
$$P\{U=i\}=P\{\min(X,Y)=i\}=P\{X=i,Y\geqslant i\}+P\{X>i,Y=i\}$$
$$=\sum_{k=i}^{3}P\{X=i,Y=k\}+\sum_{k=i+1}^{5}P\{X=k,Y=i\},i=0,1,2,3.$$

于是

$U=\min(X,Y)$	0	1	2	3
P	0.28	0.30	0.25	0.17

(4) 因为 $W=U+V=\min(X,Y)+\max(X,Y)$，于是

$W=U+V$	0	1	2	3	4	5	6	7	8
P	0	0.02	0.06	0.13	0.19	0.24	0.19	0.12	0.05

例 3.20 设 X 和 Y 是两个相互独立的随机变量，其概率密度分别为

$$f_X(x)=\begin{cases}1, & 0\leqslant x\leqslant 1,\\ 0, & \text{其他},\end{cases}\qquad f_Y(y)=\begin{cases}\mathrm{e}^{-y}, & y>0,\\ 0, & y\leqslant 0,\end{cases}$$

试求随机变量 $Z=X+Y$ 的概率密度.

解 因为 X 与 Y 相互独立，所以

$$f(x,y)=f_X(x)f_Y(y)=\begin{cases}\mathrm{e}^{-y}, & 0\leqslant x\leqslant 1, y>0,\\ 0, & \text{其他}.\end{cases}$$

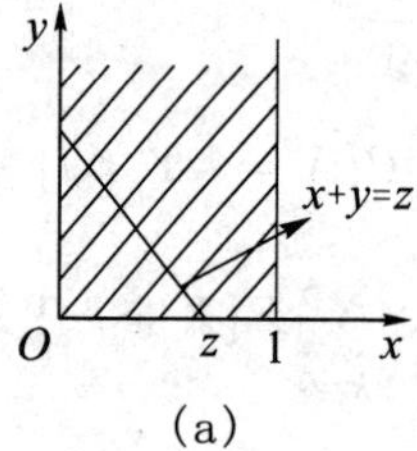

(a)

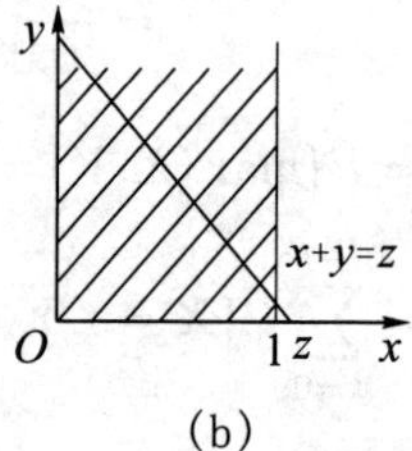

(b)

图 3.1

显然当 $z<0$ 时，$F_Z(z)=0$.

当 $0\leqslant z\leqslant 1$ 时，参照图 3.1(a),

$$F_Z(z)=\iint\limits_{x+y\leqslant z} f(x,y)\mathrm{d}x\mathrm{d}y=\int_0^z \mathrm{d}x\int_0^{z-x}\mathrm{e}^{-y}\mathrm{d}y=z-1+\mathrm{e}^{-z},$$

所以 $f_Z(z)=F_Z'(z)=1-\mathrm{e}^{-z}$. 当 $z\geqslant 1$ 时，参照图 3.1(b),

$$F_Z(z)=\iint\limits_{x+y\leqslant z} f(x,y)\mathrm{d}x\mathrm{d}y=\int_0^1 \mathrm{d}x\int_0^{z-x}\mathrm{e}^{-y}\mathrm{d}y=1-(\mathrm{e}-1)\mathrm{e}^{-z},$$

所以 $f_Z(z)=F_Z'(z)=(\mathrm{e}-1)\mathrm{e}^{-z}$.

故 $Z=X+Y$ 的概率密度为

$$f_Z(z)=\begin{cases}0, & z\leqslant 0,\\ 1-\mathrm{e}^{-z}, & 0<z<1,\\ (\mathrm{e}-1)\mathrm{e}^{-z}, & z\geqslant 1.\end{cases}$$

例 3.21　某种商品一周的需求量是一个随机变量，其概率密度为

$$f(t)=\begin{cases} t\mathrm{e}^{-t}, & t>0, \\ 0, & t\leqslant 0, \end{cases}$$

设各周的需求量是相互独立的. 试求：

(1) 两周的需求量的概率密度；　(2) 三周的需求量的概率密度.

解　设第 i 周的需求量为 $T_i(i=1,2,3)$, 由题设知它们是独立同分布的随机变量.

(1) 两周的需求量为 T_1+T_2, 当 $t>0$ 时，其概率密度为

$$\begin{aligned} f_{T_1+T_2}(t) &= \int_{-\infty}^{+\infty} f(u)f(t-u)\mathrm{d}u \\ &= \int_0^t u\mathrm{e}^{-u}\,(t-u)\,\mathrm{e}^{-(t-u)}\mathrm{d}u \\ &= \frac{t^3}{6}\mathrm{e}^{-t}, \end{aligned}$$

即

$$f_{T_1+T_2}(t)=\begin{cases} \dfrac{1}{6}t^3\mathrm{e}^{-t}, & t>0, \\ 0, & t\leqslant 0. \end{cases}$$

(2) 三周的需求量为 $(T_1+T_2)+T_3$, 当 $t>0$ 时，其概率密度为

$$\begin{aligned} f_{T_1+T_2+T_3}(t) &= \int_{-\infty}^{+\infty} f_{T_1+T_2}(u)f(t-u)\mathrm{d}u \\ &= \int_0^t \frac{1}{6}u^3\mathrm{e}^{-u}\,(t-u)\,\mathrm{e}^{-(t-u)}\mathrm{d}u \\ &= \frac{1}{5!}t^5\mathrm{e}^{-t}, \end{aligned}$$

即

$$f_{T_1+T_2+T_3}\,(t)=\begin{cases} \dfrac{1}{5!}t^5\mathrm{e}^{-t}, & t>0, \\ 0, & t\leqslant 0. \end{cases}$$

例 3.22　设二维随机变量 (X,Y) 在区域 $G=\{(x,y)\,|1\leqslant x\leqslant 3, 1\leqslant y\leqslant 3\}$ 上服从均匀分布，求 $Z=|X-Y|$ 的概率密度.

解 (X,Y) 的概率密度为

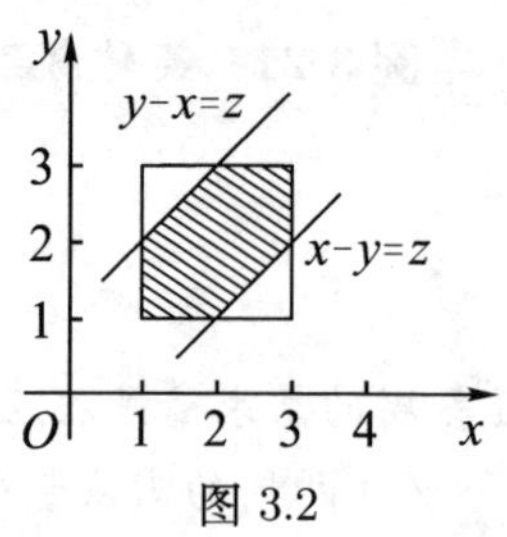

图 3.2

$$f(x,y)=\begin{cases}\dfrac{1}{4}, & (x,y)\in G,\\ 0, & \text{其他}.\end{cases}$$

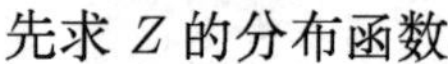
先求 Z 的分布函数.

参照图 3.2, 当 $z<0$ 时，显然有 $F_Z(z)=0$.

当 $0\leqslant z\leqslant 2$ 时,

$$F_Z(z)=P\{Z\leqslant z\}=P\{|X-Y|\leqslant z\}=\frac{4-(3-z-1)^2}{4}=z-\frac{1}{4}z^2.$$

当 $z>2$ 时， $F_Z(z)=1$.

于是， Z 的概率密度为 $f_Z(z)=F_Z'(z)=\begin{cases}1-\dfrac{1}{2}z, & 0\leqslant z\leqslant 2,\\ 0, & \text{其他}.\end{cases}$

例 3.23 设二维随机变量 (X,Y) 在区域

例 3.23

$$D=\left\{(x,y)\mid 0<x<1, x^2<y<\sqrt{x}\right\}$$

上服从均匀分布，令 $U=\begin{cases}1, & X\leqslant Y,\\ 0, & X>Y.\end{cases}$

(1) 写出 (X,Y) 的概率密度;

(2) 问 U 与 X 是否相互独立？并说明理由;

(3) 求 $Z=U+X$ 的分布函数 $F(z)$.

解 (1) (X,Y) 的概率密度为

$$f(x,y)=\begin{cases}3, & (x,y)\in D,\\ 0, & \text{其他}.\end{cases}$$

(2) 对于 $0<t<1$,

$$P\{U\leqslant 0, X\leqslant t\}=P\{X>Y, X\leqslant t\}=\int_0^t \mathrm{d}x\int_{x^2}^{x}3\,\mathrm{d}y=\frac{3}{2}t^2-t^3,$$

$$P\{U\leqslant 0\}=P\{X>Y\}=\frac{1}{2},$$

$$P\{X\leqslant t\}=\int_0^t \mathrm{d}x\int_{x^2}^{\sqrt{x}}3\,\mathrm{d}y=2t^{\frac{3}{2}}-t^3.$$

由于 $P\{U\leqslant 0, X\leqslant t\}\neq P\{U\leqslant 0\}P\{X\leqslant t\}$, 所以 U 与 X 不相互独立.

(3) 当 $z<0$ 时，$F(z)=0$; 当 $0\leqslant z<1$ 时，

$$\begin{aligned}F(z)&=P\{Z\leqslant z\}=P\{U+X\leqslant z\}\\&=P\{U=0,X\leqslant z\}=P\{X>Y,X\leqslant z\}\\&=\frac{3}{2}z^2-z^3;\end{aligned}$$

当 $1\leqslant z<2$ 时，

$$\begin{aligned}F(z)&=P\{U+X\leqslant z\}\\&=P\{U=0,X\leqslant z\}+P\{U=1,X\leqslant z-1\}\\&=\frac{1}{2}+2(z-1)^{\frac{3}{2}}-\frac{3}{2}(z-1)^2;\end{aligned}$$

当 $z\geqslant 2$ 时，$F(z)=P\{U+X\leqslant z\}=1$.

所以 $F(z)=\begin{cases}0, & z<0,\\ \dfrac{3}{2}z^2-z^3, & 0\leqslant z<1,\\ \dfrac{1}{2}+2(z-1)^{\frac{3}{2}}-\dfrac{3}{2}(z-1)^2, & 1\leqslant z<2,\\ 1, & z\geqslant 2.\end{cases}$

例 3.24　设 X,Y 是相互独立的随机变量，都服从正态分布 $N\left(0,\sigma^2\right)$. 试证随机变量 $Z=\sqrt{X^2+Y^2}$ 具有概率密度 $f_Z(z)=\begin{cases}\dfrac{z}{\sigma^2}\mathrm{e}^{\frac{-z^2}{2\sigma^2}}, & z\geqslant 0,\\ 0, & \text{其他}.\end{cases}$

证明　由 X,Y 独立同分布有

$$\begin{aligned}f(x,y)&=f_X(x)\,f_Y(y)\\&=\frac{1}{\sqrt{2\pi}\sigma}\mathrm{e}^{-\frac{x^2}{2\sigma^2}}\cdot\frac{1}{\sqrt{2\pi}\sigma}\mathrm{e}^{\frac{-y^2}{2\sigma^2}}\\&=\frac{1}{2\pi\sigma^2}\mathrm{e}^{-\frac{1}{2\sigma^2}\left(x^2+y^2\right)}.\end{aligned}$$

当 $z<0$ 时，$Z=\sqrt{X^2+Y^2}\leqslant z$ 是不可能事件，$F_Z(z)=P\{Z\leqslant z\}=0$, 从而

$$f_Z(z)=0.$$

当 $z\geqslant 0$ 时，

$$F_Z(z)=P\{Z\leqslant z\}=P\{\sqrt{X^2+Y^2}\leqslant z\}$$

$$
\begin{aligned}
&= P\{X^2+Y^2 \leqslant z^2\} \\
&= \iint\limits_D f(x,y)\mathrm{d}x\mathrm{d}y \quad \left(D: x^2+y^2 \leqslant z^2, z \geqslant 0\right) \\
&= \iint\limits_D \frac{1}{2\pi\sigma^2}\mathrm{e}^{-\frac{1}{2\sigma^2}\left(x^2+y^2\right)}\mathrm{d}x\mathrm{d}y \\
&= \int_0^{2\pi}\mathrm{d}\theta\int_0^z \frac{1}{2\pi\sigma^2}\mathrm{e}^{-\frac{r^2}{2\sigma^2}}\cdot r\mathrm{d}r \\
&= 1-\mathrm{e}^{-\frac{z^2}{2\sigma^2}}.
\end{aligned}
$$

从而 $f_Z(z)=F_Z'(z)=\dfrac{z}{\sigma^2}\mathrm{e}^{-\frac{z^2}{2\sigma^2}}$. □

例 3.25 已知随机变量 X 与 Y 相互独立, 且都服从参数为 1 的指数分布, 求 $Z=\min\{X,Y\}$ 的概率密度.

分析 设 $F_X(x)$ 与 $F_Y(y)$ 分别为 X 与 Y 的分布函数, 则 $Z=\min\{X,Y\}$ 的分布函数为

$$
F_Z(z)=1-\left[1-F_X(z)\right]\left[1-F_Y(z)\right].
$$

解 X 与 Y 的分布函数分别为

$$
F_X(x)=\begin{cases} 1-\mathrm{e}^{-x}, & x>0, \\ 0, & x \leqslant 0, \end{cases} \qquad F_Y(y)=\begin{cases} 1-\mathrm{e}^{-y}, & y>0, \\ 0, & y \leqslant 0. \end{cases}
$$

记随机变量 Z 的分布函数为 $F_Z(z)$, 则有

$$
\begin{aligned}
F_Z(z) &= P\{Z \leqslant z\} = P\{\min(X,Y) \leqslant z\} \\
&= 1-P\{\min(X,Y)>z\} \\
&= 1-P\{X>z, Y>z\} \\
&= 1-P\{X>z\}P\{Y>z\} \\
&= 1-\left[1-P\{X \leqslant z\}\right]\left[1-P\{Y \leqslant z\}\right] \\
&= 1-\left[1-F_X(z)\right]\left[1-F_Y(z)\right] \\
&= \begin{cases} 1-\mathrm{e}^{-2z}, & z>0, \\ 0, & z \leqslant 0. \end{cases}
\end{aligned}
$$

从而可得 Z 的概率密度为

$$
f_Z(z)=\frac{\mathrm{d}}{\mathrm{d}z}F_Z(z)=\begin{cases} 2\mathrm{e}^{-2z}, & z>0, \\ 0, & z \leqslant 0. \end{cases}
$$

小结　本章是概率论的难点，必须熟练掌握有关的分布函数、边缘分布和条件分布的计算，掌握有关判断独立性的方法并进行有关的计算，会求两个随机变量的函数的分布，掌握二维均匀分布与二维正态分布，要处理好分段函数的积分.

四、常见错误类型分析

例 3.26　设 (X,Y) 的分布函数为

$$F(x,y)=\begin{cases}1-\mathrm{e}^{-0.01x}-\mathrm{e}^{-0.01y}+\mathrm{e}^{-0.01(x+y)}, & x\geqslant 0,y\geqslant 0,\\ 0, & \text{其他}.\end{cases}$$

(1) X 与 Y 是否相互独立？

(2) 求 $P\{X>120,Y>120\}$;

(3) 求 $P\{Y\leqslant X\}$.

错误解法　(1)

$$F_X(x)=F(x,+\infty)=1-\mathrm{e}^{-0.01x},$$
$$F_Y(y)=F(+\infty,y)=1-\mathrm{e}^{-0.01y}.$$

因为 $F(x,y)\neq F_X(x)F_Y(y)$, 故 X 与 Y 不是相互独立.

(2)

$$\begin{aligned}P\{X>120,Y>120\}&=1-P\{X\leqslant 120,Y\leqslant 120\}\\&=1-F(120,120)\\&=1-\left(1-\mathrm{e}^{-1.2}-\mathrm{e}^{-1.2}+\mathrm{e}^{-2.4}\right)\approx 0.5117.\end{aligned}$$

(3) $P\{Y\leqslant X\}=F_Y(X)=1-\mathrm{e}^{-0.01X}$.

错因分析　此题解法错误的原因是概念不清. (1) 边缘分布函数错了，因此得出错误的结论； (2) 受 $P\{X>120\}=1-P\{X\leqslant 120\}$ 的影响，错误地认为 $\{X\leqslant 120,Y\leqslant 120\}$ 是 $\{X>120,Y>120\}$ 的对立事件； (3) 生般硬套分布函数定义形式，忘了分布函数是实函数的概念，随机变量与随机变量的取值的混淆，这是不可原谅的错误.

正确解法　(1)

$$F_X(x)=F(x,+\infty)=\begin{cases}1-\mathrm{e}^{-0.01x}, & x\geqslant 0,\\ 0, & x<0;\end{cases}$$

$$F_Y(y)=F(+\infty,y)=\begin{cases}1-\mathrm{e}^{-0.01y}, & y\geqslant 0,\\ 0, & y<0.\end{cases}$$

显然 $F(x,y)=F_X(x)F_Y(y)$. 所以 X 与 Y 相互独立.

(2) 由于 X 与 Y 相互独立, 故有

$$\begin{aligned}&P\{X>120,Y>120\}=P\{X>120\}P\{Y>120\}\\&=(1-P\{X\leqslant 120\})(1-P\{Y\leqslant 120\})\\&=[1-F_X(120)][1-F_Y(120)]\\&=\left[1-1+\mathrm{e}^{-1.2}\right]\left[1-1+\mathrm{e}^{-1.2}\right]=\mathrm{e}^{-2.4}.\end{aligned}$$

(3) 由于

$$f(x,y)=\frac{\partial^2F(x,y)}{\partial x\partial y}=\begin{cases}(0.01)^2\mathrm{e}^{-0.01(x+y)}, & x\geqslant 0,y\geqslant 0,\\ 0, & \text{其他},\end{cases}$$

所以

$$\begin{aligned}P\{Y\leqslant X\}&=\iint\limits_{y\leqslant x}f(x,y)\mathrm{d}x\mathrm{d}y=\int_{-\infty}^{+\infty}\mathrm{d}x\int_{-\infty}^{x}f(x,y)\mathrm{d}y\\&=\int_0^{+\infty}\mathrm{d}x\int_0^x(0.01)^2\mathrm{e}^{-0.01(x+y)}\mathrm{d}y\\&=(0.01)^2\int_0^{+\infty}\mathrm{e}^{-0.01x}\mathrm{d}x\int_0^x\mathrm{e}^{-0.01y}\mathrm{d}y\\&=(0.01)^2\int_0^{+\infty}\mathrm{e}^{-0.01x}\left(100-100\mathrm{e}^{-0.01x}\right)\mathrm{d}x\\&=0.01\int_0^{+\infty}\left(\mathrm{e}^{-0.01x}-\mathrm{e}^{-0.02x}\right)\mathrm{d}x\\&=\frac{1}{2}.\end{aligned}$$

例 3.27 设 X,Y 的联合概率密度为

$$f(x,y)=\begin{cases}3x, & 0\leqslant x<1,0\leqslant y<x,\\ 0, & \text{其他}.\end{cases}$$

求: (1) $P\left\{Y\leqslant\frac{1}{8}\middle|X=\frac{1}{4}\right\}$; (2) $P\left\{Y\leqslant\frac{1}{8}\middle|X<\frac{1}{4}\right\}$.

错误解法　(1) 由于 $P\left\{X=\dfrac{1}{4}\right\}=0$, 所以

$$P\left\{Y\leqslant\frac{1}{8}\middle|X=\frac{1}{4}\right\}=\frac{P\left\{X=\dfrac{1}{4},Y\leqslant\dfrac{1}{8}\right\}}{P\left\{X=\dfrac{1}{4}\right\}}$$

不存在.

(2)

$$\begin{aligned}f_X(x)&=\int_{-\infty}^{+\infty}f(x,y)\,\mathrm{d}y\\&=\begin{cases}\displaystyle\int_0^x 3x\mathrm{d}y, & 0\leqslant x<1,\\ 0, & \text{其他}\end{cases}\\&=\begin{cases}3x^2, & 0\leqslant x<1,\\ 0, & \text{其他}.\end{cases}\end{aligned}$$

所以 $f_{Y|X}(y|x)=\dfrac{f(x,y)}{f_X(x)}=\begin{cases}\dfrac{1}{x}, & 0\leqslant y<x,\\ 0, & \text{其他}.\end{cases}$

$$P\left\{Y\leqslant\frac{1}{8}\middle|X<\frac{1}{4}\right\}=\int_{-\infty}^{\frac{1}{8}}f_{Y|X}\left(y|\frac{1}{4}\right)\mathrm{d}y=\int_0^{\frac{1}{8}}\frac{1}{\frac{1}{4}}\mathrm{d}y=\frac{1}{2}.$$

错因分析　(1) 的解答是荒谬的，一个随机变量落在某个区域上的概率只能是 $(0,1)$ 上的唯一一个数，不可能不存在，错误的原因是直接用条件概率公式计算所产生的；(2) 的错误原因是忘了条件分布定义中作为条件的随机变量的取值是一个数，而不是一个区间，正确的解法是将题中所用的两种方法对调.

正确解法

$$\begin{aligned}(1)\ P\left\{Y\leqslant\frac{1}{8}\middle|X=\frac{1}{4}\right\}&=\int_{-\infty}^{\frac{1}{8}}f_{Y|X}\left(y\middle|\frac{1}{4}\right)\mathrm{d}y\\&=\int_0^{\frac{1}{8}}4\mathrm{d}y=\frac{1}{2}.\end{aligned}$$

(2) $P\left\{Y \leqslant \frac{1}{8} \middle| X < \frac{1}{4}\right\} = \dfrac{P\left\{X < \frac{1}{4}, Y \leqslant \frac{1}{8}\right\}}{P\left\{X < \frac{1}{4}\right\}}$, 而

$$P\left\{X < \frac{1}{4}, Y \leqslant \frac{1}{8}\right\} = \iint_D 3x\mathrm{d}x\mathrm{d}y$$
$$= \int_0^{\frac{1}{8}} \mathrm{d}x \int_0^x 3x\mathrm{d}y + \int_{\frac{1}{8}}^{\frac{1}{4}} \mathrm{d}x \int_0^{\frac{1}{8}} 3x\mathrm{d}y = \frac{11}{1024},$$

其中 D 是图 3.3 的阴影部分.

$$P\left\{X < \frac{1}{4}\right\} = \int_{-\infty}^{\frac{1}{4}} f_X(x)\mathrm{d}x$$
$$= \int_0^{\frac{1}{4}} 3x^2\mathrm{d}x = \left(\frac{1}{4}\right)^3,$$

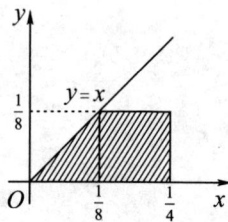

图 3.3

所以 $P\left\{Y \leqslant \frac{1}{8} \middle| X < \frac{1}{4}\right\} = \dfrac{\frac{11}{1024}}{\left(\frac{1}{4}\right)^3} = \dfrac{11}{16}$.

例 3.28 设 (X,Y) 的概率密度为

$$f(x,y) = \begin{cases} 1, & |y| < x, 0 < x < 1, \\ 0, & \text{其他}, \end{cases}$$

求条件概率密度 $f_{Y|X}(y|x)$.

错误解法

$$f_X(x) = \int_{-\infty}^{+\infty} f(x,y)\,\mathrm{d}y$$
$$= \begin{cases} \int_{-x}^{x} 1\mathrm{d}y = 2x, & 0 < x < 1, \\ 0, & \text{其他}, \end{cases}$$

所以 $f_{Y|X}(y|x) = \dfrac{f(x,y)}{f_X(x)} = \begin{cases} \dfrac{1}{2x}, & 0 < x < 1, \\ 0, & \text{其他}. \end{cases}$

错因分析 此解有两个原则性错误, 其一当边缘分布密度 $f_X(x) = 0$ 时, 不可能有条件分布密度, 而解中说它为 0; 其二, 解中的 $f_{Y|X}(y|x)$ 看成了 x 的函数, 应该是 y 的函数.

正确解法　当 $0<x<1$ 时,

$$f_{Y|X}(y|x)=\begin{cases}\dfrac{1}{2x}, & -x<y<x,\\ 0, & \text{其他}.\end{cases}$$

式中的 x 作为常数看待，给一个 x 就得到一个 y 的条件分布密度.

五、疑难问题解答

1. 如何理解 $F(x,-\infty)=0, F(-\infty,y)=0, F(-\infty,-\infty)=0$ 和 $F(+\infty,+\infty)=1$?

答　随机变量 (X,Y) 的分布函数 $F(x,y)=P\{X\leqslant x, Y\leqslant y\}$ 可看作 (X,Y) 落在无穷矩形域 $X\leqslant x, Y\leqslant y$ 内的概率，所以对二维随机变量分布函数几个重要取值 $F(x,-\infty)=0, F(-\infty,y)=0, F(-\infty,-\infty)=0$ 和 $F(+\infty,+\infty)=1$ 有如下几何意义:

$F(x,-\infty)$ 就是将矩形的上边界无限向下移，则“(X,Y) 落在无穷矩形内”趋于不可能事件，概率趋于 0.

$F(-\infty,y)$ 就是将矩形的右边界无限左移，则“(X,Y) 落在无穷矩形内”趋于不可能事件，概率趋于 0.

$F(-\infty,-\infty)$ 就是将矩形的右上边界无限向左下移，则“(X,Y) 落在无穷矩形内”趋于不可能事件，概率趋于 0.

$F(+\infty,+\infty)$ 就是将无穷矩形扩大为全平面，则“(X,Y) 落在无穷矩形内”趋于必然事件，概率趋于 1.

2. 如何求二维随机变量的联合分布律？

答　求二维随机变量 (X,Y) 的联合分布律 $P\{X=x_i, Y=y_j\}=p_{ij}, i,j=1,2,\cdots$, 一般分为三个步骤:

第一确定 (X,Y) 的所有可能取值;

第二求 p_{ij}, 一般情况下，$p_{ij}\neq P\{X=x_i\}\cdot P\{Y=y_j\}$, 若 X,Y 相互独立，则 $p_{ij}=P\{X=x_i\}\cdot P\{Y=y_j\}$;

第三验证所有概率之和是否为 1.

3. 如何求二维随机变量的分布函数 $F(x,y)$?

答　(1) 若离散型随机变量 (X,Y) 的分布律为 $P\{X=x_i, Y=y_j\}=p_{ij}, i,j=1,2,\cdots$, 则 $F(x,y)=\sum\limits_{x_i\leqslant x}\sum\limits_{y_j\leqslant y}p_{ij}$.

实际操作过程必须分区域计算：过随机变量 (X,Y) 取值点 (x_i,y_j) 作平行于 x 轴和 y 轴的直线，它们将整个平面分成若干区域，将每个区域及左边、下边区域内 (x_i,y_j) 对应 p_{ij} 相加，就得到 $F(x,y)$ 在该区域及左边、下边区域的表达式.

(2) 若连续型随机变量 (X,Y) 的概率密度为 $f(x,y)$，则分布函数 $F(x,y)=\int_{-\infty}^{x}\int_{-\infty}^{y}f(u,v)\mathrm{d}u\mathrm{d}v$，若 $f(x,y)$ 的取值不分区域，则求二次积分即可求出 $F(x,y)$；若 $f(x,y)$ 分区域定义时，则给出 $f(x,y)$ 取非零的区域 D，再将各边界延长为直线，它们将整个平面分成若干个区域，然后再根据公式 $P\{(X,Y)\in G\}=\iint\limits_{G}f(x,y)\mathrm{d}x\mathrm{d}y$，求出各个小区域上的分布函数.

4. 二维随机变量的边缘分布与一维随机变量分布有何联系和区别.

答 通常情况下可以认为二维随机变量的边缘分布就是对应的一维随机变量的分布，并且边缘分布具有一维随机变量分布的所有性质.

但严格来说，两者有区别的，二维随机变量的边缘分布函数是定义在平面上；而一维随机变量的分布函数是定义在实数轴上. 如二维随机变量关于 X 的边缘分布函数 $F_X(x)=P\{X\leqslant x,Y<+\infty\}$，表示 (X,Y) 落在区域 $\{(X,Y)\,|X\leqslant x,Y\text{任意}\}$ 上的概率；一维随机变量 X 的分布函数 $F(x)=P\{X\leqslant x\}$，表示 X 落在区间 $(-\infty,x]$ 上的概率.

练习 3

1. 袋中有 5 个白球、1 个黑球和 4 个红球，用不放回方式先后从袋中取出两个球. 考虑随机变量

$$X_k=\begin{cases}0, & \text{若第 } k \text{ 个是红球},\\ 1, & \text{若第 } k \text{ 个是白球}, \qquad k=1,2.\\ 2, & \text{若第 } k \text{ 个是黑球},\end{cases}$$

试求 X_1 和 X_2 的联合分布律.

2. 设口袋中有 5 个球，分别标有号码 1,2,3,4,5，现从这口袋中任取 3 个球，X,Y 分别表示取出的球的最大标号和最小标号，求二维随机变量 (X,Y) 的概率分布及边缘概率分布.

3. 将 3 个球随机地放入三个盒中，用 X,Y 分别表示放入第一个、第二个盒子中的球的个数，求 (X,Y) 的概率分布以及关于 X 和关于 Y 的边缘概率分布.

4. 设随机变量 (X,Y) 的概率密度为

$$f(x,y)=\begin{cases} x\mathrm{e}^{-x(x+y)}, & x>0,\ y>0, \\ 0, & \text{其他}, \end{cases}$$

求关于 X 和关于 Y 的边缘概率密度，并说明 X 与 Y 是否相互独立.

5. 设二维随机变量 (X,Y) 的概率密度为

$$f(x,y)=\begin{cases} \dfrac{1}{Ax^2y}, & x\geqslant 1, \dfrac{1}{x}<y<x, \\ 0, & \text{其他}, \end{cases}$$

求：

(1) 常数 A;

(2) 关于 X,Y 的边缘概率密度，并判断 X 与 Y 是否相互独立；

(3) $P\{4Y>X\}$.

6. 设二维随机变量 (X,Y) 的概率密度为

$$f(x,y)=\begin{cases} K\left(3x^2+xy\right), & 0<x<1, 0<y<2, \\ 0, & \text{其他}, \end{cases}$$

(1) 确定常数 K;

(2) 求关于 X 和关于 Y 的边缘概率密度；

(3) 说明 X 和 Y 是否相互独立；

(4) 求概率 $P\{X+Y>1\}$.

7. 设二维随机变量 (X,Y) 在平面区域 D 上服从均匀分布，其中 D 是由 x 轴、y 轴以及直线 $x+y=1$ 所围成的三角形区域，求 (X,Y) 的概率密度以及两个边缘概率密度.

8. 设 (X,Y) 的分布函数为

$$F(x,y)=\begin{cases} 1-\mathrm{e}^{-2x}-\mathrm{e}^{-2y}+\mathrm{e}^{-2(x+y)}, & x>0, y>0, \\ 0, & \text{其他}, \end{cases}$$

求：

(1) 联合概率密度 $f(x,y)$;

(2) 边缘分布函数和边缘概率密度；

(3) X 与 Y 是否相互独立；

(4) (X,Y) 落在区域 D 内的概率，其中区域 D 由 $x=0, y=0, x+y=1$ 所围成.

9. 设平面区域 G 是由 x 轴、y 轴以及直线 $x+\dfrac{y}{2}=1$ 所围成的三角形域，二维随机变量 (X,Y) 在 G 上服从均匀分布，求 $f_{X|Y}(x|y)$ 和 $f_{Y|X}(y|x)$.

10. 设随机变量 X 服从参数为 λ_1 的泊松分布，随机变量 Y 服从参数为 λ_2 的泊松分布，且 X 与 Y 相互独立. 证明 $Z=X+Y$ 服从参数为 $\lambda_1+\lambda_2$ 的泊松分布.

11. 已知随机变量 X 和 Y 相互独立，且都服从正态分布 $N\left(0,\sigma^2\right)$，求数 R，使得 $P\{\sqrt{X^2+Y^2}\leqslant R\}=0.5$.

12. 已知二维随机变量 (X,Y) 的概率分布为

X \ Y	-1	0	1	2
-1	$\dfrac{1}{15}$	$\dfrac{2}{15}$	$\dfrac{3}{15}$	$\dfrac{4}{15}$
1	$\dfrac{2}{15}$	$\dfrac{1}{15}$	$\dfrac{1}{15}$	$\dfrac{1}{15}$

求 $Z=X+Y$ 的概率分布.

13. 设随机变量 X 和 Y 相互独立，其概率密度分别为

$$f_X(x)=\begin{cases}\dfrac{1}{2}\mathrm{e}^{-\frac{x}{2}}, & x>0,\\ 0, & x\leqslant 0,\end{cases}\qquad f_Y(y)=\begin{cases}\dfrac{1}{3}\mathrm{e}^{-\frac{y}{3}}, & y>0,\\ 0, & y\leqslant 0,\end{cases}$$

求 $Z=X+Y$ 的概率密度.

14. 对某种电子装置的输出测量了 5 次，得到的观察值为 X_1,X_2,X_3,X_4,X_5. 设它们是相互独立的随机变量，且都服从相同的分布，分布函数为

$$F(x)=\begin{cases}1-\mathrm{e}^{-\frac{x^2}{8}}, & x\geqslant 0,\\ 0, & \text{其他},\end{cases}$$

求 $P\{\max(X_1,X_2,X_3,X_4,X_5)>4\}$.

15. 设二维随机变量 (X,Y) 的概率密度为

$$f(x,y)=\begin{cases}2\mathrm{e}^{-(x+2y)}, & x>0,y>0,\\ 0, & \text{其他},\end{cases}$$

求 $Z=X+2Y$ 的分布函数.

练习 3 参考答案与提示

1. 求离散型随机变量 (X,Y) 的分布时，首先要搞清楚 (X,Y) 的所有可能取值情况，然后求出各种情况下的概率．而求 (X,Y) 取某对值 $\{X=x_i,Y=y_j\}$ 的概率时，往往是根据古典概型或概率的几个分式去求解．

X_2 \ X_1	0	1	2
0	$\frac{12}{90}$	$\frac{20}{90}$	$\frac{4}{90}$
1	$\frac{20}{90}$	$\frac{20}{90}$	$\frac{5}{90}$
2	$\frac{4}{90}$	$\frac{5}{90}$	$\frac{0}{90}$

2. 求离散型随机变量 (X,Y) 关于 X 的边缘分布时，首先要求出联合分布，然后根据公式 $P\{X=x_i\}=\sum\limits_{j=1}^{\infty}p_{ij}$ 和 $P\{Y=y_j\}=\sum\limits_{i=1}^{\infty}p_{ij}$ 即可求出．

X \ Y	1	2	3
3	$\frac{1}{10}$	0	0
4	$\frac{2}{10}$	$\frac{1}{10}$	0
5	$\frac{3}{10}$	$\frac{2}{10}$	$\frac{1}{10}$

X	3	4	5
P	$\frac{1}{10}$	$\frac{3}{10}$	$\frac{6}{10}$

Y	1	2	3
P	$\frac{6}{10}$	$\frac{3}{10}$	$\frac{1}{10}$

3.

X \ Y	0	1	2	3
0	$\frac{1}{27}$	$\frac{1}{9}$	$\frac{1}{9}$	$\frac{1}{27}$
1	$\frac{1}{9}$	$\frac{2}{9}$	$\frac{1}{9}$	0
2	$\frac{1}{9}$	$\frac{1}{9}$	0	0
3	$\frac{1}{27}$	0	0	0

X	0	1	2	3
P	$\frac{8}{27}$	$\frac{4}{9}$	$\frac{2}{9}$	$\frac{1}{27}$

Y	0	1	2	3
P	$\frac{8}{27}$	$\frac{4}{9}$	$\frac{2}{9}$	$\frac{1}{27}$

4. 求 (X,Y) 的边缘概率密度时，要记住公式 $f_X(x)=\int_{-\infty}^{+\infty}f(x,y)\mathrm{d}y$ 和 $f_Y(y)=\int_{-\infty}^{+\infty}f(x,y)\mathrm{d}x$, 并注意在使 $f(x,y)\neq 0$ 的范围内，当 x 变化时，y 随 x 的变化情况及其当 y 变化时，x 随 y 变化的情况，要会讨论.

$$f_X(x)=\begin{cases}\mathrm{e}^{-x}, & x>0,\\ 0, & \text{其他};\end{cases}\qquad f_Y(y)=\begin{cases}\dfrac{1}{(y+1)^2}, & y>0,\\ 0, & \text{其他}.\end{cases}$$

因当 $x>0$, $y>0$ 时，$f(x,y)\neq f_X(x)f_Y(y)$, 故 X 与 Y 不相互独立.

5. (1) 2;

(2) $f_X(x)=\begin{cases}\dfrac{1}{x^2}\ln x, & x\geqslant 1,\\ 0, & x<1.\end{cases}$ $\quad f_Y(y)=\begin{cases}\dfrac{1}{2}, & 0<y<1,\\ \dfrac{1}{2y^2}, & 1\leqslant y<+\infty,\\ 0, & y\leqslant 0.\end{cases}$

因 $f(x,y)\neq f_X(x)f_Y(y)$, 故 X 与 Y 不相互独立;

(3) $P\{4Y>X\}=\dfrac{1}{2}$.

6. (1) $\dfrac{1}{3}$;

(2) $f_X(x)=\begin{cases}\dfrac{1}{3}\left(6x^2+2x\right), & 0<x<1,\\ 0, & \text{其他}.\end{cases}$

$$f_Y(y)=\begin{cases}\dfrac{1}{3}\left(1+\dfrac{y}{2}\right), & 0<y<2,\\ 0, & \text{其他}.\end{cases}$$

(3) X 与 Y 不独立;

(4) $P\{X+Y>1\}=\dfrac{65}{72}$.

7. $f(x,y)=\begin{cases}2, & (x,y)\in D,\\ 0, & \text{其他},\end{cases}$ $\quad f_X(x)=\begin{cases}2(1-x), & 0<x<1,\\ 0, & \text{其他},\end{cases}$

$$f_Y(y)=\begin{cases}2(1-y), & 0<y<1,\\ 0, & \text{其他}.\end{cases}$$

8. (1) $f(x,y)=\dfrac{\partial^2 F(x,y)}{\partial x\partial y}=\begin{cases}4\mathrm{e}^{-2(x+y)}, & x>0,y>0,\\ 0, & \text{其他}.\end{cases}$

(2) $F_X(x)=F(x,+\infty)=\begin{cases}1-\mathrm{e}^{-2x}, & x>0,\\ 0, & x\leqslant 0,\end{cases}$

$$F_Y(y)=F(+\infty,y)=\begin{cases}1-\mathrm{e}^{-2y}, & y>0,\\ 0, & y\leqslant 0,\end{cases}$$

$$f_X(x)=F_X'(x)=\begin{cases}2\mathrm{e}^{-2x}, & x>0,\\ 0, & x\leqslant 0,\end{cases}$$

$$f_Y(y)=F_Y'(y)=\begin{cases}2\mathrm{e}^{-2y}, & y>0,\\ 0, & y\leqslant 0.\end{cases}$$

(3) X 与 Y 相互独立;

(4) $1-3\mathrm{e}^{-2}$.

9. $f_{X|Y}(x|y)=\begin{cases}\dfrac{2}{2-y}, & 0<x<1-\dfrac{y}{2},\\ 0, & \text{其他},\end{cases}\quad 0<y<2,$

$$f_{Y|X}(y|x)=\begin{cases}\dfrac{1}{2(1-x)}, & 0<y<2(1-x),\\ 0, & \text{其他},\end{cases}\quad 0<x<1.$$

10. 略.

11. $\sqrt{2\ln 2}\sigma_3$.

12. 求 (X,Y) 的函数的分布时，首先注意 $Z=f(X,Y)$ 是一维随机变量，讨论清楚 Z 的所有取值，并根据联合分布求 Z 取各个值的概率.

$X+Y$	-2	-1	0	1	2	3
P	$\dfrac{1}{15}$	$\dfrac{2}{15}$	$\dfrac{5}{15}$	$\dfrac{5}{15}$	$\dfrac{1}{15}$	$\dfrac{1}{15}$

13. 求二维连续型随机变量 (X,Y) 的函数 $Z = X + Y$ 的概率密度时，如 X 与 Y 有独立的条件，利用卷积公式 $f_Z(z) = \int_{-\infty}^{+\infty} f_X(x)f_Y(z-x)\,\mathrm{d}x$ 或 $f_Z(z) = \int_{-\infty}^{+\infty} f_X(z-y)f_Y(y)\mathrm{d}y$ 来求.

当 $z>0$ 时，

$$\begin{aligned}f_Z(z) &= \int_{-\infty}^{+\infty} f_X(x)f_Y(z-x)\mathrm{d}x = \int_0^{+\infty} \frac{1}{2}\mathrm{e}^{-\frac{x}{2}} f_Y(z-x)\mathrm{d}x \\ &= \int_0^z \frac{1}{2}\mathrm{e}^{-\frac{x}{2}}\frac{1}{3}\mathrm{e}^{-\frac{z-x}{3}}\mathrm{d}x = \mathrm{e}^{-\frac{z}{3}}\int_0^z \frac{1}{6}\mathrm{e}^{-\frac{x}{6}}\mathrm{d}x \\ &= \mathrm{e}^{-\frac{z}{3}}\left(-\mathrm{e}^{-\frac{x}{6}}\right)\Big|_0^z = \mathrm{e}^{-\frac{z}{3}}\left(-\mathrm{e}^{-\frac{z}{6}}+1\right) \\ &= \mathrm{e}^{-\frac{z}{3}} - \mathrm{e}^{-\frac{z}{2}},\end{aligned}$$

当 $z \leqslant 0$ 时，$f_Z(z) = 0$. 故

$$f_Z(z) = \begin{cases} \mathrm{e}^{-\frac{z}{3}} - \mathrm{e}^{-\frac{z}{2}}, & z>0, \\ 0, & z \leqslant 0. \end{cases}$$

14.
$$\begin{aligned}&P\{\max(X_1,X_2,X_3,X_4,X_5) > 4\} \\ &= 1 - P\{\max(X_1,X_2,X_3,X_4,X_5 \leqslant 4)\} \\ &= 1 - P\{X_1 \leqslant 4, X_2 \leqslant 4, X_3 \leqslant 4, X_4 \leqslant 4, X_5 \leqslant 4\} \\ &= 1 - P\{X_1 \leqslant 4\}P\{X_2 \leqslant 4\}P\{X_3 \leqslant 4\}P\{X_4 \leqslant 4\}P\{X_5 \leqslant 5\} \\ &= 1 - (P\{X_1 \leqslant 4\})^5,\end{aligned}$$

而 $P\{X_1 \leqslant 4\} = F(4) = 1 - \mathrm{e}^{-2}$, 故

$$\begin{aligned}P\{\max(X_1,X_2,X_3,X_4,X_5) > 4\} &= 1 - (P\{X_1 \leqslant 4\})^5 \\ &= 1 - \left(1 - \mathrm{e}^{-2}\right)^5 \approx 0.5167.\end{aligned}$$

15. 当 $z \leqslant 0$ 时，$F_Z(z) = 0$; 当 $z > 0$ 时，

$$\begin{aligned}F_Z(z) &= P\{Z \leqslant z\} \\ &= P\{X + 2Y \leqslant z\} \\ &= \int_0^z \mathrm{d}x \int_0^{\frac{z-x}{2}} 2\mathrm{e}^{-(x+2y)}\mathrm{d}y \\ &= 2\int_0^z \left[-\frac{1}{2}\mathrm{e}^{-2y}\right]\Bigg|_0^{\frac{z-x}{2}} \mathrm{e}^{-x}\mathrm{d}x \\ &= 2\int_0^z \left[-\frac{1}{2}\mathrm{e}^{-z}\cdot\mathrm{e}^{x} + \frac{1}{2}\right]\mathrm{e}^{-x}\mathrm{d}x\end{aligned}$$

$$= \int_0^z \left[\mathrm{e}^{-x} - \mathrm{e}^{-z}\right] \mathrm{d}x$$

$$= \left(-\mathrm{e}^{-x} - x\mathrm{e}^{-z}\right)\Big|_0^z = 1 - \mathrm{e}^{-z} - z\mathrm{e}^{-z}.$$

故 $F_Z(z) = \begin{cases} 1 - \mathrm{e}^{-z} - z\mathrm{e}^{-z}, & z > 0, \\ 0, & z \leqslant 0. \end{cases}$

综合练习 3

1. 填空题

(1) 设二维随机变量 (X,Y) 的概率密度为

$$f(x,y) = \frac{A}{\pi^2 (16 + x^2)(25 + y^2)},$$

则 $A =$ ________. (X,Y) 的分布函数 $F(x,y) =$ ________.

(2) 若 (X,Y) 的分布律为

X \ Y	1	2	3
1	$\frac{1}{6}$	$\frac{1}{9}$	$\frac{1}{18}$
2	α	β	$\frac{1}{9}$

则 α,β 应满足的条件是________; 若 X 与 Y 相互独立, 则 $\alpha =$ ________, $\beta =$ ________.

(3) 设随机变量 X_1, X_2 相互独立，且具有相同分布 $P\{X_i = 1\} = p, P\{X_i = 0\} = 1 - p, (i = 1, 2)$. 又设

$$Z = \begin{cases} 0, & X_1 + X_2\text{为偶数}, \\ 1, & X_1 + X_2\text{为奇数}, \end{cases}$$

则 Z 的概率分布为 ________.

(4) 设二维随机变量 (X,Y) 的概率密度为

$$f(x,y) = \begin{cases} \mathrm{e}^{-y}, & 0 < x < y, \\ 0, & \text{其他}, \end{cases}$$

则关于 X 的概率密度 $f_X(x) =$ ________, $P\{X+Y \leqslant 1\} =$ ________.

(5) 设随机变量 X 与 Y 相互独立，且 $X\sim N(1,2), Y\sim N(0,1)$, 则随机变量 $Z=X+Y$ 的概率密度为 ______.

2. 选择题

(1) 设二维随机变量 (X,Y) 的概率密度为

$$f(x,y)=\begin{cases} k(x+y), & 0<x<1, 0<y<2, \\ 0, & \text{其他}, \end{cases}$$

则 $k=(\quad)$.

(A) $\frac{1}{3}$ (B) 3 (C) 2 (D) $\frac{1}{2}$

(2) 设相互独立的两个随机变量 X,Y 具有相同的概率分布，且 X 的分布律为

X	0	1
P	$\frac{1}{2}$	$\frac{1}{2}$

则随机变量 $Z=\max\{X,Y\}$ 的分布律是 (　　).

(A)

$\max\{X,Y\}$	0	1
P	$\frac{1}{2}$	$\frac{1}{2}$

(B)

$\max\{X,Y\}$	0	1	2
P	$\frac{1}{4}$	$\frac{1}{4}$	$\frac{2}{4}$

(C)

$\max\{X,Y\}$	0	1
P	$\frac{1}{4}$	$\frac{3}{4}$

(D)

$\max\{X,Y\}$	1	2
P	$\frac{1}{4}$	$\frac{3}{4}$

(3) 设随机变量 X 与 Y 相互独立，其分布函数分别为 $F_X(x), F_Y(y)$, 则 $Z=\min\{X,Y\}$ 的分布函数是 (　　).

(A) $F_Z(z)=\min\{F_X(z),F_Y(z)\}$ (B) $F_Z(z)=F_X(z)$

(C) $F_Z(z)=1-[1-F_X(z)][1-F_Y(z)]$ (D) $F_Z(z)=F_Y(z)$

(4) 设随机变量 X 和 Y 相互独立且具有相同的概率分布，

X	-1	1
P	0.5	0.5

Y	-1	1
P	0.5	0.5

则 (　　).

(A) $P\{X=Y\}=0$　　(B) $P\{X=Y\}=0.25$

(C) $P\{X=Y\}=0.50$　　(D) $P\{X=Y\}=1$

(5) X,Y 相互独立，且都服从区间 $[0,1]$ 上的均匀分布，则服从区间或区域上的均匀分布的随机变量是 (　　).

(A) (X,Y)　　(B) $X+Y$　　(C) X^2　　(D) $X-Y$

3. 某射手对目标独立地进行两次射击，已知其第 1 次射击命中率为 0.5, 第 2 次射击命中率为 0.6, 以随机变量 X_i 表示第 i 次射击结果，即

$$X_i=\begin{cases}0, & \text{第 } i \text{ 次射击未中},\\ 1, & \text{第 } i \text{ 次射击命中},\end{cases}\quad i=1,2,$$

求随机变量 (X_1,X_2) 的概率分布.

4. 设二维随机变量 (X,Y) 的概率密度为

$$f(x,y)=\begin{cases}\dfrac{\mathrm{e}^{-y+1}}{x^2}, & x>1,y>1,\\ 0, & \text{其他},\end{cases}$$

求边缘概率密度 $f_X(x)$ 及 $f_Y(y)$, 并判断 X 与 Y 是否相互独立.

5. 设随机变量 (X,Y) 的概率密度为

$$f(x,y)=\begin{cases}\dfrac{1}{2}, & 0\leqslant x\leqslant 1, 0\leqslant y\leqslant 2,\\ 0, & \text{其他},\end{cases}$$

求 X 与 Y 中至少有一个小于 $\dfrac{1}{2}$ 的概率.

6. 已知二维离散型随机变量 (X,Y) 的概率分布为

X \ Y	1	2	3
0	$\frac{3}{16}$	$\frac{3}{8}$	a
1	b	$\frac{1}{8}$	$\frac{1}{16}$

求 a,b.

7. 设随机变量 (X,Y) 的概率密度为

$$f(x,y)=\begin{cases} x+y, & 0\leqslant x<1,\ 0\leqslant y<1, \\ 0, & \text{其他}, \end{cases}$$

求随机变量 $Z=X+Y$ 的概率密度.

8. 设随机变量 X,Y 同分布， X 的概率密度为

$$f(x)=\begin{cases} \dfrac{3}{8}x^2, & 0<x<2, \\ 0, & \text{其他}, \end{cases}$$

已知事件 $A=\{X>a\}$ 和 $B=\{Y>a\}$ 独立，且 $P\{A\cup B\}=\dfrac{3}{4}$, 求常数 a.

综合练习 3 参考答案与提示

1. (1) $A=20, F(x,y)=\dfrac{1}{\pi^2}\left(\arctan\dfrac{x}{4}+\dfrac{\pi}{2}\right)\left(\arctan\dfrac{y}{5}+\dfrac{\pi}{2}\right)$.

(2) $\alpha+\beta=\dfrac{5}{9}$, $\alpha=\dfrac{1}{3}$, $\beta=\dfrac{2}{9}$.

(3)

Z	0	1
P	$2p^2-2p+1$	$2p-2p^2$

(4) $f_X(x)=\begin{cases} e^{-x}, & x>0 \\ 0, & x\leqslant 0 \end{cases}$ $,P\{X+Y\leqslant 1\}=1+e^{-1}-2e^{-\frac{1}{2}}$.

(5) $\dfrac{1}{\sqrt{6\pi}}e^{-\frac{(x-1)^2}{6}}$.

2. (1) (A);　(2) (C);　(3) (C);　(4) (D);　(5) (A).

3. (X_1,X_2) 的全部取值为 $(0,0),(0,1),(1,0),(1,1)$

$$P\{X_1=0,X_2=0\}=P\{X_1=0\}\cdot P\{X_2=0\}=0.5\times 0.4=0.2,$$

$$P\{X_1=0,X_2=1\}=P\{X_1=0\}\cdot P\{X_2=1\}=0.5\times 0.6=0.3,$$

$$P\{X_1=1,X_2=0\}=P\{X_1=1\}\cdot P\{X_2=0\}=0.5\times 0.4=0.2,$$

$$P\{X_1=1,X_2=1\}=P\{X_1=1\}\cdot P\{X_2=1\}=0.5\times 0.6=0.3,$$

故

X_1 \ X_2	0	1
0	0.2	0.3
1	0.2	0.3

4. 当 $x \leqslant 1$ 时，$f_X(x) = 0$;

当 $x > 1$ 时，有

$$f_X(x) = \int_{-\infty}^{+\infty} f(x,y)\mathrm{d}y = \int_1^{+\infty} \frac{\mathrm{e}^{-y+1}}{x^2}\mathrm{d}y$$
$$= \frac{1}{x^2}\left[-\mathrm{e}^{-y+1}\right]\Big|_1^{+\infty} = \frac{1}{x^2}.$$

故 $f_X(x) = \begin{cases} \dfrac{1}{x^2}, & x > 1, \\ 0, & x \leqslant 1. \end{cases}$

当 $y \leqslant 1$ 时，$f_Y(y) = 0$;

当 $y > 1$ 时，有

$$f_Y(y) = \int_{-\infty}^{+\infty} f(x,y)\mathrm{d}x = \int_1^{+\infty} \frac{\mathrm{e}^{-y+1}}{x^2}\mathrm{d}x$$
$$= \mathrm{e}^{-y+1}\left[-\frac{1}{x}\right]\Big|_1^{+\infty} = \mathrm{e}^{-y+1}.$$

故 $f_Y(y) = \begin{cases} \mathrm{e}^{-y+1}, & y > 1, \\ 0, & y \leqslant 1. \end{cases}$

因为 $f(x,y) = f_X(x)f_Y(y)$, 故 X 与 Y 相互独立.

5.
$$P\left\{X\text{与}Y\text{中至少有一个小于}\frac{1}{2}\right\}$$
$$=P\left\{X < \frac{1}{2}, 0 \leqslant Y \leqslant 2\right\}$$
$$+P\left\{0 \leqslant X \leqslant 1, Y < \frac{1}{2}\right\} - P\left\{X < \frac{1}{2}, Y < \frac{1}{2}\right\}$$
$$=\frac{1}{2} + \frac{1}{4} - \frac{1}{8} = \frac{5}{8}.$$

6. 由联合分布可求得边缘分布

X \ Y	1	2	3	$p_{i\cdot}$
0	$\frac{3}{16}$	$\frac{3}{8}$	a	$a+\frac{9}{16}$
1	b	$\frac{1}{8}$	$\frac{1}{16}$	$b+\frac{3}{16}$
$p_{\cdot j}$	$b+\frac{3}{16}$	$\frac{1}{2}$	$a+\frac{1}{16}$	1

于是有 $a+\dfrac{9}{16}+b+\dfrac{3}{16}=1$.

再由独立性有

$$\frac{1}{8}=\frac{1}{2}\left(b+\frac{3}{16}\right),$$

上述两式联立，解得

$$a=\frac{3}{16},\quad b=\frac{1}{16}.$$

7. 用分布函数法先求 $Z=X+Y$ 的分布函数.

当 $z<0$ 时，$F_Z(z)=0$;

当 $0\leqslant z<1$ 时,

$$\begin{aligned}F_Z(z)&=\int_0^z \mathrm{d}x\int_0^{z-x}(x+y)\mathrm{d}y\\&=\int_0^z\left[\frac{1}{2}z^2-\frac{1}{2}x^2\right]\mathrm{d}x=\left(\frac{1}{2}xz^2-\frac{1}{6}x^3\right)\Big|_0^z\\&=\frac{1}{3}z^3;\end{aligned}$$

当 $1\leqslant z<2$ 时,

$$\begin{aligned}F_Z(z)&=1-\int_{z-1}^1\mathrm{d}x\int_{z-x}^1(x+y)\mathrm{d}y\\&=1-\int_{z-1}^1\left(x+\frac{1}{2}+\frac{1}{2}x^2-\frac{1}{2}z^2\right)\mathrm{d}x\\&=z^2-\frac{1}{2}z+\frac{1}{6}(z-1)^3-\frac{1}{2}(z^3-z^2);\end{aligned}$$

当 $z\geqslant 2$ 时，$F_Z(z)=1$.

所以

$$f_Z(z)=F'_Z(z)=\begin{cases}0, & z<0,\\ z^2, & 0\leqslant z<1,\\ z(2-z), & 1\leqslant z<2,\\ 0, & z\geqslant 2.\end{cases}$$

8. 显然 $0<a<2$, 否则与题设条件矛盾. 因为

$$P(A\cup B)=P(A)+P(B)-P(AB)=P(A)+P(B)-P(A)P(B),$$

所以 $P(A)+P(B)-P(A)P(B)=\dfrac{3}{4}$.

设 $P(A)=x$, 则 $x^2-2x+\dfrac{3}{4}=0$, 即 $4x^2-8x+3=0$, 也就是 $(2x-3)(2x-1)=0$, 解得 $x=\dfrac{3}{2}$(舍去), $x=\dfrac{1}{2}$. 又

$$P(A)=P\{X>a\}=\int_a^2\frac{3}{8}x^2\mathrm{d}x=\left.\frac{x^3}{8}\right|_a^2=1-\frac{1}{8}a^3,$$

所以 $\dfrac{1}{8}a^3=\dfrac{1}{2}$, 即 $a=\sqrt[3]{4}$.

第 3 章自测题

第 4 章　随机变量的数字特征

一、主要内容

随机变量的数学期望、方差、标准差及矩的概念与性质，两个随机变量的协方差及相关系数的概念与性质，几种常见分布的期望与方差，随机变量的函数的数学期望.

二、教学要求

1. 理解随机变量数学期望、方差及标准差的概念，掌握它们的基本性质.
2. 熟记几种常用分布的数学期望和方差.
3. 会求随机变量的函数的数学期望.
4. 了解随机变量矩、协方差与相关系数的概念，并会计算这些数字特征.

三、例题选讲

例 4.1　设随机变量 X 的概率分布为

X	-2	0	2
P	0.4	0.3	0.3

试求 $E(X)$、$E(X^2)$、$D(X)$.

分析　对于离散型随机变量 X, 若它的概率分布为

$$P\{X=x_k\}=p_k,\quad k=1,2,\cdots,$$

如果级数 $\sum\limits_{k=1}^{\infty}x_kp_k$ 绝对收敛，则 X 的数学期望为

$$E(X)=\sum_{k=1}^{\infty}x_kp_k.$$

如果级数 $\sum\limits_{k=1}^{\infty}g(x_k)p_k$ 绝对收敛，则关于 X 的函数 $Y=g(X)$ 的数学期望为

$$E(Y)=E[g(X)]=\sum_{k=1}^{\infty}g(x_k)p_k,$$

本题中 $g(X)=X^2$. 再由方差的性质

$$D(X)=E(X^2)-[E(X)]^2$$

求 $D(X)$.

解
$$E(X)=\sum_{k=1}^{3}x_kp_k=-2\times 0.4+0\times 0.3+2\times 0.3=-0.2;$$
$$E(X^2)=\sum_{k=1}^{3}x_k^2p_k=(-2)^2\times 0.4+0^2\times 0.3+2^2\times 0.3=2.8;$$
$$D(X)=E(X^2)-[E(X)]^2=2.8-(-0.2)^2=2.76.$$

例 4.2　设有 3 个盒子，第一个盒子中装有 4 只红球和 1 只白球，第二个盒子中装有 3 只红球和 2 只白球，第三个盒子中装有 2 只红球和 3 只白球. 如果任取一盒，再从中任取 3 只球，以 X 表示取到红球的个数，求 $E(X)$.

分析　对于离散型随机变量 X, 欲求 $E(X)$, 则应先求 X 的概率分布；本题中 X 取各值的概率依赖于 3 只球取自哪个盒子，则应由全概率公式去求.

解　设 A_i 表示取到第 i 个盒子，$i=1,2,3$, 则

$$P(A_i)=\frac{1}{3},\quad i=1,2,3,$$

X 所有可能取值为 $0,1,2,3$, 由全概率公式

$$P\{X=k\}=\sum_{i=1}^{3}P(A_i)P\{X=k|A_i\}$$

得

$$P\{X=0\}=\frac{1}{3}\cdot\frac{1}{\mathrm{C}_5^3}(0+0+\mathrm{C}_3^3)=\frac{1}{30},$$
$$P\{X=1\}=\frac{1}{3}\cdot\frac{1}{\mathrm{C}_5^3}(0+\mathrm{C}_3^1\cdot\mathrm{C}_2^2+\mathrm{C}_2^1\cdot\mathrm{C}_3^2)=\frac{3}{10},$$
$$P\{X=2\}=\frac{1}{3}\cdot\frac{1}{\mathrm{C}_5^3}(\mathrm{C}_4^2\cdot\mathrm{C}_1^1+\mathrm{C}_3^2\cdot\mathrm{C}_2^1+\mathrm{C}_2^2\cdot\mathrm{C}_3^1)=\frac{1}{2},$$
$$P\{X=3\}=\frac{1}{3}\cdot\frac{1}{\mathrm{C}_5^3}(\mathrm{C}_4^3+\mathrm{C}_3^3+0)=\frac{1}{6}.$$

所以

$$E(X)=0\times\frac{1}{30}+1\times\frac{3}{10}+2\times\frac{1}{2}+3\times\frac{1}{6}=\frac{9}{5}.$$

例 4.3 一辆汽车沿一条街道行驶要通过三个设有红绿信号灯的路口，每个路口信号灯为红或绿与其他路口信号灯相互独立，且红绿两种信号显示的时间相等. 以 X 表示该汽车首次遇到红灯前已通过的路口的个数，试求 $E(X)$ 和 $E\left(\dfrac{1}{1+X}\right)$.

解 由题意可知 X 的可能取值为 $0,1,2,3$. X 的分布律为

X	0	1	2	3
P	$\dfrac{1}{2}$	$\dfrac{1}{2^2}$	$\dfrac{1}{2^3}$	$\dfrac{1}{2^3}$

根据数学期望的定义得

$$E(X)=0\times\frac{1}{2}+1\times\frac{1}{2^2}+2\times\frac{1}{2^3}+3\times\frac{1}{2^3}=\frac{7}{8}.$$

根据随机变量的函数的数学期望公式得

$$\begin{aligned}E\left(\frac{1}{1+X}\right)&=\frac{1}{1+0}\times\frac{1}{2}+\frac{1}{1+1}\times\frac{1}{2^2}+\frac{1}{1+2}\times\frac{1}{2^3}+\frac{1}{1+3}\times\frac{1}{2^3}\\&=\frac{67}{96}.\end{aligned}$$

例 4.4 袋中共有 10 只乒乓球，其中白色与黄色分别有 4 只和 6 只，每次从袋中任取一只，观察颜色后放回去，重复独立地做 5 次试验，以 X 表示 5 次试验中白色球出现的次数，求 $E(X^2)$.

分析 先考虑 X 的概率分布，可知 X 服从二项分布 (应熟记常见分布的数字特征), 再由 $D(X)=E(X^2)-[E(X)]^2$ 来求 $E(X^2)$.

解 每次试验取到白球的概率为 $p=\dfrac{4}{10}=0.4$, 由题意可知 $X\sim B(5,0.4)$, 于是可知

$$E(X)=5\times0.4=2,\ \ D(X)=5\times0.4\times(1-0.4)=1.2,$$

因此

$$E(X^2)=D(X)+[E(X)]^2=1.2+2^2=5.2.$$

例 4.5 设某球类比赛采取 7 局 4 胜制，即若一队先胜 4 局，则比赛结束，该队获胜. 假设甲、乙两队在每局比赛中获胜的概率均为 $\dfrac{1}{2}$, 试求平均需进行几局比赛才能决出胜负？

分析 关键求 X 的概率分布，如 $\{X=4\}$ 表示甲或乙 $4:0$ 取胜； $\{X=6\}$ 表示甲或乙在前 5 局中 3 胜 2 负，且第 6 局获胜等.

解 设 X 为两队比赛的局数，则 X 所有可能取值为 $4,5,6,7$, 且

$$P\{X=4\}=\left(\frac{1}{2}\right)^4\times\frac{1}{2}=\frac{1}{8},$$

$$P\{X=5\}=\begin{pmatrix}4\\3\end{pmatrix}\times\left(\frac{1}{2}\right)^3\times\frac{1}{2}\times\frac{1}{2}\times 2=\frac{1}{4},$$

$$P\{X=6\}=\begin{pmatrix}5\\3\end{pmatrix}\times\left(\frac{1}{2}\right)^3\times\left(\frac{1}{2}\right)^2\times\frac{1}{2}\times 2=\frac{5}{16},$$

$$P\{X=7\}=\begin{pmatrix}6\\3\end{pmatrix}\times\left(\frac{1}{2}\right)^3\times\left(\frac{1}{2}\right)^3=\frac{5}{16},$$

则

$$E(X)=4\times\frac{1}{8}+5\times\frac{1}{4}+6\times\frac{5}{16}+7\times\frac{5}{16}\approx 6.$$

例 4.6 设随机变量的概率密度为

$$f(x)=\begin{cases} x, & 0\leqslant x<1,\\ 2-x, & 1\leqslant x<2,\\ 0, & \text{其他}, \end{cases}$$

求 $E(X)$, $E(X^2)$.

分析 对于连续型随机变量 X, 若它的概率密度为 $f(x)$, 如积分 $\int_{-\infty}^{+\infty} xf(x)\mathrm{d}x$ 绝对收敛，则 X 的数学期望为

$$E(X)=\int_{-\infty}^{+\infty} xf(x)\mathrm{d}x.$$

如积分 $\int_{-\infty}^{+\infty} g(x)f(x)\mathrm{d}x$ 绝对收敛，则关于 X 的函数 $Y=g(x)$ 的数学期望为

$$E(Y)=E[g(x)]=\int_{-\infty}^{+\infty} g(x)f(x)\mathrm{d}x.$$

解 $$E(X)=\int_{-\infty}^{+\infty} xf(x)\mathrm{d}x=\int_0^1 x\cdot x\mathrm{d}x+\int_1^2 x\cdot(2-x)\mathrm{d}x=1,$$

$$E(X^2)=\int_{-\infty}^{+\infty} x^2 f(x)\mathrm{d}x=\int_0^1 x^2\cdot x\mathrm{d}x+\int_1^2 x^2\cdot(2-x)\mathrm{d}x=\frac{7}{6}.$$

例 4.7 X 的概率密度为

$$f(x)=\begin{cases}\dfrac{1}{2}\cos\dfrac{x}{2}, & 0\leqslant x\leqslant \pi,\\ 0, & \text{其他}.\end{cases}$$

对 X 独立重复观察 4 次，用 Y 表示观察值大于 $\dfrac{\pi}{3}$ 的次数，求 $E(Y^2)$.

分析 Y 是离散型随机变量，先求 Y 的概率分布；对于几种常见分布，也常用公式 $D(X)=E(X^2)-[E(X)]^2$ 求 $E(X^2)$.

解 $P\{X>\dfrac{\pi}{3}\}=\displaystyle\int_{\frac{\pi}{3}}^{\pi}\frac{1}{2}\cos\frac{x}{2}\mathrm{d}x=\frac{1}{2}$, 则

$$Y\sim B\left(4,\frac{1}{2}\right),$$

从而

$$E(Y)=4\times\frac{1}{2}=2,\quad D(Y)=4\times\frac{1}{2}\times\left(1-\frac{1}{2}\right)=1,$$

所以

$$E(Y^2)=D(Y)+[E(Y)]^2=1+2^2=5.$$

例 4.8 一台仪器中有三个元件，各元件发生故障相互独立，其概率分别为 0.2, 0.3, 0.4, 求同一时间发生故障的元件数 X 的数学期望和方差.

分析 本题可先求 X 的概率分布，再由数学期望、方差定义计算，但较麻烦；应注意掌握把较复杂的随机变量表示为简单随机变量的和，再由数学期望、方差性质去计算.

解 方法 1 设 A_i 表示第 i 个元件发生故障， $i=1,2,3$, 则 A_1,A_2,A_3 相互独立，且 $P(A_1)=0.2$, $P(A_2)=0.3$, $P(A_3)=0.4$, X 所有可能取值为 0,1,2,3, 由相互独立事件积的概率公式和不相容事件积的概率公式有

$$\begin{aligned}P\{X=0\}&=P(\overline{A}_1\overline{A}_2\overline{A}_3)=0.8\times0.7\times0.6=0.336,\\ P\{X=1\}&=P(A_1\overline{A}_2\overline{A}_3\cup\overline{A}_1A_2\overline{A}_3\cup\overline{A}_1\overline{A}_2A_3)\\ &=0.2\times0.7\times0.6+0.8\times0.3\times0.6+0.8\times0.7\times0.4=0.452,\\ P\{X=2\}&=P(A_1A_2\overline{A}_3\cup A_1\overline{A}_2A_3\cup\overline{A}_1A_2A_3)\\ &=0.2\times0.3\times0.6+0.2\times0.7\times0.4+0.8\times0.3\times0.4=0.188,\\ P\{X=3\}&=P(A_1A_2A_3)=0.2\times0.3\times0.4=0.024.\end{aligned}$$

所以

$$
\begin{aligned}
E(X) &= 0\times 0.336 + 1\times 0.452 + 2\times 0.188 + 3\times 0.024\\
&= 0.9,\\
E(X^2) &= 0^2\times 0.336 + 1^2\times 0.452 + 2^2\times 0.188 + 3^2\times 0.024\\
&= 1.42,\\
D(X) &= E(X^2) - [E(X)]^2 = 1.42 - 0.9^2 = 0.61.
\end{aligned}
$$

方法 2　设 $X_i = \begin{cases} 1, & \text{第 } i \text{ 个元件发生故障}, \\ 0, & \text{第 } i \text{ 个元件不发生故障}, \end{cases}$ $i = 1, 2, 3$, 则

X_1	0	1
P	0.8	0.2

X_2	0	1
P	0.7	0.3

X_3	0	1
P	0.6	0.4

且 X_1, X_2, X_3 相互独立， $X = X_1 + X_2 + X_3$. 所以

$$
\begin{aligned}
E(X) &= E(X_1) + E(X_2) + E(X_3) = 0.2 + 0.3 + 0.4 = 0.9,\\
D(X) &= D(X_1) + D(X_2) + D(X_3) = 0.2\times 0.8 + 0.3\times 0.7 + 0.4\times 0.6 = 0.61.
\end{aligned}
$$

例 4.9　某人先写了 n 封投向不同地址的信，再写 n 个标有这 n 个地址的信封，然后在每个信封内随机装入一封信，求信与地址配对的个数 X 的数学期望.

分析　X 的可能取值为 $0, 1, 2, \cdots, n$, 若对每一种情况求出概率，然后去求数学期望，是相当复杂的，我们可以利用数学期望的性质来求得结果.

解　首先定义 n 个随机变量，令

$$
X_i = \begin{cases} 1, & \text{第 } i \text{ 封信配对}, \\ 0, & \text{第 } i \text{ 封信不配对}, \end{cases} \quad i = 1, 2, \cdots, n.
$$

从而

$$
\begin{aligned}
P\{X_i = 1\} = \frac{1}{n}, \quad P\{X_i = 0\} &= 1 - \frac{1}{n} = \frac{n-1}{n},\\
E(X) &= E(X_1 + X_2 + \cdots + X_n)\\
&= E(X_1) + E(X_2) + \cdots + E(X_n)\\
&= n\left(1\times\frac{1}{n} + 0\times\frac{n-1}{n}\right)\\
&= 1.
\end{aligned}
$$

例 4.10 设试验成功的概率为 $\dfrac{3}{4}$, 失败的概率为 $\dfrac{1}{4}$, 重复独立地做下去, 直到成功两次为止, X 表示所做试验的次数, 求 $E(X)$.

分析 先求出 X 的概率分布, 再由数学期望的定义求 $E(X)$. 也可以利用随机变量的分解法求解.

解 方法 1 X 的可能取值为 $2,3,4,\cdots$. 令 A 表示事件 "前 $k-1$ 次试验恰好成功 1 次", B 表示事件 "第 k 次试验成功 $(k=2,3,4,\cdots)$ ", 由独立性可得

$$\begin{aligned}P\{X=k\}=P(AB)=P(A)P(B)&=\mathrm{C}_{k-1}^{1}\frac{3}{4}\cdot\left(1-\frac{3}{4}\right)^{k-2}\cdot\frac{3}{4}\\&=(k-1)\left(\frac{3}{4}\right)^{2}\left(\frac{1}{4}\right)^{k-2},\quad k=2,3,4,\cdots.\end{aligned}$$

于是, X 的数学期望为

$$E(X)=\sum_{k=2}^{\infty}kP\{X=k\}=\sum_{k=2}^{\infty}k(k-1)\left(\frac{3}{4}\right)^{2}\left(\frac{1}{4}\right)^{k-2}.$$

设 $S(x)=\sum\limits_{k=2}^{\infty}k(k-1)x^{k-2}$, 则

$$S(x)=\sum_{k=2}^{\infty}(x^{k})''=\left(\sum_{k=2}^{\infty}x^{k}\right)''=\left(\frac{x^{2}}{1-x}\right)''=\frac{2}{(1-x)^{3}},\quad |x|<1.$$

因此

$$E(X)=\left(\frac{3}{4}\right)^{2}S\left(\frac{1}{4}\right)=\frac{9}{16}\times\frac{128}{27}=\frac{8}{3}.$$

方法 2 设 Y 表示直到第一次成功所做试验的次数, Z 表示从第一次试验成功后到第二次成功所做试验的次数, 则 Y 与 Z 都服从参数为 $p=\dfrac{3}{4}$ 的几何分布, 因此

$$E(Y)=E(Z)=\frac{1}{p}=\frac{4}{3}.$$

由题意可知 $X=Y+Z$, 所以

$$E(X)=E(Y)+E(Z)=\frac{8}{3}.$$

例 4.11 若有 n 把看上去样子相同的钥匙, 其中只有一把能打开门上的锁, 用它们去试开门上的锁. 设取到每把钥匙是等可能的. 若每把钥匙试开一次后除去, 求试开次数 X 的数学期望.

解　方法 1　先求 X 的概率分布.

例 4.11

X 的所有可能取值为 $1,2,\cdots,n$, 且

$$P\{x=1\}=\frac{1}{n},$$

$$P\{x=k\}=\frac{n-1}{n}\cdot\frac{n-2}{n-1}\cdot\cdots\cdot\frac{n-(k-1)}{n-(k-2)}\cdot\frac{1}{n-(k-1)}=\frac{1}{n},\ (k=2,3,\cdots,n).$$

即 X 的概率分布为

x	1	2	$\cdots$	n
P	$\frac{1}{n}$	$\frac{1}{n}$	$\cdots$	$\frac{1}{n}$

则

$$E(x)=\sum_{i=1}^{n}i\cdot\frac{1}{n}=\frac{1}{n}(1+2+\cdots+n)=\frac{n+1}{2}.$$

方法 2　设 $X_i=\begin{cases} i, & \text{第}i\text{次试开打开门上的锁,}\\ 0, & \text{第}i\text{次试开没有打开门上的锁,}\end{cases}$

则

$$P\{X_i=i\}=\frac{1}{n},P\{x_i=0\}=\frac{n-1}{n},$$

$$E(X_i)=i\cdot\frac{1}{n}+0\cdot\frac{n-1}{n}=\frac{i}{n}.$$

而试开次数 $X=\sum_{i=1}^{n}X_i$. 故

$$E(X)=\sum_{i=1}^{n}E(X_i)=\sum_{i=1}^{n}\frac{i}{n}=\frac{n+1}{2}.$$

例 4.12　按规定, 某车站每天 8:00～9:00 时和 9:00～10:00 时都恰有一辆客车到站, 但到站的时刻是随机的, 且两车到站的时刻相互独立, 两辆车到站的规律是

第一辆车到站时刻	8:10	8:30	8:50
概率	$\frac{1}{6}$	$\frac{3}{6}$	$\frac{2}{6}$

第二辆车到站时刻	9:10	9:30	9:50
概率	$\frac{1}{6}$	$\frac{3}{6}$	$\frac{2}{6}$

(1) 一位旅客 8 : 00 时到车站，求他候车时间的数学期望；

(2) 一位旅客 8 : 20 时到车站，求他候车时间的数学期望.

分析 (1) 在两种情形下，分别找到旅客可能的候车时间及其概率，再用数学期望的定义求期望；(2) 要用到独立情况时的概率公式.

解 (1) 旅客 8 : 00 到车站，等候时间 X 的可能取值分别为 10 分钟、30 分钟和 50 分钟，其概率分布为

X	10	30	50
P	$\frac{1}{6}$	$\frac{3}{6}$	$\frac{2}{6}$

于是

$$E(X)=10\times\frac{1}{6}+30\times\frac{3}{6}+50\times\frac{2}{6}=33.33.$$

(2) 旅客 8 : 20 时到车站，等车时间 X 的可能取值 $10,30,50,70,90,\{X=10\}$ 表示第一辆车 8 : 30 时到站，$\{X=30\}$ 表示第一辆车 8 : 50 时到站，$\{X=50\}$ 表示第一辆车 8 : 10 时到站且第二辆车 9 : 10 时到站，$\{X=70\}$ 表示第一辆车 8 : 10 时到站且第二辆车 9 : 30 时到站，$\{X=90\}$ 表示第一辆车 8 : 10 时到站且第二辆车 9 : 50 时到站，因此

$$P\{X=10\}=\frac{3}{6},\quad P\{X=30\}=\frac{2}{6},\quad P\{X=50\}=\frac{1}{6}\times\frac{1}{6}=\frac{1}{36},$$

$$P\{X=70\}=\frac{1}{6}\times\frac{3}{6}=\frac{3}{36},\quad P\{X=90\}=\frac{1}{6}\times\frac{2}{6}=\frac{2}{36},$$

所以

$$E(X)=10\times\frac{3}{6}+30\times\frac{2}{6}+50\times\frac{1}{36}+70\times\frac{3}{36}+90\times\frac{2}{36}=27.22.$$

例 4.13 设 X_1,X_2,X_3 相互独立，其中 $X_1\sim U(0,6)$, $X_2\sim N(0,4)$, $X_3\sim\pi(3)$, 记 $Y=X_1-2X_2+3X_3$, 求 $D(Y)$.

分析 本题是利用常见分布的方差，由方差的性质去计算.

解 $D(X_1)=\dfrac{(6-0)^2}{12}=3,\quad D(X_2)=4,\quad D(X_3)=3,$

因为 X_1,X_2,X_3 相互独立，所以

$$D(Y)=D(X_1)+4D(X_2)+9D(X_3)=46.$$

例 4.14　设 $X\sim N(-3,1), Y\sim N(2,1)$, 且 X、Y 相互独立, 若 $Z=X-2Y+7$, 求 Z 的概率分布.

分析　本题应首先根据 X、Y 相互独立得 Z 服从正态分布，再求 Z 的数学期望和方差得 Z 服从什么样的正态分布.

解　因为 X、Y 都服从正态分布，且 X、Y 相互独立，Z 为 X、Y 的线性函数，所以 Z 服从正态分布，且

$$\begin{aligned}E(Z)&=E(X)-2E(Y)+7=0,\\D(Z)&=D(X)+4D(Y)=5,\end{aligned}$$

所以

$$Z\sim N(0,5).$$

例 4.15　设随机变量 $X\sim N(0,1)$, 求 $Y=\mathrm{e}^X$ 的数学期望.

分析　本题为连续型随机变量函数的数学期望，注意运用换元积分法及概率积分 $\displaystyle\int_0^{+\infty}\mathrm{e}^{-x^2}\mathrm{d}x=\frac{\sqrt{\pi}}{2}$, 或由

$$\varphi(x)=\frac{1}{\sqrt{2\pi}}\mathrm{e}^{-\frac{x^2}{2}},\quad -\infty<x<+\infty$$

为标准正态分布的概率密度去计算，即 $\displaystyle\int_{-\infty}^{+\infty}\frac{1}{\sqrt{2\pi}}\mathrm{e}^{-\frac{x^2}{2}}\mathrm{d}x=1$.

解

$$\begin{aligned}E(Y)=E(\mathrm{e}^X)&=\int_{-\infty}^{+\infty}\mathrm{e}^x\varphi(x)\mathrm{d}x\\&=\int_{-\infty}^{+\infty}\mathrm{e}^x\frac{1}{\sqrt{2\pi}}\mathrm{e}^{-\frac{x^2}{2}}\mathrm{d}x\\&=\sqrt{\frac{\mathrm{e}}{2\pi}}\int_{-\infty}^{+\infty}\mathrm{e}^{-\frac{(x-1)^2}{2}}\mathrm{d}x\\&\xlongequal{令\ t=x-1}\sqrt{\frac{\mathrm{e}}{2\pi}}\int_{-\infty}^{+\infty}\mathrm{e}^{-\frac{t^2}{2}}\mathrm{d}t\\&=\sqrt{\mathrm{e}}\int_{-\infty}^{+\infty}\frac{1}{\sqrt{2\pi}}\mathrm{e}^{-\frac{t^2}{2}}\mathrm{d}t\\&=\sqrt{\mathrm{e}}.\end{aligned}$$

例 4.16　设随机变量 X 的概率密度为

$$f(x)=\frac{1}{\pi(1+x^2)},\quad -\infty<x<+\infty,$$

记 $Y=\min\{1,|X|\}$, 求 $E(Y)$.

分析 先把 $Y=\min\{1,|X|\}$ 写成分段表达式:

$$Y=\min\{1,|X|\}=\begin{cases}|X|, & |X|\leqslant 1,\\ 1, & |X|>1,\end{cases}$$

再利用随机变量的函数的数学期望公式求 $E(Y)$.

解 由公式有

$$\begin{aligned}E\left[\min\{1,|X|\}\right]&=\int_{-\infty}^{+\infty}\min\{1,|x|\}\frac{1}{\pi(1+x^2)}\mathrm{d}x\\&=\frac{2}{\pi}\int_{0}^{+\infty}\min\{1,|x|\}\frac{\mathrm{d}x}{1+x^2}\\&=\frac{2}{\pi}\left[\int_0^1\frac{x\mathrm{d}x}{1+x^2}+\int_1^{+\infty}\frac{\mathrm{d}x}{1+x^2}\right]\\&=\frac{2}{\pi}\left[\frac{1}{2}\ln(1+x^2)\bigg|_0^1+\arctan x\bigg|_1^{+\infty}\right]\\&=\frac{1}{\pi}\ln 2+\frac{1}{2}.\end{aligned}$$

例 4.17 过半径为 R 的圆周上一点任意作这圆的弦, 求这弦的平均长度.

分析 在圆周上取定一点 A, 任取一点 B, 如图 4.1, 弦 AB 与过 A 点切线 AT 之间的夹角记为 α, α 是一个随机变量, 且 α 在 $[0,\pi]$ 上服从均匀分布, 弦 AB 的长度 Y 是关于 α 的函数: $Y=2R\sin\alpha$, 根据随机变量的函数的数学期望公式求 $E(Y)$.

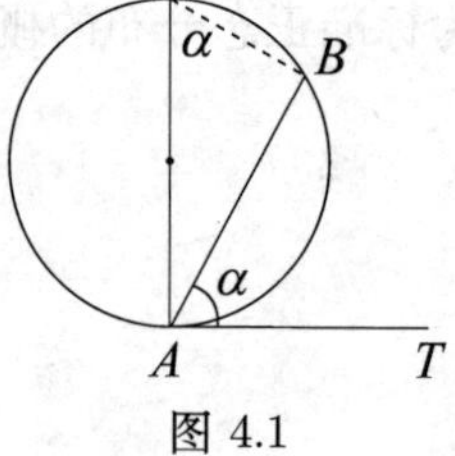

图 4.1

解 α 的概率密度为

$$f(x)=\begin{cases}\dfrac{1}{\pi}, & 0\leqslant x\leqslant\pi,\\ 0, & 其他,\end{cases}$$

于是 $Y=2R\sin\alpha$ 的数学期望为

$$\begin{aligned}E(Y)=E(2R\sin\alpha)&=\int_{-\infty}^{+\infty}2R\sin x f(x)\mathrm{d}x\\&=2R\int_0^{\pi}\frac{1}{\pi}\sin x\mathrm{d}x\end{aligned}$$

$$= \frac{4R}{\pi}.$$

例 4.18　设由自动生产线加工的某种零件的内径 X(毫米) 服从正态分布 $N(\mu, 1)$, 内径小于 10 或大于 12 为不合格品，其余为合格品. 销售每件合格品获利，销售每件不合格品亏损. 已知销售一个零件的利润 T(单位：元) 与销售零件的内径 X 有如下关系：

$$T = \begin{cases} -1, & 若X < 10, \\ 20, & 若10 \leqslant X \leqslant 12, \\ -5, & 若X > 12, \end{cases}$$

问平均内径 μ 取何值时，销售一个零件的平均利润最大？

分析　这是以应用题形式出现的求随机变量的数学期望的最大值问题，注意 T 是离散型随机变量.

解　$E(T) = (-1)P\{X < 10\} + 20P\{10 \leqslant X \leqslant 12\} - 5P\{X > 12\}$

$$= (-1)P\{X - \mu < 10 - \mu\} + 20P\{10 - \mu \leqslant X - \mu \leqslant 12 - \mu\} -$$

$$5P\{X - \mu > 12 - \mu\}$$

$$= (-1)\Phi(10 - \mu) + 20\left[\Phi(12 - \mu) - \Phi(10 - \mu)\right] - 5\left[1 - \Phi(12 - \mu)\right]$$

$$= 25\Phi(12 - \mu) - 21\Phi(10 - \mu) - 5.$$

令

$$\frac{\mathrm{d}E(T)}{\mathrm{d}\mu} = -25\Phi(12 - \mu) + 21\Phi(10 - \mu) = 0,$$

得 $\mu_0 = 11 - \dfrac{1}{2}\ln\dfrac{25}{21}$, 又

$$\left.\frac{\mathrm{d}^2E(T)}{\mathrm{d}\mu^2}\right|_{\mu=\mu_0} = -\frac{42}{\sqrt{2\pi}}\mathrm{e}^{\frac{-(10-\mu_0)^2}{2}} < 0,$$

从而 $E(T)$ 在 $\mu = \mu_0$ 处取最大值，即当 $\mu = 11 - \dfrac{1}{2}\ln\dfrac{25}{21}$ 时，平均利润最大.

例 4.19　游客乘电梯从底层到电视塔顶层观光，电梯于每个整点的第 5 分钟、25 分钟和 55 分钟从底层起行. 假设一游客在早八点的第 X 分钟到达底层候梯处，且 X 在 $[0, 60]$ 上服从均匀分布，求该游客等候时间的数学期望.

分析　本题应该注意到随机变量 X 并不表示游客的等候时间，因此应先求出等候时间的表达式，再利用随机变量函数的数学期望计算公式即可求得结果.

解　设随机变量 Y 表示游客等候电梯的时间, 则

$$Y=g(X)=\begin{cases}5-X, & 0<X\leqslant 5,\\ 25-X, & 5<X\leqslant 25,\\ 55-X, & 25<X\leqslant 55,\\ 60-X+5, & 55<X\leqslant 60.\end{cases}$$

又已知 X 在 $[0,60]$ 上服从均匀分布, 其概率密度为

$$f(x)=\begin{cases}\dfrac{1}{60}, & 0\leqslant x\leqslant 60,\\ 0, & \text{其他}.\end{cases}$$

因此

$$\begin{aligned}E(Y)&=E[g(X)]=\int_{-\infty}^{+\infty}g(x)f(x)\mathrm{d}x=\frac{1}{60}\int_0^{60}g(x)\mathrm{d}x\\&=\frac{1}{60}\left[\int_0^5(5-x)\mathrm{d}x+\int_5^{25}(25-x)\mathrm{d}x+\right.\\&\qquad\left.\int_{25}^{55}(55-x)\mathrm{d}x+\int_{55}^{60}(65-x)\mathrm{d}x\right]\\&=11.67.\end{aligned}$$

例 4.20　设 $X\sim N(0,1)$, 求 $E(|X|)$.

分析　本题为随机变量函数的数学期望, 注意运用积分结论、方法. 本题结论也常用到.

解
$$\begin{aligned}E(|X|)&=\int_{-\infty}^{+\infty}|x|\cdot\frac{1}{\sqrt{2\pi}}\mathrm{e}^{-\frac{x^2}{2}}\mathrm{d}x\\&=-\frac{2}{\sqrt{2\pi}}\int_0^{+\infty}\mathrm{e}^{-\frac{x^2}{2}}\mathrm{d}\left(-\frac{x^2}{2}\right)\\&=-\frac{2}{\sqrt{2\pi}}\left[\mathrm{e}^{-\frac{x^2}{2}}\right]_0^{+\infty}\\&=\sqrt{\frac{2}{\pi}}.\end{aligned}$$

例 4.21　设 X 、Y 相互独立, 且都服从 $N(\mu,\sigma^2)$.

(1) 求 $|X-Y|$ 的数学期望和方差；

(2) 求 $M=\max(X,Y)$, $N=\min(X,Y)$ 的数学期望.

分析 (1) 先求 $X-Y$ 服从的正态分布，将其标准化，再利用上题结论.

(2) 应把 M 和 N 用 $|X-Y|$ 表示，再利用数学期望的性质去计算.

解 (1) 因为 $X\sim N(\mu,\sigma^2)$, $Y\sim N(\mu,\sigma^2)$, 且 X 、Y 相互独立，所以

$$X-Y\sim N(0,2\sigma^2).$$

因为

$$Z=\frac{X-Y}{\sqrt{2}\sigma}\sim N(0,1),$$

所以

$$|X-Y|=\sqrt{2}\sigma|Z|.$$

$$E(|X-Y|)=\sqrt{2}\sigma E|Z|=\sqrt{2}\sigma\cdot\sqrt{\frac{2}{\pi}}=\frac{2\sigma}{\sqrt{\pi}},$$

$$D(|X-Y|)=E[|X-Y|^2]-[E(|X-Y|)]^2.$$

而

$$E[|X-Y|^2]=E[(X-Y)^2]=D(X-Y)+[E(X-Y)]^2=2\sigma^2,$$

所以

$$D(|X-Y|)=2\sigma^2-\frac{4}{\pi}\sigma^2.$$

(2) $M=\max(X,Y)=\dfrac{1}{2}(X+Y+|X-Y|)$,

$N=\min(X,Y)=\dfrac{1}{2}(X+Y-|X-Y|)$,

所以

$$\begin{aligned}E(M)&=\frac{1}{2}[E(X)+E(Y)+E(|X-Y|)]\\&=\frac{1}{2}\left(\mu+\mu+\frac{2\sigma}{\sqrt{\pi}}\right)=\mu+\frac{\sigma}{\sqrt{\pi}},\\E(N)&=\frac{1}{2}[E(X)+E(Y)-E(|X-Y|)]\\&=\frac{1}{2}\left(\mu+\mu-\frac{2\sigma}{\sqrt{\pi}}\right)=\mu-\frac{\sigma}{\sqrt{\pi}}.\end{aligned}$$

例 4.22　设二维随机变量 (X,Y) 的概率密度为

$$f(x,y)=\begin{cases}6xy, & 0<x<1,0<y<2(1-x),\\ 0, & \text{其他},\end{cases}$$

求 $E(X)$ 、$D(Y)$ 及 $E(XY)$.

分析　若二维连续型随机变量 (X,Y) 的概率密度为 $f(x,y)$, 则关于 X,Y 的函数 $Z=g(X,Y)$ 的数学期望的计算公式为

$$E(Z)=E\left[g\left(X,Y\right)\right]=\int_{-\infty}^{+\infty}\int_{-\infty}^{+\infty}g(x,y)f(x,y)\mathrm{d}x\mathrm{d}y.$$

解　由公式得

$$E(X)=\int_{-\infty}^{+\infty}\int_{-\infty}^{+\infty}xf(x,y)\mathrm{d}x\mathrm{d}y=\int_0^1\mathrm{d}x\int_0^{2(1-x)}6x^2y\mathrm{d}y=\frac{2}{5}.$$

由于

$$E(Y)=\int_{-\infty}^{+\infty}\int_{-\infty}^{+\infty}yf(x,y)\mathrm{d}x\mathrm{d}y=\int_0^1\mathrm{d}x\int_0^{2(1-x)}6xy^2\mathrm{d}y=\frac{4}{5},$$

$$E(Y^2)=\int_{-\infty}^{+\infty}\int_{-\infty}^{+\infty}y^2f(x,y)\mathrm{d}x\mathrm{d}y=\int_0^1\mathrm{d}x\int_0^{2(1-x)}6xy^3\mathrm{d}y=\frac{4}{5},$$

所以

$$D(Y)=E(Y^2)-\left[E\left(Y\right)\right]^2=\frac{4}{25}.$$

再由公式得

$$E(XY)=\int_{-\infty}^{+\infty}\int_{-\infty}^{+\infty}xyf(x,y)\mathrm{d}x\mathrm{d}y=\int_0^1\mathrm{d}x\int_0^{2(1-x)}6x^2y^2\mathrm{d}y=\frac{4}{15}.$$

例 4.23　在区间 $(0,a)$ 内任取两点 M、N, 求线段 MN 的平均长度.

分析　记 M、N 两点的坐标分别为 X、Y, 则 X 与 Y 都在区间 $(0,a)$ 服从均匀分布, 且 X 与 Y 相互独立. 线段 MN 的长度为 $Z=|X-Y|$. 写出 (X,Y) 的概率密度 $f(x,y)$, 再由二维随机变量的函数的数学期望公式求得 $E(Z)$. 也可以先求出 Z 的分布函数 $F(z)$, 从而得到 Z 的概率密度 $f(z)$, 然后再求出数学期望 $E(Z)$.

解　方法 1　X 与 Y 的概率密度分别为

$$f_X(x)=\begin{cases}\dfrac{1}{a}, & 0<x<a,\\ 0, & \text{其他},\end{cases}$$

$$f_Y(y)=\begin{cases}\dfrac{1}{a}, & 0<y<a,\\ 0, & \text{其他},\end{cases}$$

由 X 与 Y 的独立性得 (X,Y) 的概率密度

$$f(x,y)=f_X(x)f_Y(y)=\begin{cases}\dfrac{1}{a^2}, & 0<x,y<a,\\ 0, & \text{其他},\end{cases}$$

根据随机变量的函数的数学期望公式，得

$$\begin{aligned}E(Z)=E(|X-Y|)&=\int_{-\infty}^{+\infty}\int_{-\infty}^{+\infty}|x-y|\,f(x,y)\mathrm{d}x\mathrm{d}y\\&=\int_0^a\int_0^a|x-y|\,\frac{1}{a^2}\mathrm{d}x\mathrm{d}y\\&=2\int_0^a\mathrm{d}x\int_0^x(x-y)\frac{1}{a^2}\mathrm{d}y\\&=\frac{a}{3}.\end{aligned}$$

方法 2　记线段 MN 的长度为 Z, 其分布函数为 $F(z)$.

当 $z\leqslant 0$ 时，$F(z)=P\{Z\leqslant z\}=0$;

当 $z\geqslant a$ 时，$F(z)=P\{Z\leqslant z\}=1$;

当 $0<z<a$ 时，由几何概率得

$$F(z)=P\{Z\leqslant z\}=\frac{a^2-(a-z)^2}{a^2}=1-\left(1-\frac{z}{a}\right)^2.$$

从而得到 Z 的分布函数为

$$F(z)=\begin{cases}0, & z\leqslant 0,\\ 1-\left(1-\dfrac{z}{a}\right)^2, & 0<z<a,\\ 1, & z\geqslant a.\end{cases}$$

于是，Z 的概率密度为

$$f(z)=F'(z)=\begin{cases}\dfrac{2}{a}\left(1-\dfrac{z}{a}\right), & 0<z<a,\\ 0, & \text{其他}.\end{cases}$$

因此，Z 的数学期望为

$$E(z)=\int_{-\infty}^{+\infty}zf(z)\mathrm{d}z=\int_0^a\frac{2z}{a}\left(1-\frac{z}{a}\right)\mathrm{d}z=\frac{a}{3}.$$

例 4.24 已知随机变量 (X,Y) 的概率密度为

$$f(x,y)=\frac{1}{2\pi}\mathrm{e}^{-\frac{x^2+y^2}{2}},\quad -\infty<x,y<+\infty,$$

求 $Z=\sqrt{X^2+Y^2}$ 的数学期望.

解 由随机变量的函数的数学期望公式得

$$\begin{aligned}
E(Z)&=\int_{-\infty}^{+\infty}\int_{-\infty}^{+\infty}\sqrt{x^2+y^2}f(x,y)\mathrm{d}x\mathrm{d}y\\
&=\frac{1}{2\pi}\int_{-\infty}^{+\infty}\int_{-\infty}^{+\infty}\sqrt{x^2+y^2}\mathrm{e}^{-\frac{x^2+y^2}{2}}\mathrm{d}x\mathrm{d}y\\
&=\frac{1}{2\pi}\int_0^{2\pi}\mathrm{d}\theta\int_0^{+\infty}r\mathrm{e}^{\frac{-r^2}{2}}r\mathrm{d}r\\
&=\int_0^{+\infty}r^2\mathrm{e}^{\frac{-r^2}{2}}\mathrm{d}r\\
&=-r\mathrm{e}^{\frac{-r^2}{2}}\Big|_0^{+\infty}+\int_0^{+\infty}\mathrm{e}^{\frac{-r^2}{2}}\mathrm{d}r\\
&=\sqrt{2\pi}\int_0^{+\infty}\frac{1}{\sqrt{2\pi}}\mathrm{e}^{\frac{-r^2}{2}}\mathrm{d}r\\
&=\sqrt{2\pi}\cdot\frac{1}{2}=\sqrt{\frac{\pi}{2}}.
\end{aligned}$$

例 4.25 一商店经销某种商品，假设每周进货量 X 与顾客需求量 Y 是相互独立的随机变量，且都在区间 $[10,20]$ 上服从均匀分布. 商店每售出一单位的商品可收入 1000 元；若需求量超过了进货量，该商店可从其他商店调剂供应，每调剂一单位商品售出后可收入 500 元，求此商店每周的平均收入.

分析 先确定每周的收入 Z 与 X,Y 的关系式 $Z=g(X,Y)$, 求出 (X,Y) 的概率密度 $f(x,y)$, 就可以求得 $E(Z)$, 即为每周的平均收入.

解 由题意可得

$$\begin{aligned}
Z=g(X,Y)&=\begin{cases}1000Y, & Y\leqslant X,\\ 1000X+500(Y-X), & Y>X\end{cases}\\
&=\begin{cases}1000Y, & Y\leqslant X,\\ 500(X+Y), & Y>X.\end{cases}
\end{aligned}$$

由于 X 与 Y 独立，且都在区间 $[10,20]$ 上服从均匀分布，所以

$$f(x,y)=f_X(x)f_Y(y)=\begin{cases}\dfrac{1}{100}, & 10\leqslant x\leqslant 20, 10\leqslant y\leqslant 20,\\ 0, & \text{其他}.\end{cases}$$

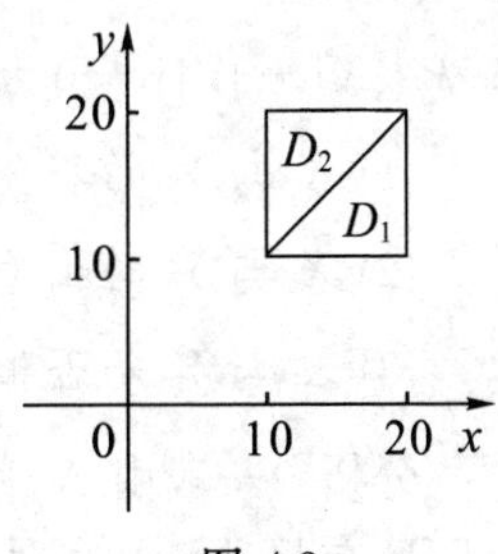

图 4.2

因此 (如图 4.2)

$$\begin{aligned}E(Z)&=E\left[g\left(X,Y\right)\right]\\&=\int_{-\infty}^{+\infty}\int_{-\infty}^{+\infty}g(x,y)f(x,y)\mathrm{d}x\mathrm{d}y\\&=\iint\limits_{D_1}1000y\cdot\frac{1}{100}\mathrm{d}x\mathrm{d}y+\iint\limits_{D_2}500(x+y)\frac{1}{100}\mathrm{d}x\mathrm{d}y\\&=14166.67\text{元}.\end{aligned}$$

例 4.26　对于以下各数字特征都存在的随机变量 X 和 Y, 如果 $E(XY)=E(X)\cdot E(Y)$, 则有 (　　).

(A) $D(XY)=D(X)\cdot D(Y)$　　(B) $D(X+Y)=D(X)+D(Y)$

(C) X、Y 相互独立　　(D) X、Y 不相互独立

分析　$\operatorname{cov}(X,Y)=0$; X、Y 不相关;　$E(XY)=E(X)\cdot E(Y)$; $D(X+Y)=D(X)+D(Y)$, 这四个命题等价. 本题还应注意到 X、Y 不相关, 不能推出 X、Y 是否相互独立.

解　选 (B).

例 4.27　设 $X\sim N(0,1)$, $Y\sim N(1,4)$, 且 $\rho_{XY}=1$, 则 (　　).

(A) $P\{Y=-2X-1\}=1$　　(B) $P\{Y=2X-1\}=1$

(C) $P\{Y=-2X+1\}=1$　　(D) $P\{Y=2X+1\}=1$

分析　$\rho_{XY}=1$, 则 $P\{Y=a+bX\}=1$, 且 $b>0$, 故选 (B) 或 (D), 而 (B) 中, $E(Y)=E(2X-1)=2E(X)-1=-1$; (D) 中, $E(Y)=E(2X+1)=2E(X)+1=1$.

解　选 (D).

例 4.28　已知随机变量 X,Y 服从相同的分布, X 的分布律为

X	-1	0	1
P	$\frac{1}{4}$	$\frac{1}{2}$	$\frac{1}{4}$

且 $P\{|X|=|Y|\}=0$. 试求：

例 4.28

(1) X 与 Y 的联合概率分布；

(2) X 与 Y 的相关系数 ρ_{XY};

(3) X 与 Y 是否相互独立？

分析 一般由 X 和 Y 的分布不能确定 X、Y 的联合分布，本题还有另外已知条件；结论也说明 X、Y 不相关，X、Y 未必相互独立.

解 (1) 由题设有

$X\backslash Y$	-1	0	1	$p_{i\cdot}$
-1	0	p_{12}	0	$\frac{1}{4}$
0	p_{21}	0	p_{23}	$\frac{1}{2}$
1	0	p_{32}	0	$\frac{1}{4}$
$p_{\cdot j}$	$\frac{1}{4}$	$\frac{1}{2}$	$\frac{1}{4}$	1

于是有

$$p_{12}=\frac{1}{4},\quad p_{21}+p_{23}=\frac{1}{2},\quad p_{32}=\frac{1}{4},$$
$$p_{21}=\frac{1}{4},\quad p_{12}+p_{32}=\frac{1}{2},\quad p_{23}=\frac{1}{4}.$$

从而

$$p_{12}=\frac{1}{4},\quad p_{21}=\frac{1}{4},\quad p_{23}=\frac{1}{4},\quad p_{32}=\frac{1}{4}.$$

因此 X 与 Y 的联合分布律为

$X\backslash Y$	-1	0	1
-1	0	$\frac{1}{4}$	0
0	$\frac{1}{4}$	0	$\frac{1}{4}$
1	0	$\frac{1}{4}$	0

(2) 由于 $E(X)=0, E(Y)=0, E(XY)=\sum\limits_{i=1}^{3}\sum\limits_{j=1}^{3}x_i y_j p_{ij}=0,$

于是

$$\operatorname{cov}(X,Y)=E(XY)-E(X)E(Y)=0,$$

$$\rho_{XY}=\frac{\operatorname{cov}(X,Y)}{\sqrt{D(X)}\sqrt{D(X)}}=0.$$

(3) 由于

$$p_{11}=0\neq p_{1\cdot}p_{\cdot 1}=\frac{1}{4}\times\frac{1}{4}=\frac{1}{16},$$

所以 X 与 Y 不相互独立.

例 4.29　设二维随机变量 (X,Y) 在区域 $D=\{(x,y)|x^2+y^2\leqslant 1\}$ 上服从均匀分布，证明 X 与 Y 不相关，但 X 与 Y 不相互独立.

分析　对连续型随机变量，要讨论 X、Y 的相互独立性，需先求 X、Y 的边缘概率分布.

证明　(X,Y) 的概率密度为 $f(x,y)=\begin{cases}\dfrac{1}{\pi}, & x^2+y^2\leqslant 1,\\ 0, & \text{其他}.\end{cases}$

由于

$$E(X)=\int_{-\infty}^{+\infty}\int_{-\infty}^{+\infty}xf(x,y)\mathrm{d}x\mathrm{d}y=\iint\limits_{D}x\frac{1}{\pi}\mathrm{d}x\mathrm{d}y=0,$$

$$E(Y)=\int_{-\infty}^{+\infty}\int_{-\infty}^{+\infty}yf(x,y)\mathrm{d}x\mathrm{d}y=\iint\limits_{D}y\frac{1}{\pi}\mathrm{d}x\mathrm{d}y=0,$$

$$E(XY)=\int_{-\infty}^{+\infty}\int_{-\infty}^{+\infty}xyf(x,y)\mathrm{d}x\mathrm{d}y=\iint\limits_{D}xy\frac{1}{\pi}\mathrm{d}x\mathrm{d}y=0,$$

所以

$$\operatorname{cov}(X,Y)=E(XY)-E(X)E(Y)=0.$$

于是 $\rho_{XY}=0$, 即 X 与 Y 不相关.

(X,Y) 关于 X 和 Y 的边缘概率密度分别为

$$f_X(x)=\int_{-\infty}^{+\infty}f(x,y)\mathrm{d}y=\begin{cases}\dfrac{2}{\pi}\sqrt{1-x^2}, & -1\leqslant x\leqslant 1,\\ 0, & \text{其他},\end{cases}$$

$$f_Y(y)=\int_{-\infty}^{+\infty}f(x,y)\mathrm{d}x=\begin{cases}\dfrac{2}{\pi}\sqrt{1-y^2}, & -1\leqslant y\leqslant 1,\\ 0, & \text{其他}.\end{cases}$$

由于 $f(0,0)=\dfrac{1}{\pi}$, 而 $f_X(0)=\dfrac{2}{\pi}$, $f_Y(0)=\dfrac{2}{\pi}$, 显见

$$f(0,0)\neq f_X(0)f_Y(0).$$

因此 X 与 Y 不相互独立. □

例 4.30 已知三个随机变量 X、Y、Z 满足 $E(X)=E(Y)=E(Z)=-1$, $D(X)=D(Y)=D(Z)=1$, $\rho_{XY}=0$, $\rho_{XZ}=\dfrac{1}{2}$, $\rho_{YZ}=-\dfrac{1}{2}$, 求 $E(X+Y+Z)$ 和 $D(X+Y+Z)$.

分析 关键求方差, $D(X)=\mathrm{cov}(X,X)$, 用协方差性质计算.

解 $E(X+Y+Z)=E(X)+E(Y)+E(Z)=-3$,

$$\begin{aligned}D(X+Y+Z)&=\mathrm{cov}(X+Y+Z,X+Y+Z)\\&=D(X)+D(Y)+D(Z)+2\mathrm{cov}(X,Y)+2\mathrm{cov}(X,Z)+2\mathrm{cov}(Y,Z)\\&=3+2\times\frac{1}{2}+2\times\left(-\frac{1}{2}\right)=3.\end{aligned}$$

例 4.31 设二维随机变量 (X,Y) 在矩形域 $G=\{(x,y)\mid 0\leqslant x\leqslant 2,0\leqslant y\leqslant 1\}$ 上服从均匀方布. 记

$$U=\begin{cases}0, & X\leqslant Y,\\ 1, & X>Y,\end{cases}\quad V=\begin{cases}0, & X\leqslant 2Y,\\ 1, & X>2Y,\end{cases}$$

求 U,V 的相关系数.

解 由于

$$\begin{aligned}&P\{U=0,V=0\}=P\{X\leqslant Y\}=\frac{1}{4},\\&P\{U=0,V=1\}=P\{X\leqslant Y,x>2Y\}=0,\\&P\{U=1,V=0\}=P\{Y<X\leqslant 2Y\}=\frac{1}{4},\\&P\{U=1,V=1\}=P\{x>2Y\}=\frac{1}{2}.\end{aligned}$$

则 (U,V) 的概率分布为

$U \backslash V$	0	1
0	$\frac{1}{4}$	0
1	$\frac{1}{4}$	$\frac{1}{2}$

U 的概率分布为

U	0	1
P	$\frac{1}{4}$	$\frac{3}{4}$

V 的概率分布为

V	0	1
P	$\frac{1}{2}$	$\frac{1}{2}$

UV 的概率分布为

UV	0	1
P	$\frac{1}{2}$	$\frac{1}{2}$

则

$$E(U)=\frac{3}{4},\quad E(V)=\frac{1}{2},\quad E(UV)=\frac{1}{2}.$$

$$D(U)=\frac{3}{4}\left(1-\frac{3}{4}\right)=\frac{3}{16},\quad D(V)=\frac{1}{2}\left(1-\frac{1}{2}\right)=\frac{1}{4}.$$

$$\operatorname{cov}(U,V)=E(UV)-E(U)\cdot E(V)=\frac{1}{2}-\frac{3}{4}\cdot\frac{1}{2}=\frac{1}{8}.$$

$$\rho_{UV}=\frac{\operatorname{cov}(U,V)}{\sqrt{D(U)}\sqrt{D(V)}}=\frac{\frac{1}{8}}{\frac{\sqrt{3}}{4}\cdot\frac{1}{2}}=\frac{\sqrt{3}}{3}.$$

小结 随机变量的数字特征是概率论的重点内容之一，是学习数理统计的基础，必须熟练掌握它们的概念及性质，计算要熟练. 要熟记 0－1 分布、二项分布、泊松分布、几何分布、均匀分布、指数分布、正态分布的数学期望和方差. 随机变量的函数的数学期望是难点. 要掌握两个随机变量相互独立与不相关的关系.

四、常见错误类型分析

例 4.32 设随机变量 X 的概率密度为

$$f(x)=\begin{cases}\dfrac{1}{\theta}\mathrm{e}^{-\frac{x}{\theta}}, & x>0,\\ 0, & x\leqslant 0,\end{cases}$$

其中 $\theta>0$, 求 $E(X)$.

错误结论 $E(X)=\dfrac{1}{\theta}$.

错因分析 X 所服从的分布是指数分布，当参数为 λ 时，概率密度为

$$f(x)=\begin{cases}\lambda\mathrm{e}^{-\lambda x}, & x>0,\\ 0, & x\leqslant 0,\end{cases}$$

数学期望为 $E(X)=\dfrac{1}{\lambda}$. 误将 θ 当作 λ.

正确结论 $E(X)=\theta$.

例 4.33 设 $D(X)=4, D(Y)=2, \operatorname{cov}(X,Y)=-\dfrac{1}{2}$, 求 $D(X-Y)$.

错误解法 $D(X-Y)=D(X)-D(Y)=2$, 或 $D(X-Y)=D(X)+D(Y)=6$.

错因分析 误将期望的性质用于方差，而性质 $D(X-Y)=D(X)+D(Y)$ 是有条件的：要求 X 与 Y 独立或者不相关.

正确解法 $D(X-Y)=D(X)+D(Y)-2\operatorname{cov}(X,Y)=7$.

例 4.34 设随机变量 X 的期望 $E(X)$ 及方差 $D(X)$ 都存在，且 $D(X)>0, X^*=\dfrac{X-E(X)}{\sqrt{D(X)}}$, 问 X^* 是否服从标准正态分布？

错误结论 $X^*\sim N(0,1)$.

错因分析 $E(X^*)=0, D(X^*)=1$. 称 $X^*=\dfrac{X-E(X)}{\sqrt{D(X)}}$ 是把 X 标准化，但并不是说 X^* 服从标准正态分布. 如 X 服从参数为 $p=\dfrac{1}{2}$ 的 0－1 分布，其分布律为

X	0	1
P	$\frac{1}{2}$	$\frac{1}{2}$

$X^* = \dfrac{X - E(X)}{\sqrt{D(X)}} = \dfrac{X - \dfrac{1}{2}}{\sqrt{\dfrac{1}{2}\left(1 - \dfrac{1}{2}\right)}} = 2X - 1, X^*$ 的分布律为

X^*	-1	1
P	$\frac{1}{2}$	$\frac{1}{2}$

显见 X^* 不是标准正态分布.

正确结论　当 $X \sim N(\mu, \sigma^2)$ 时，$X^* = \dfrac{X - \mu}{\sigma} \sim N(0,1)$.

五、疑难问题解答

1. 如例 4.10, 离散型随机变量 X 取无穷多个值时，数字特征的计算，需求无穷级数的和. 常用到等比级数求和公式 $\sum\limits_{n=0}^{\infty} aq^n = \dfrac{a}{1-q}$ $(|q| < 1)$ 以及幂级数求和方法.

2. 如例 4.15 、例 4.24, 连续型随机变量，当 X 取值为无穷区间时，数字特征的计算需求广义积分，常用到概率积分 $\int_0^{+\infty} \mathrm{e}^{-x^2} \mathrm{d}x = \dfrac{\sqrt{\pi}}{2}$ 或 $\int_{-\infty}^{+\infty} \dfrac{1}{\sqrt{2\pi}} \mathrm{e}^{-\frac{x^2}{2}} \mathrm{d}x = 1$. 注意应用换元、分部积分法.

二维随机变量，要注意二重积分、广义二重积分的计算.

3. 是否任何一个随机变量的数学期望都存在呢？

答　否.

例如，设随机变量 X 的概率分布为

$$P\{X = (-1)^{j+1} \frac{3^j}{j}\} = \frac{2}{3^j}, \quad j = 1, 2, \cdots.$$

由于

$$\sum_{j=1}^{\infty} |x_j| P_j = \sum_{j=1}^{\infty} \left| (-1)^{j+1} \frac{3^j}{j} \right| \cdot \frac{2}{3^j} = \sum_{j=1}^{\infty} \frac{2}{j} = 2 \sum_{j=1}^{\infty} \frac{1}{j},$$

而 $\sum\limits_{j=1}^{\infty}\frac{1}{j}$ 为调和级数，是发散的，所以 $E(X)$ 不存在.

又如，设随机变量 X 的概率密度为

$$f(x)=\frac{1}{\pi(1+x^2)},\quad -\infty<x<+\infty,$$

称此随机变量服从柯西 (Cauchy) 分布. 由于

$$\int_0^{+\infty}xf(x)\mathrm{d}x=\int_0^{+\infty}\frac{x}{\pi(1+x^2)}\mathrm{d}x=\frac{1}{2\pi}\ln(1+x^2)\Big|_0^{+\infty}=+\infty,$$

即知 $\int_{-\infty}^{+\infty}xf(x)\mathrm{d}x$ 发散，因此 $E(X)$ 不存在.

4. 两个随机变量相互独立与不相关等价吗？

答 否.

当 X 与 Y 相互独立时，由于

$$E(XY)=E(X)E(Y),$$

所以

$$\operatorname{cov}(X,Y)=E(XY)-E(X)E(Y)=0,$$

于是

$$\rho_{XY}=\frac{\operatorname{cov}(X,Y)}{\sqrt{D(X)}\sqrt{D(Y)}}=0,$$

即知 X 与 Y 不相关.

但是，当 X 与 Y 不相关时，未必得到 X 与 Y 相互独立，如例 4.27 、例 4.28 、例 4.29.

当 (X,Y) 服从二维正态分布时，X 与 Y 相互独立等价于 X 与 Y 不相关.

练习 4

1. 设随机变量 X 服从参数为 1 的指数分布，求 $E(X+\mathrm{e}^{-2X})$.

2. 已知 10 件产品中有 2 件次品，X 表示随机抽取 3 件产品中次品的件数，求 $E(X)$ 和 $D(X)$.

3. 设 X 表示 10 次射击中命中目标的次数，如果每次射击的命中率为 0.4，求 $E(X^2)$.

4. 将一颗骰子重复地掷 10 次，求所得点数之和的数学期望.

5. 设随机变量 X 的概率密度为

$$f(x)=\begin{cases} 2\cos 2x, & 0<x<\dfrac{\pi}{4}, \\ 0, & \text{其他}, \end{cases}$$

求 $E(X)$ 和 $D(X)$.

6. 设随机变量 X 在区间 $[1,5]$ 上服从均匀分布，对 X 进行 10 次独立观测，Y 表示 10 次观测中事件 $\{X>3\}$ 发生的次数，求 $E(Y^2)$.

7. 设随机变量 X 的分布函数为

$$F(x)=\begin{cases} 1-\dfrac{a^3}{x^3}, & x\geqslant a, \\ 0, & x<a, \end{cases}$$

求 X 的数学期望和方差.

8. 设 X 与 Y 相互独立，且 $X\sim N(0,1), Y\sim \pi(2), Z=2X-Y+3$, 求 $E(Z)$ 与 $D(Z)$.

9. 设 $D(X)=4, D(Y)=9, \rho_{XY}=-\dfrac{1}{2}$, 求 $D(X-2Y)$.

10. 设 $X\sim N(0,1)$, 求 $Y=X|X|$ 的数学期望.

11. 设 X 在 $[-2,2]$ 上服从均匀分布，记

$$Y=\begin{cases} -1, & X<0, \\ 0, & X=0, \\ 1, & X>0, \end{cases}$$

求 $E(Y)$ 与 $D(Y)$.

12. 设随机变量 X 的概率密度为

$$f(x)=\begin{cases} a+bx^2, & 0<x<1, \\ 0, & \text{其他}, \end{cases}$$

已知 $E(X)=\dfrac{3}{5}$, 求常数 a 和 b 的值.

13. 一个商店每天的销售量 X 是一个随机变量，其概率分布为

X	0	1	3	4	6
P	0.1	0.2	0.2	0.3	0.2

每天的利润 $Y=2X^2-X-2$, 求每天的平均利润.

14. 设二维随机变量 (X,Y) 的分布律为

$X \backslash Y$	0	1	2
0	0.1	0.25	0.15
1	0.15	0.2	0.15

求 $Z=\sin\dfrac{\pi(X+Y)}{2}$ 的数学期望.

15. 设二维随机变量 (X,Y) 的概率密度为

$$f(x,y)=\begin{cases} K, & 0<x<1, 0<y<x, \\ 0, & \text{其他}, \end{cases}$$

求常数 K 、 $E(X)$ 和 $E(XY)$.

16. 设二维随机变量 (X,Y) 的概率分布为

$X \backslash Y$	-1	0	1
-1	$\frac{1}{8}$	$\frac{1}{8}$	$\frac{1}{8}$
0	$\frac{1}{8}$	0	$\frac{1}{8}$
1	$\frac{1}{8}$	$\frac{1}{8}$	$\frac{1}{8}$

证明 X 与 Y 不相关, 但 X 与 Y 不相互独立.

17. 设二维随机变量 (X,Y) 在区域 $G=\{(x,y)|0<x<1,|y|<x\}$ 上服从均匀分布, 证明 X 与 Y 不相关, 但 X 与 Y 不相互独立.

18. 设随机变量 X 与 Y 相互独立, 服从同一分布 $N(\mu,\sigma^2)$, 令 $Z=\alpha X+\beta Y$, $W=\alpha X-\beta Y$(α,β 为常数), 求 Z 与 W 的相关系数.

练习 4 参考答案与提示

1. $\dfrac{4}{3}$.

2. 0.6, 0.373.

3. $X \sim B(10, 0.4)$, $\quad E(X^2) = D(X) + [E(X)]^2 = 18.4.$

4. 以 X_i 表示第 i 次掷骰子所得点数，其概率分布为

$$P\{X_i = k\} = \frac{1}{6}, \quad k = 1, 2, \cdots, 6,$$

$$X = \sum_{i=1}^{10} X_i, \quad E(X) = \sum_{i=1}^{10} E(X_i) = 35.$$

5. $\dfrac{\pi}{4} - \dfrac{1}{2}, \quad \dfrac{\pi}{4} - \dfrac{1}{2}.$

6. $P\{X > 3\} = \dfrac{1}{2}, \quad Y \sim B(10, \dfrac{1}{2}), \quad E(Y^2) = 27.5.$

7. $f(x) = F'(x) = \begin{cases} \dfrac{3a^3}{x^4}, & x \geqslant a, \\ 0, & x < a. \end{cases}$

$$E(X) = \int_{-\infty}^{+\infty} x f(x) \mathrm{d}x = \int_{a}^{+\infty} \frac{3a^3}{x^3} \mathrm{d}x = \frac{3}{2}a.$$

$$E(X^2) = \int_{-\infty}^{+\infty} x^2 f(x) \mathrm{d}x = \int_{a}^{+\infty} \frac{3a^3}{x^2} \mathrm{d}x = 3a^2.$$

$$D(X) = E(X^2) - [E(X)]^2 = \frac{3}{4}a.$$

8. 1, 　6.

9. 52.

10. 0.

11.

Y	-1	0	1
P	$\frac{1}{2}$	0	$\frac{1}{2}$

$E(Y) = 0, \quad D(Y) = 1.$

12. 由 $\begin{cases} 1 = \displaystyle\int_{-\infty}^{+\infty} f(x) \mathrm{d}x = a + \frac{b}{2}, \\ \dfrac{3}{5} = E(X) = \displaystyle\int_{-\infty}^{+\infty} x f(x) \mathrm{d}x = \frac{a}{2} + \frac{b}{4} \end{cases}$ 得，$a = \dfrac{3}{5}, b = \dfrac{6}{5}.$

13. $Y = 2X^2 - X - 2$ 的分布律为

Y	-2	-1	13	26	64
P	0.1	0.2	0.2	0.3	0.2

$$E(Y) = -2 \times 0.1 - 1 \times 0.2 + 13 \times 0.2 + 26 \times 0.3 + 64 \times 0.2 = 32.8.$$

14. $$\begin{aligned} E(Z) = E\left[\sin\frac{\pi(X+Y)}{2}\right] &= \sin 0 \times 0.1 + \sin\frac{\pi}{2} \times 0.25 \\ &+ \sin\pi \times 0.15 + \sin\frac{\pi}{2} \times 0.15 + \sin\pi \times 0.2 + \sin\frac{3\pi}{2} \times 0.15 \\ &= 0.25. \end{aligned}$$

15. $K = 2$, $\quad E(X) = \int_{-\infty}^{+\infty}\int_{-\infty}^{+\infty} xf(x,y)\mathrm{d}x\mathrm{d}y = \dfrac{2}{3}$,

$$E(XY) = \int_{-\infty}^{+\infty}\int_{-\infty}^{+\infty} xyf(x,y)\mathrm{d}x\mathrm{d}y = \frac{1}{4}.$$

16. 略.

17. 略.

18. $E(Z) = (\alpha+\beta)\mu, \quad E(W) = (\alpha-\beta)\mu$,

$$D(Z) = (\alpha^2+\beta^2)\sigma^2, \quad D(W) = (\alpha^2+\beta^2)\sigma^2,$$

$$E(ZW) = E(\alpha^2X^2 - \beta^2Y^2) = (\alpha^2-\beta^2)(\sigma^2+\mu^2),$$

$$\rho_{ZW} = \frac{\operatorname{cov}(Z,W)}{\sqrt{D(Z)}\sqrt{D(W)}} = \frac{E(ZW)-E(Z)E(W)}{\sqrt{D(Z)}\sqrt{D(W)}} = \frac{\alpha^2-\beta^2}{\alpha^2+\beta^2}.$$

综合练习 4

1. 填空题

(1) 已知随机变量 X 的概率密度为 $f(x) = \dfrac{1}{\sqrt{\pi}}\mathrm{e}^{-x^2+2x-1}$, 则 $E(X) =$ ________, $D(X) =$ ________.

(2) 设 $X \sim N(1,2), Y \sim \pi(3)$, 则 $E(2X-Y+1) =$ ________.

(3) 设离散型随机变量 X 可能取值为 $-1,0,1$, 其分布函数为

$$F(x) = \begin{cases} 0, & x < -1, \\ 0.3, & -1 \leqslant x < 0, \\ 0.7, & 0 \leqslant x < 1, \\ 1, & x \geqslant 1, \end{cases}$$

则 $E(X)=$ ________, $D(X)=$ ________.

(4) 设随机变量 X 在区间 $(1,3)$ 内服从均匀分布,则 $E(X^2)=$ ________.

(5) 设二维随机变量 (X,Y) 的概率密度为

$$f(x,y)=\begin{cases} \mathrm{e}^{-(x+y)}, & x>0,y>0, \\ 0, & \text{其他}, \end{cases}$$

则 $E(XY)=$ ________.

(6) 将一枚硬币重复掷 n 次，以 X 和 Y 分别表示正面和反面出现的次数，则 X 与 Y 的相关系数 $\rho_{XY}=$ ________.

2. 选择题

(1) 已知 $X\sim B(n,p)$, 且 $E(X)=2, D(X)=1.6$, 则有 (　　).

(A) $n=5,\ p=0.4$　　(B) $n=10,\ p=0.2$

(C) $n=4,\ p=0.5$　　(D) $n=8,\ p=0.25$

(2) 对于任意两个随机变量 X 和 Y, 如果 $E(XY)=E(X)E(Y)$, 则有 (　　).

(A) X 与 Y 独立　　(B) X 与 Y 不独立

(C) $D(XY)=D(X)D(Y)$　　(D) $D(X+Y)=D(X)+D(Y)$

(3) 设 $X\sim N(1,\sigma^2)$, 则有 (　　).

(A) $D(X)=E(X^2)$　　(B) $D(X)\geqslant E(X^2)$

(C) $D(X)<E(X^2)$　　(D) $D(X)>E(X^2)$

(4) 设 X 是一个随机变量，且 $E(X)=\mu, D(X)=\sigma^2$, 则对于任意常数 C, 必有 (　　).

(A) $E\left[(X-C)^2\right]\geqslant E\left[(X-\mu)^2\right]$　　(B) $E\left[(X-C)^2\right]=E\left[(X-\mu)^2\right]$

(C) $E\left[(X-C)^2\right]<E\left[(X-\mu)^2\right]$　　(D) $E\left[(X-C)^2\right]=E(X^2)-C^2$

(5) 已知 X 与 Y 的联合分布如下表所示，则有 (　　).

X \ Y	-1	0	1
-1	0	$\frac{1}{4}$	0
0	$\frac{1}{4}$	0	$\frac{1}{4}$
1	0	$\frac{1}{4}$	0

(A) X 与 Y 相互独立　　(B) X 与 Y 不相关

(C) $\rho_{XY} < 0$ (D) $\rho_{XY} > 0$

(6) 设 $E(X) = \mu, D(X) = \sigma^2 \neq 0$, 若使 $E(a + bX) = 0, D(a + bX) = 1$, 则 a 和 b 的取值为 ( ).

(A) $a = -\dfrac{\mu}{\sigma}, b = \dfrac{1}{\sigma}$ (B) $a = -\dfrac{1}{\sigma}, b = \dfrac{\mu}{\sigma}$

(C) $a = -\mu, b = \sigma$ (D) $a = \mu, b = \dfrac{1}{\sigma}$

3. 设随机变量 X 的分布律为

X	-2	0	1
P	0.3	0.4	0.3

求 $D(X)$.

4. 设随机变量 X 的概率密度为

$$f(x) = \begin{cases} \dfrac{3x^2}{A^3}, & 0 < x < A, \\ 0, & \text{其他}, \end{cases}$$

已知 $P\{X > 1\} = \dfrac{7}{8}$, 求 A 和 $E(X)$.

5. 设随机变量 X 的概率密度为

$$f(x) = \begin{cases} ax^2 + bx + c, & 0 \leqslant x \leqslant 1, \\ 0, & \text{其他}, \end{cases}$$

已知 $E(X) = 0.5, D(X) = 0.15$, 求常数 a 、b 、c 的值.

6. 设二维随机变量 (X, Y) 在区域 $G = \{(x, y) | 0 < x < 1, |y| < x\}$ 上服从均匀分布, 证明 X 与 Y 不相关, 但 X 与 Y 不相互独立.

7. 已知 $X \sim N(1, 9), Y \sim N(0, 16)$, X 与 Y 的相关系数为 $\rho_{XY} = -\dfrac{1}{2}$, 设 $Z = \dfrac{X}{3} + \dfrac{Y}{2}$, 求 X 与 Z 的相关系数 ρ_{XZ}.

8. 设某种商品每周的需求量是在区间 $[10, 30]$ 上服从均匀分布的随机变量, 而经销商进货数量为区间 $[10, 30]$ 上的某一个整数, 每销售 1 单位的商品可获利 500 元; 若供大于求则削价处理, 每处理 1 单位的商品亏损 100 元; 若供不应求, 则从其他商店调剂供应, 每调剂 1 单位的商品可获利 300 元. 为使每周获利的期望值不少于 9280 元, 试确定进货量.

综合练习 4 参考答案与提示

1. (1) 1, $\frac{1}{2}$;　(2) 0;　(3) 0, 0.6;　(4) $\frac{13}{3}$;　(5) 1;　(6) -1.

2. (1) (B);　(2) (D);　(3) (C);　(4) (A);　(5) (B);　(6) (A).

3. 1.41.

4. 由 $\frac{7}{8}=P\{X>1\}=\int_1^A \frac{3x^2}{A^3}\mathrm{d}x=\frac{A^3-1}{A^3}$ 得，$A=2$,

$$E(X)=\int_{-\infty}^{+\infty} xf(x)\mathrm{d}x=\int_0^2 \frac{3x^3}{8}\mathrm{d}x=\frac{3}{2}.$$

5. 由 $\int_{-\infty}^{+\infty} f(x)\mathrm{d}x=1, E(X)=0.5, E(X^2)=D(X)+[E(X)]^2=0.4$ 建立方程组

$$\begin{cases}\frac{a}{3}+\frac{b}{2}+c=1,\\ \frac{a}{4}+\frac{b}{3}+\frac{c}{2}=0.5,\\ \frac{a}{5}+\frac{b}{4}+\frac{c}{3}=0.4,\end{cases}$$

解得 $a=12, b=-12, c=3$.

6. 略.

7.
$$\begin{aligned}\operatorname{cov}(X,Z)&=\operatorname{cov}\left(X,\frac{X}{3}+\frac{Y}{2}\right)\\ &=\operatorname{cov}\left(X,\frac{X}{3}\right)+\operatorname{cov}\left(X,\frac{Y}{2}\right)\\ &=\frac{1}{3}\operatorname{cov}(X,X)+\frac{1}{2}\operatorname{cov}(X,Y)\\ &=\frac{1}{3}D(X)+\frac{1}{2}\rho_{XY}\sqrt{D(X)}\sqrt{D(Y)}\\ &=\frac{1}{3}\times 9+\frac{1}{2}\times\left(-\frac{1}{2}\right)\times\sqrt{9}\times\sqrt{16}\\ &=0.\end{aligned}$$

8. 设进货量为 t, 每周获利 Y 与需求量 X 的关系为

$$\begin{aligned}Y=g(X)&=\begin{cases}500X-100(t-X), & X<t,\\ 500t+300(X-t), & X\geqslant t\end{cases}\\ &=\begin{cases}600X-100t, & X<t,\\ 300X+200t, & X\geqslant t,\end{cases}\quad 10\leqslant t\leqslant 30.\end{aligned}$$

由 X 在 $[10,30]$ 上服从均匀分布知，X 的密度为

$$f(x)=\begin{cases}\dfrac{1}{20}, & 10\leqslant x\leqslant 30,\\ 0, & \text{其他}.\end{cases}$$

于是，Y 的数学期望为

$$\begin{aligned}E(Y)&=E\left[g(X)\right]=\int_{-\infty}^{+\infty}g(x)f(x)\mathrm{d}x=\int_{10}^{30}\frac{1}{20}g(x)\mathrm{d}x\\&=\int_{10}^{t}\frac{1}{20}\left(600x-100t\right)\mathrm{d}x+\int_{t}^{30}\frac{1}{20}\left(300x+200t\right)\mathrm{d}x\\&=\frac{1}{20}\left(-150t^2+7000t+105000\right),\end{aligned}$$

由题意 $E(Y)\geqslant 9280$ 有

$$-150t^2+7000t-80600\geqslant 0,$$

解得 $20.7\leqslant t\leqslant 26$. 由于 t 为整数，所以每周进货量应在 $21\sim 26$ 个单位.

第 4 章自测题

第 5 章　大数定律和中心极限定理

一、主要内容

切比雪夫 (Chebyshev) 不等式，切比雪夫大数定律，伯努利 (Bernoulli) 大数定律，辛钦 (Khinchine) 大数定理，列维 - 林德伯格 (Levy-Lindberg) 中心极限定理，德莫弗 - 拉普拉斯 (Demoivre-Laplace) 中心极限定理.

二、教学要求

1. 理解切比雪夫不等式.
2. 了解按概率收敛的定义.
3. 了解切比雪夫大数定律、伯努利大数定律、辛钦大数定律.
4. 了解依分布收敛的概念.
5. 了解列维 - 林德伯格中心极限定理、德莫弗 - 拉普拉斯中心极限定理.

三、例题选讲

例 5.1　设随机变量 X 和 Y 的数学期望分别为 -2 和 2, 方差分别为 1 和 4, 而相关系数为 -0.5, 则根据切比雪夫不等式, 有 $P\{|X+Y|\geqslant 6\}\leqslant$ __________.

解　由于

$$\begin{aligned}
E(X+Y) &= E(X)+E(Y) = -2+2 = 0,\\
D(X+Y) &= D(X)+D(Y)+2\mathrm{cov}(X,Y)\\
&= D(X)+D(Y)+2\rho_{XY}\sqrt{D(X)}\sqrt{D(Y)}\\
&= 1+4+2\times(-0.5)\times\sqrt{1}\times\sqrt{4} = 3,
\end{aligned}$$

所以, 由切比雪夫不等式得

$$\begin{aligned}
P\{|X+Y|\geqslant 6\} &= P\{|X+Y-E(X+Y)|\geqslant 6\}\\
&\leqslant \frac{D(X+Y)}{6^2} = \frac{1}{12}.
\end{aligned}$$

应填 $\dfrac{1}{12}$.

例 5.2 随机变量 $X_1, X_2, \cdots$ 相互独立，概率密度均为

$$f(x)=\begin{cases} 2x^{-3}, & x \geqslant 1, \\ 0, & x<1, \end{cases}$$

则 $X_i(i=1,2,\cdots)$(　　).

(A) 满足切比雪夫不等式的条件

(B) 不满足切比雪夫不等式的条件

(C) 满足切比雪夫大数定律的条件

(D) 不满足切比雪夫大数定律的条件

例 5.2

分析 本题主要考查切比雪夫不等式与切比雪夫大数定律的条件与结论. 因为

$$\begin{aligned} E\left(X_i\right) &= \int_{-\infty}^{+\infty} x f(x) \mathrm{d} x=2 \int_1^{+\infty} \frac{\mathrm{d} x}{x^2}=2, \\ D\left(X_i\right) &= \int_{-\infty}^{+\infty}\left[x-E\left(X_i\right)\right]^2 f(x) \mathrm{d} x \\ &= 2 \int_1^{+\infty}(x-2)^2 x^{-3} \mathrm{~d} x=+\infty, \end{aligned}$$

故 $D\left(X_i\right)$ 不存在，所以 $X_i(i=1,2,\cdots)$ 都不满足切比雪夫不等式的条件，也不满足大数定律条件，因而 (B) 、(D) 都是正确的.

例 5.3 设随机变量 $X_1, X_2, \cdots, X_n, \cdots$ 相互独立，则根据列维—林德伯格中心极限定理，当 n 充分大时， $X_1+X_2+\cdots+X_n$ 近似服从正态分布，只要 $X_i(i=1,2,\cdots)$ 满足条件 (　　).

(A) 具有相同的数学期望和方差

(B) 服从同一离散型分布

(C) 服从同一连续型分布

(D) 服从同一指数分布

例 5.3

分析 列维—林德伯格中心极限定理要求随机变量 $X_1, X_2, \cdots, X_n, \cdots$ 相互独立、服从相同的分布，期望 $E\left(X_i\right)$ 和方差 $D\left(X_i\right)$ 存在. 具有相同的数学期望和方差未必服从相同的分布；服从同一离散型分布或服从同一连续型分布不能保证期望和方差存在，因此 A 、 B 、 C 不正确，应选 (D).

例 5.4 设 $X_1, X_2, \cdots, X_n, \cdots$ 相互独立，且 $X_i \sim \pi(\lambda), \quad i=1,2, \cdots$, 则 (　　) 正确.

(A) $\lim\limits_{n\to\infty} P\left\{(\sum\limits_{i=1}^{n} X_i - n\lambda)/\sqrt{n\lambda} \leqslant x\right\} = \Phi(x)$

(B) 当 n 充分大时，$\sum\limits_{i=1}^{n} X_i$ 近似服从标准正态分布

(C) 当 n 充分大时，$\sum\limits_{i=1}^{n} X_i$ 近似服从正态分布 $N(\lambda, n\lambda)$

(D) $\lim\limits_{n\to\infty} P\left\{\sum\limits_{i=1}^{n} X_i \leqslant x\right\} = \Phi(x)$

分析　$X_i \sim \pi(\lambda), i=1,2,\cdots$, 则 $E(X_i)=\lambda$, $D(X_i)=\lambda\neq 0$, $X_1, X_2, \cdots, X_n, \cdots$ 独立同分布，则可由独立同分布中心极限定理讨论.

解　由独立同分布中心极限定理及 $E(X_i)=D(X_i)=\lambda$ 得

$$\lim_{n\to\infty} P\left\{\frac{\sum\limits_{i=1}^{n} X_i - n\lambda}{\sqrt{n\lambda}} \leqslant x\right\} = \Phi(x),$$

故选 (A).

例 5.5　设 $X_1, X_2, \cdots, X_{1000}$ 相互独立, 同分布, 且 $X_i \sim (0,1)$, $(i=1,2,\cdots)$, 参数为 p, 则 (　　) 不正确.

(A) $\dfrac{1}{1000}\sum\limits_{i=1}^{1000} X_i \approx p$

(B) $\sum\limits_{i=1}^{1000} X_i$ 近似服从 $B(1000, p)$

(C) $P\left\{a < \sum\limits_{i=1}^{1000} X_i < b\right\} \approx \Phi(b) - \Phi(a)$

(D) $P\left\{a < \sum\limits_{i=1}^{1000} X_i < b\right\} \approx \Phi\left(\dfrac{b-1000p}{\sqrt{1000p(1-p)}}\right) - \Phi\left(\dfrac{a-1000p}{\sqrt{1000p(1-p)}}\right)$

分析　由于每个 X_i 服从 $(0-1)$ 分布，而 $X_1, X_2, \cdots, X_{1000}$ 相互独立，则 $\sum\limits_{i=1}^{1000} X_i \sim B(1000, p)$, 由德莫弗 - 拉普拉斯定理可得.

解　已知 $\dfrac{\sum\limits_{i=1}^{1000} X_i}{1000}$ 为在 1000 次试验中，服从 $(0,1)$ 分布的随机变量取值为 1 发生的频率. 由频率稳定性即得 (A).

由于

$$\lim_{n\to\infty} P\left\{\frac{\sum_{i=1}^{1000} X_i - 1000p}{\sqrt{1000p(1-p)}} \leqslant x\right\} = \Phi(x),$$

得 (D). 而 $\sum_{i=1}^{1000} X_i$ 近似服从 $N(1000p, 1000p(1-p))$.

将其标准化 $\dfrac{\sum_{i=1}^{1000} X_i - 1000p}{\sqrt{1000p(1-p)}}$ 近似服从 $N(0,1)$. 故选 (C).

例 5.6 随机地掷 6 颗骰子，利用切比雪夫不等式估计 6 颗骰子点数之和大于 14 小于 28 的概率至少是多少？

分析 以 $X_i(i=1,2,\cdots,6)$ 表示第 i 颗骰子出现的点数，则有

X_i	1	2	3	4	5	6
P	$\frac{1}{6}$	$\frac{1}{6}$	$\frac{1}{6}$	$\frac{1}{6}$	$\frac{1}{6}$	$\frac{1}{6}$

6 颗骰子点数之和 $X=\sum_{i=1}^{6} X_i$, 经计算可得

$$E(X)=6E(X_i)=21, \quad D(X)=6D(X_i)=\frac{35}{2}.$$

再利用切比雪夫不等式.

解 由于

$$E(X_i)=(1+2+3+4+5+6)\times\frac{1}{6}=\frac{7}{2}, \quad i=1,2,\cdots,6,$$
$$E(X_i^2)=(1^2+2^2+3^2+4^2+5^2+6^2)\times\frac{1}{6}=\frac{91}{6}, \quad i=1,2,\cdots,6,$$
$$D(X_i)=E(X_i^2)-[E(X_i)]^2=\frac{91}{6}-\left(\frac{7}{2}\right)^2=\frac{35}{12}, \quad i=1,2,\cdots,6,$$

所以，由 X_1,X_2,X_3,X_4,X_5,X_6 相互独立有

$$E(X)=E\left(\sum_{i=1}^{6} X_i\right)=6E(X_i)=21,$$
$$D(X)=D\left(\sum_{i=1}^{6} X_i\right)=6D(X_i)=\frac{35}{2}.$$

根据切比雪夫不等式有

$$P\{14<X<28\}=P\{|X-21|<7\}$$
$$\geqslant 1-\frac{D(X)}{7^2}=\frac{9}{14}.$$

例 5.7　用切比雪夫不等式确定当掷一枚均匀硬币时，需至少掷多少次，才能保证正面出现的频率在 0.4 至 0.6 之内的概率不小于 0.95.

分析　设所需次数为 n, 以 n_A 表示正面出现的次数，则 $n_A\sim B(n,\frac{1}{2})$, 正面出现的频率为 $\frac{n_A}{n}$.

解　由于 $n_A\sim B(n,\frac{1}{2}),E(n_A)=\frac{n}{2},D(n_A)=\frac{n}{4}$. 于是有

$$E\left(\frac{n_A}{n}\right)=\frac{1}{2},\quad D\left(\frac{n_A}{n}\right)=\frac{1}{4n}.$$

由切比雪夫不等式有

$$P\left\{0.4<\frac{n_A}{n}<0.6\right\}=P\left\{\left|\frac{n_A}{n}-\frac{1}{2}\right|<0.1\right\}$$
$$\geqslant 1-\frac{D\left(\frac{n_A}{n}\right)}{0.1^2}=1-\frac{25}{n},$$

令 $1-\frac{25}{n}\geqslant 0.95$, 得 $n\geqslant 500$, 故至少掷 500 次.

例 5.8　将一枚骰子重复掷 n 次，n 次所得点数的平均值记为 $\overline{X}_n$, 则当 $n\to\infty$ 时，$\overline{X}_n$ 按概率应收敛于多少？

分析　对于随机变量序列 $X_1,X_2,\cdots,X_n,\cdots$, 若对于任意 $\varepsilon>0$ 及常数 a, 有

$$\lim_{n\to\infty}P\{|X_n-a|<\varepsilon\}=1,$$

则称 X_n 按概率收敛于 a, 记作 $X_n\xrightarrow{P}a$.

利用辛钦大数定律.

解　以 X_k 表示第 k 次掷骰子所得的点数,

$$P\{X_k=i\}=\frac{1}{6}\quad(i=1,2,\cdots,6),$$

且 $\mu = E(X_k) = \dfrac{7}{2}$. 显然 $X_1, X_2, \cdots, X_n$ 相互独立同分布，且 $E\left(\overline{X}_n\right) = \dfrac{1}{n}\sum_{k=1}^{n} E\left(X_k\right) = \dfrac{7}{2}$. 因此，根据辛钦大数定律，对任意 $\varepsilon > 0$, 有

$$\lim_{n\to\infty} P\left\{\left|\frac{1}{n}\sum_{k=1}^{n} X_k - \frac{7}{2}\right| < \varepsilon\right\} = 1,$$

即 $\overline{X}_n = \dfrac{1}{n}\sum_{k=1}^{n} X_k \xrightarrow{P} \dfrac{7}{2}$.

例 5.9 设随机变量 $X_1, X_2, \cdots, X_{100}$ 相互独立同分布，$E(X_i) = 1, D(X_i) = 16\ (i = 1, 2, \cdots, 100), \overline{X} = \dfrac{1}{100}\sum_{i=1}^{100} X_i$, 求 $P\{0 \leqslant \overline{X} \leqslant 2\}$.

分析 当 $X_1, X_2, \cdots, X_n, \cdots$ 相互独立且服从同一分布时，若 $E(X_i) = \mu, D(X_i) = \sigma^2\ (i = 1, 2, \cdots)$ 都存在，则对任意实数 x, 有

$$\lim_{n\to\infty} P\left\{\frac{\dfrac{1}{n}\sum_{i=1}^{n} X_i - \mu}{\dfrac{\sigma}{\sqrt{n}}} \leqslant x\right\} = \Phi(x) = \int_{-\infty}^{x} \frac{1}{\sqrt{2\pi}} \mathrm{e}^{-\frac{t^2}{2}}\,\mathrm{d}t,$$

即当 n 充分大 ($n \geqslant 50$) 时，$\dfrac{\dfrac{1}{n}\sum_{i=1}^{n} X_i - \mu}{\dfrac{\sigma}{\sqrt{n}}}$ 近似服从标准正态分布，这就是独立同分布 (列维 - 林德伯格) 中心极限定理.

解 由中心极限定理知 $\dfrac{\overline{X} - 1}{\dfrac{4}{\sqrt{100}}}$ 近似服从 $N(0, 1)$, 所以

$$\begin{aligned} P\{0 \leqslant \overline{X} \leqslant 2\} &= P\left\{-\frac{10}{4} \leqslant \frac{\overline{X} - 1}{\dfrac{4}{\sqrt{100}}} \leqslant \frac{10}{4}\right\} \approx \Phi(2.5) - \Phi(-2.5) \\ &= 2\Phi(2.5) - 1 = 0.9876. \end{aligned}$$

例 5.10 一名射击运动员在一次射击中所得环数 X 的概率分布为

X	5	6	7	8	9	10
P	0.02	0.03	0.05	0.1	0.3	0.5

试问在 100 次独立射击中所得总环数介于 900 环至 940 环之间的概率是多少？

分析　以 X_i 表示第 i 次射击打中的环数 $(i=1,2,\cdots,100)$, 则 $X_1,X_2,\cdots,X_{100}$ 独立同分布，总环数为 $\sum\limits_{i=1}^{100}X_i$. 利用中心极限定理.

解　由于 X_i 与 X 同分布，则有

$$\mu=E(X_i)=E(X)=9.13,\quad \sigma^2=D(X_i)=D(X)=1.37,\quad i=1,2,\cdots,100.$$

据独立同分布的中心极限定理，对任意实数 x, 有

$$\lim_{n\to\infty}P\left\{\frac{\sum\limits_{i=1}^{n}X_i-n\mu}{\sqrt{n}\sigma}\leqslant x\right\}=\Phi(x),$$

因此，所求概率为

$$P\left\{900\leqslant\sum_{i=1}^{100}X_i\leqslant 940\right\}=P\left\{\frac{900-913}{\sqrt{100\times1.37}}\leqslant\frac{\sum\limits_{i=1}^{100}X_i-913}{\sqrt{100\times1.37}}\leqslant\frac{940-913}{\sqrt{100\times1.37}}\right\}$$

$$\approx\Phi(2.31)-\Phi(-1.11)=0.9896-0.1335=0.8561.$$

例 5.11　一生产线生产的产品成箱包装，每箱的重量是随机的. 假设每箱平均重 50 千克，标准差为 5 千克. 若用最大载重量 5 吨的汽车承运，试利用中心极限定理说明每辆车最多可以装多少箱，才能保障不超载的概率大于 0.977.($\Phi(2)=0.977$, 其中 $\Phi(x)$ 是标准正态分布函数).

分析　以 X_i 表示第 i 箱的重量 $(i=1,2,\cdots,n)$, 由实际意义可知 $X_1,X_2,\cdots,X_n$ 相互独立同分布，利用中心极限定理.

解　设 X_i 为第 i 箱的重量，$i=1,2,\cdots,n$, 由题意知 $X_1,X_2,\cdots,X_n$ 独立同分布，且 $E(X_i)=50,\sqrt{D(X_i)}=5\ (i=1,2,\cdots,n)$.

又设汽车可装 n 箱符合要求，由题意有

$$P\left\{\sum_{i=1}^{n} X_i \leqslant 5000\right\} \geqslant 0.977.$$

而

$$E\left(\sum_{i=1}^{n} X_i\right)=\sum_{i=1}^{n} E(X_i)=50n,$$

$$D\left(\sum_{i=1}^{n} X_i\right)=\sum_{i=1}^{n} D(X_i)=25n.$$

由列维 - 林德伯格定理，有 $\dfrac{\sum\limits_{i=1}^{n} X_i-50n}{\sqrt{25n}}$ 近似服从标准正态分布，故

$$P\left\{\sum_{i=1}^{n} X_i \leqslant 5000\right\}=P\left\{\frac{\sum\limits_{i=1}^{n} X_i-50n}{5\sqrt{n}} \leqslant \frac{5000-50n}{5\sqrt{n}}\right\}$$
$$\approx \Phi\left(\frac{5000-50n}{5\sqrt{n}}\right).$$

由题意有 $\Phi\left(\dfrac{1000-10n}{\sqrt{n}}\right) \geqslant 0.977$, 又 $\Phi(2)=0.977$, 从而得 $\dfrac{1000-10n}{\sqrt{n}} \geqslant 2$, 即

$$10n+2\sqrt{n}-1000 \leqslant 0,$$

由 $n \geqslant 0$ 解得

$$n \leqslant\left(\frac{-1+\sqrt{10001}}{10}\right)^2 \approx 98.0199.$$

故知每辆车最多可装 98 箱，才能保障不超载的概率大于 0.977.

例 5.12 (1) 设系统由 100 个相互独立的部件组成，运行期间每个部件损坏的概率为 0.1, 至少有 85 个部件完好时系统才能正常工作. 求系统正常工作的概率.

(2) 如果上述系统由 n 个部件组成，至少有 85% 的部件完好时系统才能正常工作. 问 n 至少多大才能使系统正常工作的概率不小于 0.975?

分析 运行期间完好的部件个数服从二项分布，利用德莫弗 - 拉普拉斯中心极限定理.

解　(1) 设 X 为运行期间完好的部件个数，则 $X \sim B(100, 0.9)$，根据德莫弗 - 拉普拉斯中心极限定理，$\dfrac{X-100\times 0.9}{\sqrt{100\times 0.9\times 0.1}}$ 近似服从标准正态分布，因此，所求概率为

$$P\{X \geqslant 85\} = P\left\{\frac{X-100\times 0.9}{\sqrt{100\times 0.9\times 0.1}} \geqslant \frac{85-100\times 0.9}{\sqrt{100\times 0.9\times 0.1}}\right\}$$

$$\approx 1-\Phi\left(-\frac{5}{3}\right) = \Phi\left(\frac{5}{3}\right) = 0.9525.$$

(2) 设 Y 为运行期间 n 个部件中完好的部件个数，则 $Y \sim B(n, 0.9)$，由德莫弗 - 拉普拉斯中心极限定理，系统正常工作的概率为

$$P\{Y \geqslant 0.85n\} = P\left\{\frac{Y-0.9n}{\sqrt{n\times 0.9\times 0.1}} \geqslant \frac{0.85n-0.9n}{\sqrt{n\times 0.9\times 0.1}}\right\}$$

$$\approx 1-\Phi\left(-\frac{\sqrt{n}}{6}\right) = \Phi\left(\frac{\sqrt{n}}{6}\right).$$

由题意令 $\Phi\left(\dfrac{\sqrt{n}}{6}\right) \geqslant 0.975$. 查标准正态分布表有 $\Phi(1.96) = 0.975$，注意到 $\Phi(x)$ 单调增加，所以 $\dfrac{\sqrt{n}}{6} \geqslant 1.96$，即 $n \geqslant 138.3$. 因此当 n 至少为 139 时，才能使系统正常工作的概率不小于 0.975.

例 5.13　设有同类仪器 1000 台，各仪器的工作是相互独立的，每台仪器发生故障的概率都是 0.01，假定 1 台仪器的故障只能由 1 个人来排除. 问至少需要配备多少名维修工人，才能保证仪器发生故障时不能及时排除的概率小于 0.05?

分析　以 X 表示出现故障的仪器个数，则 $X \sim B(1000, 0.01)$. 需要配备的维修工人为 m 名，仪器发生故障不能及时排除的事件为 $X > m$，根据中心极限定理，由 $P\{X > m\} < 0.05$ 来求 m.

解　由于 $X \sim B(1000, 0.01)$，根据中心极限定理，有

$$\begin{aligned}
P\{X > m\} &= 1 - P\{0 \leqslant X \leqslant m\} \\
&= 1 - P\left\{\frac{0-1000\times 0.01}{\sqrt{1000\times 0.01\times 0.99}} \leqslant \frac{X-1000\times 0.01}{\sqrt{1000\times 0.01\times 0.99}}\right. \\
&\quad \left.\leqslant \frac{m-1000\times 0.01}{\sqrt{1000\times 0.01\times 0.99}}\right\} \\
&= 1-\Phi\left(\frac{m-10}{\sqrt{9.9}}\right) + \Phi\left(\frac{-10}{\sqrt{9.9}}\right).
\end{aligned}$$

由于 $\Phi\left(-\dfrac{10}{\sqrt{9.9}}\right)=\Phi(-3.18)=0$, 所以

$$P\{X>m\}\approx 1-\Phi\left(\frac{m-10}{\sqrt{9.9}}\right).$$

由题意可得, $P\{X>m\}<0.05$, 即有

$$1-\Phi\left(\frac{m-10}{\sqrt{9.9}}\right)<0.05.$$

于是有 $\Phi\left(\dfrac{m-10}{\sqrt{9.9}}\right)>0.95$, 查表得 $\Phi(1.645)=0.95$, 所以 $\dfrac{m-10}{\sqrt{9.9}}>1.645$, 解得 $m>15.17$, 因此取 $m=16$.

小结 本章重点是切比雪夫不等式和中心极限定理. 由切比雪夫不等式可以估计随机变量 X 的取值落在以 $E(X)$ 为中心、以正数 ε 为半径的邻域内的概率. 要深入理解大数定律, 切比雪夫大数定律说的是对于相互独立的随机变量 $X_1,X_2,\cdots,X_n,\cdots$, 当它们的方差满足 $D(X_k)\leqslant M \quad (M>0,k=1,2,\cdots)$ 时, $\dfrac{1}{n}\sum\limits_{k=1}^{n}X_k$ 按概率收敛于 $\dfrac{1}{n}\sum\limits_{k=1}^{n}E(X_k)$. 特别当 $X_1,X_2,\cdots,X_n,\cdots$ 独立同分布时, 具有数学期望 $E(X_k)=\mu \quad (k=1,2,\cdots)$, 则有 $\dfrac{1}{n}\sum\limits_{k=1}^{n}X_k$ 按概率收敛于 μ(即对 $\forall\varepsilon>0$, 有 $\lim\limits_{n\to\infty}P\left\{\left|\dfrac{1}{n}\sum\limits_{k=1}^{n}X_k-\mu\right|<\varepsilon\right\}=1$), 这就是辛钦大数定律. 伯努利大数定律是说, 在 n 重伯努利试验中, 事件 $A(P(A)=p)$ 发生的频率 $\dfrac{n_A}{n}$ 按概率收敛于 p. 关于中心极限定理, 是说独立同分布的随机变量 $X_1,X_2,\cdots,X_n,\cdots$, 若它们的期望和方差都存在, 则当 n 充分大 $(n\geqslant 50)$ 时, $\sum\limits_{k=1}^{n}X_k$ 近似于正态分布. 将其标准化, 则近似服从标准正态分布.

四、常见错误类型分析

例 5.14 设随机变量 X 具有数学期望 $E(X)=\mu$ 和方差 $D(X)=\sigma^2$, 对于任意给定的正数 ε, 估计 $P\{|X-\mu|<\varepsilon\}$.

错误结论 (1) $P\{|X-\mu|<\varepsilon\}=1-\dfrac{\sigma^2}{\varepsilon^2}$;

(2) $P\{|X-\mu|<\varepsilon\}>1-\dfrac{\sigma^2}{\varepsilon^2}$.

错因分析 没有掌握切比雪夫不等式的形式.

正确结论　$P\{|X-\mu|<\varepsilon\} \geqslant 1-\dfrac{\sigma^2}{\varepsilon^2}$.

例 5.15　设 $X_1, X_2, \cdots, X_n, \cdots$ 相互独立，同分布，概率密度为 $f(x_i) = 2x^{-3}, x \geqslant 1, i=1,2,\cdots$，问 $X_1, X_2, \cdots, X_n, \cdots$ 是否满足切比雪夫大数定律？

错误解法　满足. 因为

$$E(X)=\int_{-\infty}^{+\infty} x f(x)\mathrm{d}x=\int_{1}^{+\infty} x \cdot 2x^{-3}\mathrm{d}x=2$$

存在.

错因分析　没有注意切比雪夫大数定律的条件是要求 $X_1, X_2, \cdots, X_n, \cdots$ 相互独立，分别具有数学期望 $E(X_1)$, $E(X_2), \cdots$, $E(X_n), \cdots$ 及方差 $D(X_1)$, $D(X_2), \cdots, D(X_n), \cdots$, 并且方差是一致有上界的.

正确解法　$E(X)=2$.(如上)

$$\begin{aligned} E(X^2) &= \int_{1}^{+\infty} x^2 \cdot 2x^{-3}\mathrm{d}x=\int_{1}^{+\infty} \frac{2}{x}\mathrm{d}x \\ &= 2\Big[\ln x\Big]_0^{+\infty}=+\infty. \end{aligned}$$

故 $E(X^2)$ 不存在, 则 $D(X)$ 不存在, 因此 $X_1, X_2, \cdots, X_n, \cdots$ 不满足切比雪夫大数定律.

例 5.16　设随机变量 $X_1, X_2, \cdots, X_n$ 相互独立, 同分布, $E(X_i)=1, D(X_i)=4(i=1,2,\cdots,n)$, 试确定整数 n, 使得 $P\{|\overline{X}-1|<1\} \geqslant 0.90$, 其中 $\overline{X}=\dfrac{1}{n}\sum\limits_{i=1}^{n} X_i$.

错误解法　由于 $E(\overline{X})=\dfrac{1}{n}\sum\limits_{i=1}^{n}E(X_i)=1, D(\overline{X})=\dfrac{1}{n^2}\sum\limits_{i=1}^{n}D(X_i)=\dfrac{4}{n}$, 根据中心极限定理, $\dfrac{\overline{X}-1}{\frac{2}{\sqrt{n}}}$ 近似 $N(0,1)$, 则有

$$P\{|\overline{X}-1|<1\}=P\left\{\frac{|\overline{X}-1|}{\frac{2}{\sqrt{n}}}<\frac{\sqrt{n}}{2}\right\} \approx 2\Phi\left(\frac{\sqrt{n}}{2}\right)-1,$$

根据题意 $2\Phi\left(\dfrac{\sqrt{n}}{2}\right)-1 \geqslant 0.90$, 有 $\Phi\left(\dfrac{\sqrt{n}}{2}\right) \geqslant 0.95$, 于是 $\dfrac{\sqrt{n}}{2} \geqslant 1.645, n \geqslant 10.8241$, 取 $n=11$ 即可.

错因分析 这里 $n=11$, 不满足使用中心极限定理的条件.

正确解法 利用切比雪夫不等式

$$P\{|\overline{X}-1|<1\}\geqslant 1-\frac{D(\overline{X})}{1^2}=1-\frac{4}{n},$$

由 $1-\dfrac{4}{n}\geqslant 0.90$ 解得 $n\geqslant 40$.

例 5.17 设随机变量 $X_1,X_2,\cdots,X_{100}$ 相互独立，同分布，且 X_i 服从参数为 $p=\dfrac{1}{2}$ 的 0 - 1 分布 $(i=1,2,\cdots,100)$, 求 $P\left\{2<\sum\limits_{i=1}^{100}X_i<60\right\}$.

错误解法 $P\left\{2<\sum\limits_{i=1}^{100}X_i<60\right\}=\Phi(60)-\Phi(2)=1-0.9772=0.0228.$

错因分析 $\sum\limits_{i=1}^{n}X_i$ 近似服从正态分布，但不是标准正态分布.

正确解法 $E(X_i)=\dfrac{1}{2}$，$D(X_i)=\dfrac{1}{4}$ $(i=1,2,\cdots,100)$. 由于中心极限定理 $\dfrac{\sum\limits_{i=1}^{100}X_i-100\times\dfrac{1}{2}}{\sqrt{100\times\dfrac{1}{4}}}$ 近似服从 $N(0,1)$, 得

$$P\left\{2<\sum_{i=1}^{100}X_i<60\right\}=P\left\{\frac{2-50}{5}<\frac{\sum\limits_{i=1}^{100}X_i-100\times\dfrac{1}{2}}{\sqrt{100\times\dfrac{1}{4}}}<\frac{60-50}{5}\right\}$$

$$\approx\Phi(2)-\Phi\left(-\frac{48}{5}\right)=\Phi(2)=0.9772.$$

五、疑难问题解答

1. 切比雪夫不等式，只能估计随机变量 X 在 $(E(X)-\varepsilon,E(X)+\varepsilon)$ 内取值的概率至少为多少，即

$$P\{|X-E(X)|<\varepsilon\}\geqslant 1-\frac{D(X)}{\varepsilon^2},$$

但不能得到概率的精确数值.

2. 大数定律和中心极限定理，一般都应在 $n\geqslant 50$ 时才能使用.

3. 当随机变量 $X_1, X_2, \cdots, X_n, \ \cdots$ 相互独立，服从相同的分布时，是否有 $\sum\limits_{k=1}^{n} X_k$ 近似服从正态分布 $(n \geqslant 50)$?

答　不一定. 要 $\sum\limits_{k=1}^{n} X_k$ 近似服从正态分布，除了上述条件外，还要求 $E(X_k)$ 与 $D(X_k)$ 存在.

练习 5

1. 设 $X \sim N(\mu, \sigma^2)$, 用切比雪夫不等式估计概率 $P\{|X-\mu| \geqslant 3\sigma\}$.

2. 设随机变量 X 的方差为 2, 利用切比雪夫不等式估计 $P\{|X - E(X)| < 2\}$.

3. 设随机变量 $X \sim B(1000, 0.5)$, 利用切比雪夫不等式估计

$$P\{400 < X < 600\}.$$

4. 设随机变量 $X_1, X_2, \cdots, X_{50}$ 相互独立，且都服从参数 $\lambda = 0.03$ 的泊松分布，求 $P\left\{\sum\limits_{i=1}^{50} X_i > 3\right\}$.

5. 设随机变量 $X_1, X_2, \cdots, X_n \quad (n > 50)$ 相互独立，同分布，$E(X_i) = \mu, D(X_i) = \sigma^2 > 0 (i = 1, 2, \cdots, n)$, 证明对任意正数 ε 都有

$$P\left\{\left|\frac{1}{n}\sum_{i=1}^{n} X_i - \mu\right| < \varepsilon\right\} \approx 2\Phi\left(\frac{\sqrt{n}\varepsilon}{\sigma}\right) - 1.$$

6. 某单位设置一电话总机，共有 20 架分机，每架分机有 5% 的时间要用外线通话. 假设各个分机是否使用外线是相互独立的. 问总机要配置多少条外线，才能以 90% 的概率保证每架分机要使用外线时就有外线可供使用？

练习 5 参考答案与提示

1. $\leqslant \dfrac{1}{9}$.

2. $\geqslant \dfrac{1}{2}$.

3. $\geqslant 0.975$.

4. 0.11.

5. 略.

6. 以 X 表示 200 架分机中同时使用外线的架数，则 $X \sim B(200, 0.05)$. 设总机需要配置 N 条外线，由中心极限定理，

$$P\{X \leqslant N\} = P\left\{\frac{X - 200\times 0.05}{\sqrt{200\times 0.05\times 0.95}} \leqslant \frac{N - 200\times 0.05}{\sqrt{200\times 0.05\times 0.95}}\right\} \approx \Phi\left(\frac{N-10}{\sqrt{9.5}}\right),$$

由 $P\{X \leqslant N\} = 0.90$ 有

$$\Phi\left(\frac{N-10}{\sqrt{9.5}}\right) = 0.90,$$

解得 $N = 13.945$, 因此取 $N = 14$.

综合练习 5

1. 填空题

(1) 设随机变量 X 的方差为 $\sigma^2 > 0$, 由切比雪夫不等式, $P\{|X - E(X)| \geqslant 2\sigma\} \leqslant$ ______.

(2) 设 $X \sim B(10, 0.3)$, 则 $P\{1 < X < 5\} \geqslant$ ______.

(3) 设随机变量 X 和 Y 的数学期望都是 2, 方差分别为 1 和 4, 相关系数为 0.5, 根据切比雪夫不等式, 有 $P\{|X - Y| \geqslant 6\} \leqslant$ ______.

(4) 设随机变量 X 的概率分布为

X	1	2
P	0.8	0.2

根据切比雪夫不等式, 有 $P\{|X - 1.2| \geqslant 2\} \leqslant$ ______.

(5) 设 $X_1, X_2, \cdots, X_{100}$ 为独立同分布的随机变量, $E(X_i) = 1, D(X_i) = 2.4 (i = 1, 2, \cdots, 100)$, 则 $P\left\{\sum_{i=1}^{100} X_i \geqslant 90\right\} \approx$ ______.

2. 选择题

(1) 设 $X \sim \pi(3)$, 则 $P\{0 < X < 6\}$(　　).

(A) $\geqslant \frac{2}{3}$　(B) $< \frac{2}{3}$　(C) $\geqslant \frac{1}{3}$　(D) $< \frac{1}{3}$

(2) 设随机变量 $X_1, X_2, \cdots, X_{10}$ 相互独立, 有相同的数学期望和方差, $E(X_i) = 1$, $D(X_i) = 1$, 则对任意 $\varepsilon > 0$, 有 (　　).

(A) $P\left\{\left|\sum_{i=1}^{10} X_i - 10\right| < \varepsilon\right\} \geqslant 1 - \frac{1}{\varepsilon^2}$

(B) $P\left\{\left|\sum_{i=1}^{10} X_i - 10\right| < \varepsilon\right\} \geqslant 1 - \frac{10}{\varepsilon^2}$

(C) $P\left\{\left|\frac{1}{10}\sum_{i=1}^{10} X_i - 1\right| < \varepsilon\right\} \geqslant 1 - \frac{1}{\varepsilon^2}$

(D) $P\left\{\left|\dfrac{1}{10}\sum_{i=1}^{10}X_i-1\right|<\varepsilon\right\}\geqslant 1-\dfrac{10}{\varepsilon^2}$

(3) 设随机变量 $X_1,X_2,\cdots,X_n,\cdots$ 相互独立，则根据列维 - 林德伯格中心极限定理，当 n 充分大时，$\sum\limits_{i=1}^{n}X_i$ 近似服从正态分布，只要 $X_i\ (i=1,2,\cdots)$ 满足条件（　　）.

(A) 有相同的期望和方差　　(B) 服从同一连续型分布

(C) 服从同一离散型分布　　(D) 服从同一均匀分布

(4) 设随机变量 $Y_n\sim B(n,p)\quad(0<p<1)$, 则有（　　）.

(A) 当 n 充分大时，Y_n 近似服从 $N(0,1)$

(B) 对任意正整数 n, $\dfrac{Y_n-np}{\sqrt{np(1-p)}}$ 近似服从 $N(0,1)$

(C) 当 n 充分大时，Y_n 近似服从 $N(np,np(1-p))$

(D) 当 n 充分大时，$\dfrac{Y_n-np}{\sqrt{np(1-p)}}$ 近似服从 $N(np,np(1-p))$

3. 假设试验成功的概率为 0.2, 将此试验重复独立地做 500 次，用切比雪夫不等式估计试验成功的次数在 $80\sim120$ 之内的概率.

4. 有一本 200 页的杂志，每页中错误的个数服从参数为 $\lambda=0.1$ 的泊松分布. 求这本杂志中错误总数不超过 25 的概率.

5. 有 100 个零件，每件的长度是随机变量，它们相互独立服从同一分布，期望值为 2cm, 标准差为 0.05cm, 规定总长度为 200cm, 误差不超过 0.5cm 为合格，求这些零件合格的概率.

6. 一个系统由 100 个部件组成，它们相互独立地工作，每个部件正常工作的概率为 0.9, 至少有 85% 的部件工作才能使整个系统正常工作. 求系统正常工作的概率.

7. 设有一大批零件，要从中抽查若干件来判断这批产品的次品率. 问抽查的件数 n 应为多大，才能使得次品的频率与该批产品的次品率之差的绝对值小于 0.1 的概率不小于 0.95?

综合练习 5 参考答案与提示

1. (1) $\dfrac{1}{4}$;　(2) 0.475;　(3) $\dfrac{1}{12}$;　(4) 0.04;　(5) 0.7422.

2. (1) (A);　(2) (B);　(3) (D);　(4) (C).

3. 试验成功次数 $X\sim B(500,0.2)$, $E(X)=100$, $D(X)=80$, 根据切比雪夫不等式，所求概率为

$$P\{80 < X < 120\} = P\{|X-100| < 20\} \geqslant 1 - \frac{80}{20^2} = 0.8.$$

4. $X_i \sim \pi(0.1)\ \ (i=1,2,\cdots,200)$, 且 $X_1, X_2, \cdots, X_{200}$ 相互独立, $E(X_i) = 0.1, D(X_i) = 0.1\ \ (i=1,2,\cdots,200)$, 由中心极限定理得, 所求概率为

$$P\left\{\sum_{i=1}^{200} X_i \leqslant 25\right\} = P\left\{\frac{\displaystyle\sum_{i=1}^{200} X_i - 200\times 0.1}{\sqrt{200\times 0.1}} \leqslant \frac{25 - 200\times 0.1}{\sqrt{200\times 0.1}}\right\}$$
$$\approx \Phi\left(\frac{5}{\sqrt{20}}\right) = 0.8686.$$

5. 设第 i 个零件的长度为 $X_i (i=1,2,\cdots,100)$, 由中心极限定理知, $\dfrac{\displaystyle\sum_{i=1}^{100} X_i - 200}{\sqrt{100\times 0.05^2}}$ 近似服从 $N(0,1)$, 所求概率为

$$P\left\{200 - 0.5 \leqslant \sum_{i=1}^{100} X_i \leqslant 200 + 0.5\right\}$$
$$= P\left\{\frac{-0.5}{\sqrt{100\times 0.05^2}} \leqslant \frac{\displaystyle\sum_{i=1}^{100} X_i - 200}{\sqrt{100\times 0.05^2}} \leqslant \frac{0.5}{\sqrt{100\times 0.05^2}}\right\}$$
$$\approx \Phi(1) - \Phi(-1) = 2\Phi(1) - 1 = 0.6826.$$

6. 以 X 表示 100 个部件中正常工作的个数, 则 $X \sim B(100, 0.9)$, 由中心极限定理得, 所求概率为

$$P\{X \geqslant 85\} = P\left\{\frac{X - 100\times 0.9}{\sqrt{100\times 0.9\times 0.1}} \geqslant \frac{85 - 100\times 0.9}{\sqrt{100\times 0.9\times 0.1}}\right\}$$
$$\approx 1 - \Phi\left(-\frac{5}{3}\right) = \Phi\left(\frac{5}{3}\right) = 0.9525.$$

7. 以 n_A 表示抽查的 n 件中次品的件数, p 为次品率, 则 $n_A \sim B(n,p)$, 次品的频率为 $\dfrac{n_A}{n}$, 由 $\dfrac{n_A - np}{\sqrt{np(1-p)}}$ 近似服从 $N(0,1)$ 得, 所求概率为

$$P\left\{\left|\frac{n_A}{n} - p\right| < 0.1\right\} = P\left\{\left|\frac{n_A - np}{\sqrt{np(1-p)}}\right| < \frac{0.1\sqrt{n}}{\sqrt{p(1-p)}}\right\}$$

$$\approx 2\Phi\left(\frac{0.1\sqrt{n}}{\sqrt{p(1-p)}}\right)-1 \geqslant 2\Phi\left(0.2\sqrt{n}\right)-1,$$

令 $2\Phi\left(0.2\sqrt{n}\right)-1 \geqslant 0.95$, 有 $\Phi\left(0.2\sqrt{n}\right) \geqslant 0.975$, 于是 $0.2\sqrt{n} \geqslant 1.96, n > 96$.

第 5 章自测题

第 6 章　数理统计的基本知识

一、主要内容

总体、个体、简单随机样本和统计量的概念, 样本均值、样本方差及样本矩, 样本分布函数与直方图, χ^2 分布、t 分布与 F 分布, 正态总体的抽样分布.

二、教学要求

1. 理解总体与样本的概念, 理解统计量的概念.

2. 掌握样本均值、样本方差及样本矩的定义、性质和计算.

3. 了解经验分布函数与直方图.

4. 熟练掌握 χ^2 分布、t 分布与 F 分布的定义与性质, 了解上 α 分位点, 并会查表计算.

5. 掌握正态总体的抽样分布.

三、例题选讲

例 6.1　填空题

(1) 设总体 $X \sim \chi^2(n)$, $X_1, X_2, \cdots, X_n$ 是来自 X 的样本, 则 $E(X) =$ ________, $D(X) =$ ________, $E(\overline{X}) =$ ________, $D(\overline{X}) =$ ________.

(2) X_1, X_2, X_3, X_4 是来自正态总体 $N(0,4)$ 的样本, 则随机变量 $Y = \dfrac{1}{20}(X_1 - 2X_2)^2 + \dfrac{1}{100}(3X_3 - 4X_4)^2 \sim$ ________.

(3) 设 $t_\alpha(n) = k$, 则 $t_{1-\alpha}(n) =$ ________.

(4) 设总体 $X \sim B(m, p)$, $X_1, X_2, \cdots, X_n$ 是来自总体 X 的样本, $x_1, x_2, \cdots, x_n$ 是样本观察值, 则 $P\{X_1 = x_1, X_2 = x_2, \cdots, X_n = x_n\} =$ ________.

解　(1) $E(X) = n$, $D(X) = 2n$, $E(\overline{X}) = n$, $D(\overline{X}) = \dfrac{2n}{n} = 2$.

(2) 由于 X_1, X_2, X_3, X_4 相互独立, 且都服从 $N(0,4)$ 分布, 所以 $\dfrac{X_1 - 2X_2}{\sqrt{20}}$ 和 $\dfrac{3X_2 - 4X_4}{10}$ 也相互独立, 服从正态分布.

又 $E\left[\dfrac{X_1 - 2X_2}{\sqrt{20}}\right] = 0$, $D\left(\dfrac{X_1 - 2X_2}{\sqrt{20}}\right) = 1$, $E\left[\dfrac{3X_2 - 4X_4}{10}\right] = 0$,

$D\left[\dfrac{3X_2-4X_4}{10}\right]=1$, 故

$$\frac{X_1-2X_2}{\sqrt{20}}\sim N(0,1),\quad \frac{3X_2-4X_4}{10}\sim N(0,1);$$

$$Y=\left(\frac{X_1-2X_2}{\sqrt{20}}\right)^2+\left(\frac{3X_2-4X_4}{10}\right)^2\sim\chi^2(2).$$

(3) 由 t 分布的对称性可知

$$t_{1-\alpha}(n)=-t_\alpha(n)=-k.$$

(4) $P\{X_1=x_1,X_2=x_2,\cdots,X_n=x_n\}$

$$=\mathrm{C}_m^{x_1}p^{x_1}(1-p)^{m-x_1}\mathrm{C}_m^{x_2}p^{x_2}(1-p)^{m-x_2}\cdots\mathrm{C}_m^{x_n}p^{x_n}(1-p)^{m-x_n}$$
$$=\left(\prod_{i=1}^{n}\mathrm{C}_m^{x_i}\right)p^{\sum\limits_{i=1}^{n}x_i}(1-p)^{nm-\sum\limits_{i=1}^{n}x_i}.$$

例 6.2 选择题

(1) 设总体 $X\sim N(\mu,\sigma^2)$,$X_1,X_2,\cdots,X_n$ 是总体的样本，下列结论不正确的是（　）.

(A)$\dfrac{\overline{X}-\mu}{\sigma/\sqrt{n}}\sim N(0,1)$　　(B)$\dfrac{1}{\sigma^2}\sum\limits_{i=1}^{n}(X_i-\mu)^2\sim\chi^2(n-1)$

(C)$\dfrac{\overline{X}-\mu}{S/\sqrt{n}}\sim t(n-1)$　　(D)$\dfrac{1}{\sigma^2}\sum\limits_{i=1}^{n}(X_i-\overline{X})^2\sim\chi^2(n-1)$

(2) 样本 X_1,X_2,X_3 来自正态总体 X, 且 $E(X)=\mu$ 已知，$D(X)=\sigma^2$ 未知，则下列随机变量中不能作为统计量的是（　）.

(A) $\overline{X}=\dfrac{1}{3}\sum\limits_{i=1}^{n}X_i$　　(B)$X_1+X_3-\mu$

(C) $\dfrac{1}{\sigma^2}\sum\limits_{i=1}^{4}(X_i-\overline{X})^2$　　(D) $\dfrac{1}{2}\sum\limits_{i=1}^{3}(X_i-\overline{X})^2$

(3) 设 X 与 Y 都服从 $N(0,1)$ 分布，则（　）.

(A) $X+Y$ 服从正态分布　　(B) X^2+Y^2 服从 χ^2 分布

(C) X^2 和 Y^2 都服从 χ^2 分布　(D) $\dfrac{X^2}{Y^2}$ 服从 F 分布

(4) 从正态总体 $N(0,25)$ 中抽容量为 37 的样本 $X_1,X_2,\cdots,X_{37}$，则 $6X_1\Bigg/\sqrt{\sum\limits_{i=2}^{37}{X_i}^2}$ 服从（　）分布.

(A) $N(0,36)$　(B) $\chi^2(9)$　(C) $t(36)$　(D) $t(37)$

解　(1) 应选 (B).

(2) 应选 (C). 事实上, 统计量是样本的函数, 且不能含有未知参数, 故选 (C).

(3) 应选 (C). 事实上, X 与 Y 服从 $N(0,1)$, 由 χ^2 分布的定义知 X^2 和 Y^2 都服从 $\chi^2(1)$ 分布, 而 (A)、(B)、(D) 中的结论都需要有 X 和 Y 相互独立的条件, 故选 (C).

(4) 应选 (C). 事实上

$U=\frac{X_1}{5}\sim N(0,1),\chi^2=\sum\limits_{i=2}^{37}(\frac{X_i}{5})^2\sim\chi^2(36)$, 且 U 和 χ^2 相互独立, 故由 t 分布的定义知

$$\frac{6X_1}{\sqrt{\sum\limits_{i=2}^{37}{X_i}^2}}=\frac{X_1}{5}\frac{1}{\sqrt{\frac{\sum\limits_{i=2}^{37}(\frac{X_i}{5})^2}{36}}}=\frac{U}{\sqrt{\frac{\chi^2}{36}}}\sim t(36).$$

例 6.3 在总体 $X\sim N(5,2^2)$ 中随机抽取一容量为 25 的样本, 求样本方差 S^2 大于 6.07 的概率.

解 因为总体 $X\sim N(5,2^2)$, 则

$$\chi^2=\frac{(25-1)S^2}{4}\sim\chi^2(24),$$

因此所求的概率为

$$\begin{aligned}P\{S^2>6.07\}&=P\left\{\frac{24S^2}{4}>\frac{6.07\times24}{4}\right\}\\&=P\{6S^2\geqslant36.42\}=P\{\chi^2\geqslant36.42\}=0.05.\end{aligned}$$

例 6.4 在总体 $X\sim N(52,6.3^2)$ 中随机抽一容量为 36 的样本, 求样本均值 $\overline{X}$ 落在 $50.8\sim53.8$ 之间的概率.

分析 由于 $X_1,X_2,\cdots,X_{36}$ 相互独立且都服从 $N(52,6.3^2)$, 故

$$\overline{X}=\frac{1}{36}\sum_{i=1}^{36}X_i\sim N\left(52,\frac{6.3^2}{36}\right).$$

解 由于 $\overline{X}\sim N(52,1.05^2)$, 故 $\frac{\overline{X}-52}{1.05}\sim N(0,1)$, 于是

$$\begin{aligned}P\{5.08<\overline{X}<5.38\}&=P\left\{\frac{50.8-52}{1.05}<\frac{\overline{X}-52}{1.05}<\frac{53.8-52}{1.05}\right\}\\&=\Phi\left(\frac{53.8-52}{1.05}\right)-\Phi\left(\frac{50.8-52}{1.05}\right)\end{aligned}$$

$$= \Phi(1.71) - \Phi(-1.14)$$
$$= \Phi(1.71) + \Phi(1.14) - 1 = 0.8293.$$

例 6.5　在天平上重复称量一重为 a 的物品，假设各次的称量结果相互独立且都服从正态分布 $N(a, 0.2^2)$. 若以 $\overline{X_n}$ 表示 n 次称量结果的算术平均值，则为使

$$P\{|\overline{X_n} - a| < 0.1\} \geqslant 0.95,$$

n 的最小值应是多少？

分析　由于 $\overline{X_n} \sim N\left(a, \dfrac{0.2^2}{n}\right)$, 所以可利用标准正态分布来求得 n.

解　设 $X_1, X_2, \cdots, X_n$ 分别表示各次称量的结果，则 $X_1, X_2, \cdots, X_n$ 是来自正态总体 $N(a, 0.2^2)$ 的样本，$\overline{X_n} = \dfrac{1}{n}\sum\limits_{i=1}^{n} X_i$, 于是

$$\overline{X_n} \sim N\left(a, \frac{0.2^2}{n}\right),$$

从而

$$\begin{aligned} P\{|\overline{X_n} - a| < 0.1\} &= P\{-0.1 < \overline{X_n} - a < 0.1\} \\ &= P\left\{-\frac{\sqrt{n}}{2} < \frac{\overline{X_n} - a}{0.2}\sqrt{n} < \frac{\sqrt{n}}{2}\right\} \\ &\approx 2\Phi\left(\frac{\sqrt{n}}{2}\right) - 1, \end{aligned}$$

由题意得

$$2\Phi\left(\frac{\sqrt{n}}{2}\right) - 1 \geqslant 0.95,$$

即

$$\Phi\left(\frac{\sqrt{n}}{2}\right) \geqslant 0.975.$$

查表可知 $\dfrac{\sqrt{n}}{2} \geqslant 1.96, n \geqslant 15.37$, n 的最小值是 16.

例 6.6　求总体 $N(20, 3)$ 的容量分别为 10, 15 的两个样本的均值差的绝对值大于 0.3 的概率.

分析　由于两个样本独立且都来自正态总体，故 $\overline{X} - \overline{Y}$ 服从正态分布. 可以利用标准正态分布求出概率.

解 由于两个样本独立且

$$\overline{X} \sim N\left(20, \frac{3}{10}\right), \qquad \overline{Y} \sim N\left(20, \frac{3}{15}\right),$$

因此有

$$\overline{X} - \overline{Y} \sim N\left(0, \ \frac{1}{2}\right), \quad \frac{\overline{X} - \overline{Y}}{\sqrt{\frac{1}{2}}} \sim N(0,1),$$

故有

$$\begin{aligned} P\{|\overline{X} - \overline{Y}| > 0.3\} &= 1 - P\{|\overline{X} - \overline{Y}| \leqslant 0.3\} \\ &= 1 - P\left\{\left|\frac{\overline{X} - \overline{Y}}{\sqrt{\frac{1}{2}}}\right| \leqslant \frac{0.3}{\sqrt{\frac{1}{2}}}\right\} \\ &\approx 1 - [2\Phi(0.42) - 1] \\ &= 2 - 2\Phi\,(0.42) \\ &= 0.6744. \end{aligned}$$

例 6.7 设总体 $X \sim N(\mu, \sigma^2), X_1, X_2, \cdots, X_{10}$ 是 X 的样本，试求：

(1) $P\left\{0.26\sigma^2 \leqslant \frac{1}{10}\sum_{i=1}^{10}(X_i - \mu)^2 \leqslant 2.3\sigma^2\right\}$;

(2) $P\left\{0.26\sigma^2 \leqslant \frac{1}{10}\sum_{i=1}^{10}(X_i - \overline{X})^2 \leqslant 2.3\sigma^2\right\}$.

分析 利用重要分布 $\frac{1}{\sigma^2}\sum_{i=1}^{n}(X_i - \mu)^2 \sim \chi^2(n)$ 和 $\frac{(n-1)S^2}{\sigma^2} \sim \chi^2(n-1)$.

解 (1) 由于 $\chi^2 = \frac{1}{\sigma^2}\sum_{i=1}^{10}(X_i - \mu)^2 \sim \chi^2(10)$, 故

$$\begin{aligned} &P\left\{0.26\sigma^2 \leqslant \frac{1}{10}\sum_{i=1}^{10}(X_i - \mu)^2 \leqslant 2.3\sigma^2\right\} \\ &= P\{2.6 \leqslant \chi^2 \leqslant 23\} \\ &= P\{\chi^2 \leqslant 23\} - P\{\chi^2 \leqslant 2.6\} \\ &= P\{\chi^2 \geqslant 2.6\} - P\{\chi^2 \geqslant 23\} \\ &= 0.99 - 0.01 = 0.98. \end{aligned}$$

(2) 由于 $\chi^2=\dfrac{1}{\sigma^2}\sum\limits_{i=1}^{10}(X_i-\overline{X})^2\sim\chi^2(9)$, 故

$$\begin{aligned}
&P\left\{0.26\sigma^2\leqslant\frac{1}{10}\sum_{i=1}^{10}(X_i-\overline{X})^2\leqslant 2.3\sigma^2\right\}\\
=&P\{2.6\leqslant\chi^2\leqslant 23\}\\
=&P\{\chi^2\leqslant 23\}-P\{\chi^2\leqslant 2.6\}\\
=&P\{\chi^2\geqslant 2.6\}-P\{\chi^2\geqslant 23\}\\
=&0.975-0.005=0.97.
\end{aligned}$$

例 6.8　设 $X_1,X_2,\cdots,X_9$ 是来自总体 $N(0,\sigma^2)$ 的样本，样本均值为 $\overline{X}$, 确定 σ 的值，使 $P\{1<\overline{X}<3\}$ 最大.

分析　由于 $U=\overline{X}\sim N(0,\dfrac{\sigma^2}{n})$, 故 $P\{1<\overline{X}<3\}$ 是 σ 的函数，记作 $g(\sigma)$, 只需求出 $g(\sigma)$ 的最大值点即可.

解　由于 $U=\dfrac{\overline{X}-0}{\sqrt{\dfrac{\sigma^2}{9}}}\sim N(0,1)$, 故

$$\begin{aligned}
g(\sigma)&=P\{1<\overline{X}<3\}\\
&=P\left\{\frac{1}{\sqrt{\dfrac{\sigma^2}{9}}}<\frac{\overline{X}-0}{\sqrt{\dfrac{\sigma^2}{9}}}<\frac{3}{\sqrt{\dfrac{\sigma^2}{9}}}\right\}\\
&=P\left\{\frac{3}{\sigma}<u<\frac{9}{\sigma}\right\}\\
&\approx\Phi\left(\frac{9}{\sigma}\right)-\Phi\left(\frac{3}{\sigma}\right),\\
g'(\sigma)&=\Phi'\left(\frac{9}{\sigma}\right)\left(-\frac{9}{\sigma^2}\right)-\Phi'\left(\frac{3}{\sigma}\right)\left(-\frac{3}{\sigma^2}\right)\\
&=\frac{3}{\sigma^2}\left[\Phi'\left(\frac{3}{\sigma}\right)-3\Phi'\left(\frac{9}{\sigma}\right)\right]\\
&=\frac{1}{\sqrt{2\pi}}\frac{3}{\sigma^2}\mathrm{e}^{-\frac{9}{2\sigma^2}}\left(1-3\mathrm{e}^{-\frac{36}{\sigma^2}}\right).
\end{aligned}$$

令 $g'(\sigma)=0$, 得驻点 $\sigma=\dfrac{6}{\sqrt{\ln 3}}$, 且当 $\sigma<\dfrac{6}{\sqrt{\ln 3}}$ 时，$g'(\sigma)>0$, 当 $\sigma>\dfrac{6}{\sqrt{\ln 3}}$ 时，$g'(\sigma)<0$, 故当 $\sigma=\dfrac{6}{\sqrt{\ln 3}}$ 时，$g(\sigma)$ 取最大值.

例 6.9 设总体 $X \sim N(\mu, 9)$, $\overline{X}$ 为容量为 n 的样本均值, 若已知 $P\{\overline{X}-1<\mu<\overline{X}+1\} \geqslant 0.90$, 试求 n 至少应为多少?

解 $P\{\overline{X}-1<\mu<\overline{X}+1\}=P\{-1<\overline{X}-\mu<1\}$

$$
\begin{aligned}
&=P\left\{\frac{-1}{\sqrt{9/n}}<\frac{\overline{X}-\mu}{\sqrt{9/n}}<\frac{1}{\sqrt{9/n}}\right\} \\
&\approx 2\Phi\left(\frac{\sqrt{n}}{3}\right)=1,
\end{aligned}
$$

这里 $\dfrac{\overline{X}-\mu}{\sqrt{9/n}} \sim N(0,1)$. 于是有 $2\Phi(\sqrt{n}/3)-1 \geqslant 0.90$, 即 $\Phi(\sqrt{n}/3) \geqslant 0.95$, 查标准正态分布表知, $\dfrac{\sqrt{n}}{3} \geqslant 1.645$, $n>24.4$, 故 n 至少应为 25.

例 6.10 设总体 X 的期望为 μ, 若至少要以 0.95 的概率保证 $|\overline{X}-\mu|<0.1\sigma$, 问样本容量 n 应取多大?

分析 当 n 很大时, $\overline{X}$ 近似服从 $N\left(\mu, \dfrac{\sigma^2}{n}\right)$, 利用标准正态分布可近似求出 n.

解 因为当 n 很大时, $\overline{X}$ 近似服从 $N\left(\mu, \dfrac{\sigma^2}{n}\right)$, 于是

$$
\begin{aligned}
P\{|\overline{X}-\mu|<0.1\sigma\} &= P\{\mu-0.1\sigma<\overline{X}<\mu+0.1\sigma\} \\
&\approx \Phi\left(\frac{0.1\sigma}{\sigma/\sqrt{n}}\right)-\Phi\left(\frac{-0.1\sigma}{\sigma/\sqrt{n}}\right) \\
&=2\Phi(0.1\sqrt{n})-1 \geqslant 0.95,
\end{aligned}
$$

即 $\Phi(0.1\sqrt{n}) \geqslant 0.975$, 查表得 $\Phi(1.96)=0.975$.

因 $\Phi(x)$ 单调增加, 故 $0.1\sqrt{n} \geqslant 1.96$, $n \geqslant 385$, 因此样本容量至少取 385 才能满足要求.

例 6.11 设 $X_1, X_2, \cdots, X_8$ 是来自正态总体 $N(0, 0.2)$ 的样本, 试求 k, 使 $P\left\{\sum\limits_{i=1}^{8} X_i^2<k\right\}=0.95$.

分析 利用 $P\left\{\sum\limits_{i=1}^{8}\left(\dfrac{X_i}{\sqrt{0.2}}\right)^2 \sim \chi^2(8)\right\}$.

解 由于

$$
P\left\{\sum_{i=1}^{8} X_i^2<k\right\}=P\left\{\sum_{i=1}^{8} X_i^2<\frac{k}{0.2}\right\}
$$

$$= P\left\{\chi^2(8) < \frac{k}{0.2}\right\} = 1 - P\left\{\chi^2(8) \geqslant \frac{k}{0.2}\right\} = 0.05,$$

查表得

$$\frac{k}{0.2} = 15.507,$$

故 $k = 3.1014$.

例 6.12　已知一台电子设备的寿命 (单位: h) 服从指数分布, 其概率密度为

$$f(t) = \begin{cases} 0.001\mathrm{e}^{-0.001t}, & t \geqslant 0, \\ 0, & t < 0, \end{cases}$$

现在检查 10 台这种设备, 求寿命最短时间小于 100 小时的概率.

分析　设 10 台设备的寿命分别为 $T_1, T_2, \cdots, T_{10}$, 则所求概率为 $P\{\min\{T_1, T_2, \cdots, T_{10}\} < 100\}$, 求出最小值的分布, 即得所求概率.

解　设 10 台设备的寿命分别为 $T_1, T_2, \cdots, T_{10}$, 则所求概率为

$$P\{\min\{T_1, T_2, \cdots, T_{10}\} < 100\} = 1 - [1 - F(100)]^{100},$$

其中 $F(x)$ 为寿命的分布函数, 由于

$$F(100) = \int_0^{100} 0.001\mathrm{e}^{-0.001t}\mathrm{d}t = -\mathrm{e}^{-0.001t}\Big|_0^{100} = 1 - \mathrm{e}^{-0.1}.$$

故

$$P\{\min\{T_1, T_2, \cdots, T_{10}\} < 100\} = 1 - [1 - (1 - \mathrm{e}^{-0.1})]^{10} = 1 - \mathrm{e}^{-1}.$$

例 6.13　设总体 X 的概率密度为

$$f_X(x) = \begin{cases} 2x, & 0 < x < 1, \\ 0, & \text{其他}, \end{cases}$$

X_1, X_2 为来自 X 的样本, 求 $P\left\{\dfrac{X_1}{X_2} \leqslant \dfrac{1}{2}\right\}$.

分析　因

$$f_X(x) = \begin{cases} 2x, & 0 < x < 1, \\ 0, & \text{其他}, \end{cases}$$

所以 (X_1, X_2) 联合概率密度

$$f(x_1, x_2) = \begin{cases} 4x_1x_2, & 0 < x_1 < 1,\ 0 < x_2 < 1, \\ 0, & \text{其他}, \end{cases}$$

利用 $P\left\{\dfrac{X_1}{X_2}\leqslant\dfrac{1}{2}\right\}=\displaystyle\iint_{\frac{x_1}{x_2}\leqslant\frac{1}{2}}f(x,y)\mathrm{d}x\mathrm{d}y$ 即得所求概率.

解 首先求出 (X_1,X_2) 联合概率密度，由 X_1,X_2 的独立性有

$$f(x_1,x_2)=\begin{cases}4x_1x_2, & 0<x_1<1,\ 0<x_2<1,\\ 0, & \text{其他},\end{cases}$$

$$\begin{aligned}P\left\{\frac{X_1}{X_2}\leqslant\frac{1}{2}\right\}&=\iint_{\frac{x_1}{x_2}\leqslant\frac{1}{2}}f(x,y)\mathrm{d}x\mathrm{d}y\\&=\int_0^1\mathrm{d}x_2\int_0^{\frac{1}{2}x_2}4x_1x_2\mathrm{d}x_1\\&=\int_0^1\frac{1}{2}{x_2}^3\mathrm{d}x_2\\&=\frac{1}{8}.\end{aligned}$$

例 6.14 设总体 X 服从正态分布 $N(12,4)$, $(X_1,X_2,\cdots,X_5)$ 为来自 X 的一个样本，求：(1) 样本均值大于 13 的概率；(2) 样本最小值小于 10 的概率；(3) 样本最大值大于 15 的概率.

解 (1) 因为样本均值 $\overline{X}\sim N(12,\frac{4}{5})$, 故

$$\begin{aligned}P\{\overline{X}>13\}=1-P\left\{\overline{X}\leqslant 13\right\}&=1-\Phi\left(\frac{13-12}{\sqrt{0.8}}\right)\\&=1-\Phi(1.11)=0.1335.\end{aligned}$$

(2) 记 $X_{(1)}=\min\{X_1,X_2,\cdots,X_5\}$, 则

$$\begin{aligned}P\{X_{(1)}\leqslant 100\}&=1-[1-F(10)]^5=1-[1-0.1587]^5\\&=0.5804.\end{aligned}$$

(3) 记 $X_{(5)}=\max\{X_1,X_2,\cdots,X_5\}$, 则

$$\begin{aligned}P\{X_{(5)}\geqslant 15\}&=1-[F(15)]^5=1-\left[\Phi\left(\frac{3}{2}\right)\right]^5\\&=0.294.\end{aligned}$$

例 6.15 从正态总体 $N(\mu,\sigma^2)$ 中抽取容量为 16 的样本，S^2 为样本方差，试求：

(1) $P\left\{\dfrac{S^2}{\sigma^2}\leqslant 2.0386\right\}$;

(2) $D(S^2)$.

例 6.15

分析　利用重要分布

$$\chi^2 = \frac{(n-1)S^2}{\sigma^2} \sim \chi^2(n-1),$$

即可求得

$$P\left\{\frac{S^2}{\sigma^2} \leqslant 2.0386\right\},$$

再根据 χ^2 分布的性质可求得 $D(S^2)$.

解　(1) 根据 $\chi^2 = \dfrac{(16-1)S^2}{\sigma^2} \sim \chi^2(15)$ 可得

$$\begin{aligned} P\left\{\frac{S^2}{\sigma^2} \leqslant 2.0386\right\} &= P\left\{\frac{15S^2}{\sigma^2} \leqslant 15 \times 2.0386\right\} \\ &= 1 - P\{\chi^2 > 30.578\} \\ &= 1 - 0.01 = 0.99. \end{aligned}$$

(2) 根据 $D(\chi^2) = D\left(\dfrac{15S^2}{\sigma^2}\right) = 2 \times 15 = 30$ 得

$$\begin{aligned} D(S^2) &= D\left(\frac{\sigma^2}{15}\frac{15S^2}{\sigma^2}\right) \\ &= \left(\frac{\sigma^2}{15}\right)^2 D(\chi^2) = \frac{2\sigma^4}{15}. \end{aligned}$$

例 6.16　分别独立从方差为 20 和 42 的正态总体抽取容量为 8 和 10 的两个样本，求第一个样本方差不小于第二个样本方差两倍的概率.

分析　利用

$$F = \frac{S_1^2/\sigma_1^2}{S_2^2/\sigma_2^2} = \frac{S_1^2/20}{S_2^2/42} \sim F(7,9).$$

解

$$\begin{aligned} P\{S_1^2 \geqslant 2S_2^2\} &= P\left\{\frac{S_1^2}{S_2^2} \geqslant 2\right\} = P\left\{\frac{S_1^2/20}{S_2^2/42} \geqslant 2 \times \frac{42}{20}\right\} \\ &= P\{F \geqslant 4.2\}. \end{aligned}$$

因 $F \sim F(7,9)$, 根据自由度 $n_1 = 7, n_2 = 9$, 查表得所求概率为

$$P\{F \geqslant 4.2\} = 0.025.$$

例 6.17　设 $X_1, X_2, \cdots, X_{2n}$ 是来自正态总体 $N(0,\sigma^2)$ 的样本，试求下列统计量的分布.

(1) $Y_1 = \dfrac{X_1^2 + X_3^2 + \cdots + X_{2n-1}^2}{X_2^2 + X_4^2 + \cdots + X_{2n}^2}$;

(2) $Y_2 = \dfrac{X_1 + X_3 + \cdots + X_{2n-1}}{\sqrt{X_2^2 + X_4^2 + \cdots + X_{2n}^2}}$.

解 (1) 由样本的性质知 $X_i,\ i = 1, 2, \cdots, 2n$ 是相互独立的 $N(0, \sigma^2)$ 分布，故 $\left(\dfrac{X_i}{\sigma}\right)^2$，$i = 1, 2, \cdots, 2n$ 是相互独立的且具有相同 $\chi^2(1)$ 分布，由 χ^2 分布的可加性可知，

$$W_1 = \left(\frac{X_1}{\sigma}\right)^2 + \left(\frac{X_3}{\sigma}\right)^2 + \cdots + \left(\frac{X_{2n-1}}{\sigma}\right)^2 \sim \chi^2(n),$$

$$W_2 = \left(\frac{X_2}{\sigma}\right)^2 + \left(\frac{X_4}{\sigma}\right)^2 + \cdots + \left(\frac{X_{2n}}{\sigma}\right)^2 \sim \chi^2(n).$$

由于 W_1 与 W_2 相互独立，因此由 F 分布的定义可知 $\dfrac{W_1/n}{W_2/n} \sim F(n, n)$，即 $Y_1 \sim F(n, n)$.

(2) 由于 $Z = X_1 + X_2 + \cdots + X_{2n-1} \sim N(0, n\sigma^2)$，故 $\dfrac{Z}{\sqrt{n}\sigma} \sim N(0, 1)$，因 $\dfrac{Z}{\sqrt{n}\sigma}$ 与 W_2 独立，故由 t 分布的定义知，$Y_2 = \dfrac{Z/\sqrt{n}\sigma}{\sqrt{W_2/n}} \sim t(n)$.

例 6.18 设随机变量 $X \sim t(n)$，证明 $\dfrac{1}{X^2} \sim F(n, 1)$.

分析 由 t 分布与 F 分布的定义即得证.

证明 由于 $X \sim t(n)$，故存在随机变量 $U \sim N(0, 1), \chi^2 \sim \chi^2(n)$，且 U 与 χ^2 相互独立，使得

$$X = \frac{U}{\sqrt{\dfrac{\chi^2}{n}}}\ .$$

于是

$$X^2 = \frac{U^2}{\dfrac{\chi^2}{n}}, \quad \frac{1}{X^2} = \frac{\dfrac{\chi^2}{n}}{U^2}.$$

由于 $\chi^2 \sim \chi^2(n)$，$U^2 \sim \chi^2(1)$，且 χ^2 与 U^2 相互独立，由 F 分布的定义知

$$\frac{1}{X^2} = \frac{\dfrac{\chi^2}{n}}{\dfrac{U^2}{1}} \sim F(n, 1).$$

□

例 6.19　设总体 $X\sim N(\mu,\sigma^2)$, 从总体中抽取样本 $X_1,X_2,\cdots,X_n,X_{n+1}$, 记 $\overline{X}_n=\dfrac{1}{n}\sum\limits_{i=1}^{n}X_i, S_n^2=\dfrac{1}{n-1}\sum\limits_{i=1}^{n}(X_i-\overline{X}_n)^2$, 证明 $T=\sqrt{\dfrac{n}{n+1}}\dfrac{X_{n+1}-\overline{X}_n}{S_n}$ 服从自由度为 $n-1$ 的 t 分布.

证明　因为 $X_{n+1}\sim N(\mu,\sigma^2)$, $\overline{X}_n\sim N\left(\mu,\dfrac{\sigma^2}{n}\right)$, 且 X_{n+1} 与 $\overline{X}_n$ 相互独立，所以有

$$X_{n+1}-\overline{X}_n\sim N\left(0,\frac{n+1}{n}\sigma^2\right).$$

令 $U=\dfrac{X_{n+1}-\overline{X}_n}{\sqrt{\dfrac{n+1}{n}}\sigma}$, $\chi^2=\dfrac{(n-1)S_n^2}{\sigma^2}$, 则 $U\sim N(0,1)$, $\chi^2\sim\chi^2(n-1)$, 且 U 与 χ^2 相互独立，故由 t 分布的定义有

$$T=\sqrt{\frac{n}{n+1}}\frac{X_{n+1}-\overline{X}_n}{S_n}=\frac{U}{\sqrt{\chi^2/(n-1)}}\sim t(n-1).$$

□

例 6.20　设 X_1, X_2, $\cdots$, X_n 是来自正态总体 $N(\mu,\sigma^2)$ 的样本，$d=\dfrac{1}{n}\sum\limits_{i=1}^{n}|X_i-\mu|$, 证明 $E(d)=\sqrt{\dfrac{2}{\pi}}\sigma$, $D(d)=\left(1-\dfrac{2}{\pi}\right)\dfrac{\sigma^2}{n}$.

分析　先求随机变量 $Y_i=X_i-\mu$ 的概率密度，再求其数学期望与方差.

例 6.20

证明　令 $Y_i=X_i-\mu$, $(i=1,2,\cdots,n)$, 则 $Y_i\sim N(0,\sigma^2)$, 从而 Y_i 的概率密度为

$$f(y)=\frac{1}{\sqrt{2\pi}\sigma}\mathrm{e}^{-\frac{y^2}{2\sigma^2}},\quad -\infty<y<+\infty.$$

于是

$$\begin{aligned}E(|Y_i|)&=\int_{-\infty}^{+\infty}|y|f(y)\mathrm{d}y=\frac{2}{\sqrt{2\pi}\sigma}\int_{0}^{+\infty}y\mathrm{e}^{-\frac{y^2}{2\sigma^2}}\mathrm{d}y\\&=\frac{2}{\sqrt{2\pi}}(-\sigma)\,\mathrm{e}^{-\frac{y^2}{2\sigma^2}}\bigg|_0^{+\infty}=\sqrt{\frac{2}{\pi}}\sigma.\end{aligned}$$

从而

$$E(d)=\frac{1}{n}\sum_{i=1}^{n}E(|X_i-\mu|)=\frac{1}{n}\sum_{i=1}^{n}E(|Y_i|)$$

$$\begin{aligned}
&= \frac{1}{n}\sum_{i=1}^{n}\sqrt{\frac{2}{\pi}}\sigma = \sqrt{\frac{2}{\pi}}\sigma,\\
D(d) &= \frac{1}{n^2}\sum_{i=1}^{n} D(|X_i-\mu|)\\
&= \frac{1}{n^2}\sum_{i=1}^{n}\{E[|X_i-\mu|^2]-[E(|X_i-\mu|)]^2\}\\
&= \frac{1}{n^2}\sum_{i=1}^{n}\{E[(X_i-\mu)^2]-[E|X_i-\mu|]^2\}\\
&= \frac{1}{n^2}\sum_{i=1}^{n}\{D(X_i)-[E(|Y_i|)]^2\} = \frac{1}{n^2}\sum_{i=1}^{n}\left(\sigma^2-\frac{2}{\pi}\sigma^2\right)\\
&= \frac{1}{n}\left(1-\frac{2}{\pi}\right)\sigma^2.
\end{aligned}$$

□

例 6.21　设 $X_1, X_2, \cdots, X_n$ 是来自总体 $N(0,1)$ 的样本，证明

$$P\left\{0<\sum_{i=1}^{n} {X_i}^2 < 2n\right\} \geqslant \frac{n-2}{n}.$$

分析　由 χ^2 分布的定义可知,

$$\chi^2 = \sum_{i=1}^{n} X_i^2 \sim \chi^2(n),$$

再根据切比雪夫不等式即得证.

证明　根据

$$\chi^2 = \sum_{i=1}^{n} X_i^2 \sim \chi^2(n),$$

且 $E(\chi^2)=n, D(\chi^2)=2n$, 再由切比雪夫不等式，有

$$\begin{aligned}
P\left\{0<\sum_{i=1}^{n} {X_i}^2 < 2n\right\} &= P\{|\chi^2-E(\chi^2)|<n\}\\
&\geqslant 1-\frac{D(\chi^2)}{n^2} = 1-\frac{2n}{n^2}\\
&= \frac{n-2}{n}.
\end{aligned}$$

□

小结　本章首先介绍了数理统计中的几个基本概念 —— 总体、样本、统计量，然后讨论了几种常用分布 —— χ^2 分布、t 分布、F 分布，这些将为以后的

学习内容提供重要的理论依据. 样本的数字特征可以用来估计总体的数字特征, 常用的统计量有样本均值和样本方差. 要熟练掌握样本均值及方差的定义及计算公式. χ^2 分布, t 分布, F 分布是数理统计中很常用的分布, 要掌握它们的含义, 并了解其图形, 会使用三大分布表, 还需要特别注意它们的自由度. 由于书中介绍定理较多, 要注意区分各个定理的条件与结论, 不要弄混淆了. 这些定理将在以后的各章中陆续用到.

四、常见错误类型分析

例 6.22　设总体 $X\sim N\left(\mu,\sigma^2\right),X_1,X_2,\cdots,X_n$ 是总体 X 的样本, 下列结论不正确的是 (　　).

(A) $\dfrac{\overline{X}-\mu}{\dfrac{\sigma}{\sqrt{n}}}\sim N(0,1)$　　(B) $\dfrac{1}{\sigma^2}\sum\limits_{i=1}^{n}(X_i-\mu)^2\sim\chi^2(n-1)$

(C) $\dfrac{\overline{X}-\mu}{\dfrac{S}{\sqrt{n}}}\sim t(n-1)$　　(D) $\dfrac{1}{\sigma^2}\sum\limits_{i=1}^{n}\left(X_i-\overline{X}\right)^2\sim\chi^2(n-1)$

错误选项　(D).

错因分析 错的原因是将 $\dfrac{1}{\sigma^2}\sum\limits_{i=1}^{n}(X_i-\mu)^2$ 与 $\dfrac{1}{\sigma^2}\sum\limits_{i=1}^{n}\left(X_i-\overline{X}\right)^2$ 的分布搞混了. 错误的认为 $\dfrac{1}{\sigma^2}\sum\limits_{i=1}^{n}\left(X_i-\overline{X}\right)^2\sim\chi^2(n)$, 而 $\dfrac{1}{\sigma^2}\sum\limits_{i=1}^{n}(X_i-\mu)^2\sim\chi^2(n-1)$.

正确选项　(B).

例 6.23　设 $X_1,X_2,\cdots,X_n$ 是来自正态总体 $N\left(\mu,\sigma^2\right)$ 的简单随机样本, $\overline{X}$ 是样本均值, 记

$$S_1^2=\frac{1}{n-1}\sum_{i=1}^{n}\left(X_i-\overline{X}\right)^2,\qquad S_2^2=\frac{1}{n}\sum_{i=1}^{n}\left(X_i-\overline{X}\right)^2,$$

$$S_3^2=\frac{1}{n-1}\sum_{i=1}^{n}(X_i-\mu)^2,\qquad S_4^2=\frac{1}{n}\sum_{i=1}^{n}(X_i-\mu)^2.$$

则服从自由度为 $n-1$ 的 t 分布的随机变量是 (　　).

(A) $t=\dfrac{\overline{X}-\mu}{\dfrac{S_1}{\sqrt{n-1}}}$　　(B) $t=\dfrac{\overline{X}-\mu}{\dfrac{S_2}{\sqrt{n-1}}}$

(C) $t=\dfrac{\overline{X}-\mu}{\dfrac{S_3}{\sqrt{n}}}$　　(D) $t=\dfrac{\overline{X}-\mu}{\dfrac{S_4}{\sqrt{n}}}$

错误结论 (A).

错因分析 错解原因是认为 $S_1^2 = \dfrac{1}{n-1}\sum\limits_{i=1}^{n}\left(X_i-\overline{X}\right)^2 \sim \chi^2(n-1)$, 而 $S_2^2 = \dfrac{1}{n}\sum\limits_{i=1}^{n}\left(X_i-\overline{X}\right)^2 \sim \chi^2(n-1)$.

正确结论 (B).

例 6.24 从正态总体 $N(6,4)$ 中抽取容量为 5 的样本 $X_1,X_2,\cdots,X_5$, 试求 $P\{\min(X_1,X_2,\cdots,X_5)>9\}$.

错误解法

$$\begin{aligned}
&P\{\min(\mathrm{X}_1,\mathrm{X}_2,\cdots,\mathrm{X}_5)>9\}\\
&=1-P\{\min(\mathrm{X}_1,\mathrm{X}_2,\cdots,\mathrm{X}_5)\leqslant 9\}\\
&=1-P\{X_1\leqslant 9\}P\{X_2\leqslant 9\}\cdots P\{X_5\leqslant 9\}\\
&=1-[F(9)]^5=1-\left[\Phi\left(\frac{9-6}{2}\right)\right]^5\\
&=1-[\Phi(1.5)]^5\\
&=1-0.9332^5\\
&=0.2923.
\end{aligned}$$

错因分析 错的原因是将 $P\{\max(X_1,X_2,\cdots,X_n)\leqslant x\}$、$P\{\min(X_1,X_2,\cdots,X_5)\leqslant x\}$ 与总体 X 的分布函数 $F(x)$ 之间的关系搞混.

正确解法

$$\begin{aligned}
&P\{\min(X_1,X_2,\cdots,X_5)>9\}\\
&=P\{X_1>9,X_2>9,\cdots,X_5>9\}\\
&=P\{X_1>9\}P\{X_2>9\}\cdots P\{X_5>9\}\\
&=[1-P\{X_1\leqslant 9\}][1-P\{X_2\leqslant 9\}]\cdots[1-P\{X_5\leqslant 9\}]\\
&=[1-F(9)]^5=\left[1-\Phi\left(\frac{9-6}{2}\right)\right]^5\\
&=[1-0.9332]^5\approx 0.000001.
\end{aligned}$$

五、疑难问题解答

1. 为什么可以把总体看成是一个随机变量?

答 当总体 X 表示某项数量指标时, 对于 X 的每个个体, 都有一个对应的取值. 这个取值有一定的分布, 而且具有随机性, 所以 X 是一个随机变量. 因此，对总体的研究就转化为对随机变量的研究，了解了随机变量 X，也就了解了总体，X 的分布函数和数字特征就是总体的分布函数和数字特征.

2. 简单随机样本有什么特点？有什么意义？

答 要了解一个总体，最好是了解每一个个体，但这样太费时间，代价太高，因此，用抽取样本的方式来了解是最好的选择. 为了使样本 $X_1, X_2, \cdots, X_n$ 具有充分的代表性，(1) 令 $X_1, X_2, \cdots, X_n$ 相互独立；(2) X 中每一个个体被抽到的机会相等，满足这两个条件的样本就是简单随机样本.

3. 统计量有什么意义？为什么统计量中不能含有未知参数？

答 样本是总体的反映，又是进行统计推断的依据，但样本反映的信息是凌乱的、无序的和分散的，所以要针对不同的问题构造不同的函数，将信息集中起来，便于进行统计推断和研究分析，使之更易揭示问题的本质. 统计量就是不含未知参数的连续函数. 例如 $\overline{X} = \dfrac{1}{n}\sum\limits_{i=1}^{n} X_i$ 是一个统计量，不含任何参数，它排除了关于 σ^2 的信息，集中了 μ 的信息.

连续性是为了保证统计量仍是随机变量而提出的，同时也为以后用数学方法研究统计量 (如极大似然函数) 提供了条件.

若不含未知参数，则统计量与样本有关，而与总体无关；若含有未知参数，则无法依靠样本观测值来求未知参数的估计值，因而失去了利用统计量估计未知参数的作用.

4. u 分布、t 分布、χ^2 分布和 F 分布等统计量之间有什么联系和区别？

答 这些分布都是正态总体下的抽样分布，都是在正态总体的前提下，用不同的方式构造出来的. 因为构造的形式不同，所得的分布就不同，所以它们既有联系又有区别.

例如，t 分布与标准正态分布相似，当 $n \to \infty$ 时，两者没有大的区别，但当 n 较小时，区别就明显了，如 t 分布在 $|x| \to \infty$，密度函数是 $|x|^{-n+1}$ 数量级的，而标准正态分布的密度函数是 $\mathrm{e}^{-\frac{x^2}{2}}$ 数量级的. 因此 t 分布只能到最高 $(n-1)$ 阶的矩 (整数阶)，而标准正态分布有任意阶矩，且 t 分布的方差 (若存在) 也比标准正态分布的方差大.

练习 6

1. 设总体 $X \sim B(1,p)$ 分布， $X_1, X_2, \cdots, X_n$ 是来自总体 X 的样本，求：(1) $(X_1, X_2, \cdots, X_n)$ 分布律； (2) $\sum\limits_{i=1}^{n} X_i$ 的分布律； (3) $E(\overline{X})$, $D(\overline{X})$, $E(S^2)$.

2. 设总体 $X \sim N(\mu, \sigma^2)$, 而 $(X_1, X_2, \cdots, X_n)$ 是来自总体 X 的简单随机样本，问为使样本均值 $\overline{X}$ 满足条件 $P\{|X-\mu|<2\} \geqslant 0.95$, 至少需要多大容量的样本？

3. 设总体 X 和 Y 相互独立，都服从正态分布 $N(30, 3^2)$, $X_1, X_2, \cdots, X_{20}$ 与 $Y_1, Y_2, \cdots, Y_{25}$ 分别是来自 X 和 Y 的样本，求 $P\{|\overline{X}-\overline{Y}|>0.4\}$.

4. 从正态总体 $N(100, 4)$ 中抽取容量为 10 的简单随机样本，样本均值为 $\overline{X}$, 已知 $P\{|\overline{X}-100|<k\}=0.95$, 求 k.

5. 设 X_1, X_2, X_3, X_4 是来自正态总体 $N(0, 2^2)$ 的样本， $Y=a(X_1-2X_2)^2+b(3X_3-4X_4)^2$. 若统计量 Y 服从 χ^2 分布，试确定 a, b 的值.

6. 从总体 $N(\mu, \sigma^2)$ 中抽取容量为 16 的样本，但 μ, σ^2 未知，求

$$P\left\{\frac{S^2}{\sigma^2} \leqslant 2.041\right\}.$$

7. 设总体 X 的概率密度为

$$f(x)=\begin{cases} 2\cos 2x, & 0<x<\dfrac{\pi}{4}, \\ 0, & \text{其他}, \end{cases}$$

从总体 X 中抽取样本 $X_1, X_2, \cdots, X_n$, 试确定样本容量 n, 使得

$$P\left\{\min(X_1, X_2, \cdots, X_n)<\frac{\pi}{12}\right\} \geqslant \frac{15}{16}.$$

8. 设 X_1, X_2, X_3, X_4 是来自正态总体 $X \sim N(\mu, \sigma^2)$ 的样本，求随机变量 $Y=\dfrac{(X_3-X_4)}{\sqrt{\sum\limits_{i=1}^{2}(X_i-\mu)^2}}$ 服从的分布.

9. 某化学药剂的平均溶解时间 $X \sim N(65, 25^2)$, 从总体 X 中抽取样本 $X_1, X_2, \cdots, X_n$, 问样本容量多大才能使样本均值以 0.95 的概率落在区间 $(50, 80)$ ？

10. 设总体 X 服从正态分布 $N(0, 4)$, $X_1, X_2, \cdots, X_{10}$ 是来自总体 X 的样本，求：

(1) $P\left\{\sum\limits_{i=1}^{10} X_i^2 \leqslant 13\right\}$; (2) $P\left\{13.3 \leqslant \sum\limits_{i=1}^{10}(X_i-\overline{X})^2 \leqslant 76\right\}$.

11. 设 $X_1, X_2, \cdots, X_9$ 是来自总体 $N(\mu, \sigma^2)$ 的样本，记

$$Y_1 = \frac{1}{6}(X_1 + X_2 + \cdots + X_6), \quad Y_2 = \frac{1}{3}(X_7 + X_8 + X_9),$$

$$S^2 = \frac{1}{2}\sum_{i=7}^{9}(X_i - Y_2)^2, \quad Z = \frac{\sqrt{2}\,(Y_1 - Y_2)}{S},$$

证明统计量 Z 服从自由度为 2 的 t 分布.

12. 设总体 $X \sim N(20, 5^2)$, 总体 $Y \sim N(10, 2^2)$, 从总体 X 和总体 Y 中分别独立地抽取样本，样本容量分别为 10 和 8, 样本方差分别为 S_1^2 和 S_2^2, 求 $P\left\{\dfrac{S_1^2}{S_2^2} \leqslant 23\right\}$.

13. 从标准正态总体 $N(0,1)$ 中抽取样本 $X_1, X_2, \cdots, X_6$, 试确定常数 c, 使统计量 $Y = c[(X_1 + X_2)^2 + (X_3 - X_4)^2 + (X_5 + X_6)^2]$ 服从 χ^2 分布.

14. 设 $X_1, X_2, \cdots, X_{n_1}, X_{n_1+1}, \cdots, X_{n_1+n_2}$ 是来自正态总体 $N(0, \sigma^2)$ 的样本，试确定下列统计量所服从的分布：

(1) $Y_1 = \dfrac{\sqrt{n_2}\sum\limits_{i=1}^{n_1} X_i}{\sqrt{n_1}\sqrt{\sum\limits_{j=n_1+1}^{n_1+n_2} X_j^2}}$;　　(2) $Y_2 = \dfrac{n_2\sum\limits_{i=1}^{n_1} {X_i}^2}{n_1\sum\limits_{j=n_1+1}^{n_1+n_2} {X_j}^2}$.

练习 6 参考答案与提示

1. (1) $P\{X_1 = x_1, X_2 = x_2, \cdots, X_n = x_n\} = \prod\limits_{i=1}^{n} P\{X_i = x_i\}$

$$= p^{\sum\limits_{i=1}^{n} x_i}(1-p)^{n-\sum\limits_{i=1}^{n} x_i} \quad (x_i = 0, 1).$$

(2) 因 $X_1, X_2, \cdots, X_n$ 相互独立，且有 $X_i \sim B(1,p)$, $i = 1, 2, \cdots, n$, 故 $\sum\limits_{i=1}^{n} X_i \sim B(n,p)$, 其分布为 $P\left\{\sum\limits_{i=1}^{n} X_i = k\right\} = \mathrm{C}_n^k p^k (1-p)^{n-k}$, $k = 0, 1, 2, \cdots, n$.

(3) $E(\overline{X}) = p$, $D(\overline{X}) = \dfrac{D(X)}{n} = \dfrac{p(1-p)}{n}$, $E(S^2) = D(X) = p(1-p)$.

2. $n \geqslant 4$.

3. 0.66.

4. 提示：利用重要分布 $U = \dfrac{\overline{X} - \mu}{\sigma/\sqrt{n}} \sim N(0,1)$.

5. 提示：利用 χ^2 分布的定义. $a = \dfrac{1}{20}$, $b = \dfrac{1}{100}$.

6. 提示：利用 $\dfrac{(n-1)S^2}{\sigma^2} \sim \chi^2(n-1)$. $P\left\{\dfrac{S^2}{\sigma^2} \leqslant 2.041\right\} = 0.99$.

7. 提示：利用概率密度，求出分布函数 $F(x)$, 再利用

$$P\left\{\min(X_1, X_2, \cdots, X_n) < \frac{\pi}{12}\right\} = 1 - \left[1 - F\left(\frac{\pi}{12}\right)\right]^n$$
$$= 1 - \left(\frac{1}{2}\right)^n \geqslant \frac{15}{16},$$

解得 $n \geqslant 4$, 因此取 $n = 4$.

8. 提示：利用 t 分布的定义，即可求得 $Y \sim t(2)$.

9. 提示：$\overline{X} \sim N\left(65, \frac{25^2}{n}\right)$, 将 $\overline{X}$ 标准化后，查标准正态分布表即可求出 $n \geqslant 11$.

10. (1) 0.025; (2) 0.925.

11. 由于 Y_1 是样本 $X_1, X_2, \cdots, X_6$ 的样本均值，Y_2 是样本 X_7, X_8, X_9 的样本均值，S^2 是样本 X_7, X_8, X_9 的样本方差，于是

$$E(Y_1) = E(Y_2) = \mu, \quad D(Y_1) = \frac{\sigma^2}{6}, \quad D(Y_2) = \frac{\sigma^2}{3}.$$

由于 Y_1 与 Y_2 相互独立，且

$$Y_1 \sim N\left(\mu, \frac{\sigma^2}{6}\right), \quad Y_2 \sim N\left(\mu, \frac{\sigma^2}{3}\right),$$

所以

$$Y_1 - Y_2 \sim N\left(0, \frac{\sigma^2}{2}\right),$$

即有

$$U = \frac{Y_1 - Y_2}{\sqrt{\frac{\sigma^2}{2}}} = \frac{\sqrt{2}(Y_1 - Y_2)}{\sigma} \sim N(0, 1).$$

又因为

$$\chi^2 = \frac{2S^2}{\sigma^2} \sim \chi^2(2),$$

而 Y_1, Y_2, S^2 相互独立，可知 U 与 χ^2 相互独立，因此，由 t 分布的定义可知

$$Z = \frac{\sqrt{2}(Y_1 - Y_2)}{S} = \frac{U}{\sqrt{\chi^2/2}} \sim t(2).$$

12. $P\left\{\frac{S_1^2}{S_2^2} \leqslant 23\right\} = P\left\{\frac{4S_1^2}{25S_2^2} \leqslant \frac{4}{25} \times 23\right\} = P\{F \leqslant 3.68\}$

$$= 1 - P\{F > 3.68\} = 0.95.$$

13. 由于 $X_1 + X_2 \sim N(0,2)$, $X_3 - X_4 \sim N(0,2)$, $X_5 + X_6 \sim N(0,2)$,

$$U_1 = \frac{1}{\sqrt{2}}(X_1 + X_2) \sim N(0,1), \quad U_2 = \frac{1}{\sqrt{2}}(X_3 - X_4) \sim N(0,1),$$
$$U_3 = \frac{1}{\sqrt{2}}(X_5 + X_6) \sim N(0,1),$$

又因为 U_1, U_2, U_3 相互独立，所以 $U_1^2 + U_2^2 + U_3^2 \sim \chi^2(3)$. 而 $U_1^2 + U_2^2 + U_3^2 = 2Y$, 所以 $c = 2$.

14.(1) 由于 $X_1, X_1, \cdots, X_{n_1}$ 相互独立，且均服从正态分布 $N(0,\sigma^2)$, 所以 $\sum\limits_{i=1}^{n_1} X_i \sim N(0, n_1\sigma^2)$, 于是

$$U = \frac{1}{\sqrt{n_1}\sigma} \sum_{i=1}^{n_1} X_i \sim N(0,1).$$

再由于

$$\chi^2 = \frac{1}{\sigma^2} \sum_{j=n_1+1}^{n_1+n_2} {X_j}^2 \sim \chi^2(n_2),$$

且 U 与 χ^2 相互独立，所以由 t 分布的定义可知

$$Y_1 = \frac{\sqrt{n_2}\sum\limits_{i=1}^{n_1} X_i}{\sqrt{n_1}\sqrt{\sum\limits_{j=n_1+1}^{n_1+n_2} X_j^2}} = \frac{U}{\sqrt{\chi^2/n_2}} \sim t(n_2).$$

(2) 由于

$$\chi_1^2 = \frac{1}{\sigma^2} \sum_{i=1}^{n_1} {X_i}^2 \sim \chi^2(n_1), \quad \chi_2^2 = \frac{1}{\sigma^2} \sum_{j=n_1+1}^{n_1+n_2} {X_j}^2 \sim \chi^2(n_2),$$

且 χ_1^2 与 χ_2^2 相互独立，所以由 F 分布的定义可知

$$Y_2 = \frac{n_2 \sum\limits_{i=1}^{n_1} {X_i}^2}{n_1 \sum\limits_{j=n_1+1}^{n_1+n_2} {X_j}^2} = \frac{\chi_1^2/n_1}{\chi_2^2/n_2} \sim F(n_1, n_2).$$

综合练习 6

1. 填空题

(1) 设随机变量 X 和 Y 相互独立均服从 $N\left(0,4^2\right)$, 而 $X_1,X_2,\cdots,X_6$ 和 $Y_1,Y_2,\cdots,Y_6$ 为分别来自总体 X 和 Y 的样本, 则统计量

$$V=\frac{\sum\limits_{i=1}^{16}X_i}{\sqrt{\sum\limits_{j=1}^{16}Y_j^2}}$$

服从 ______________分布, 参数为 ______________.

(2) 设 $X_1,X_2,\cdots,X_n$ 是来自正态总体 $N\left(\mu,\sigma^2\right)$ 的样本, 则

$$\frac{\overline{X}-\mu}{\sqrt{\frac{1}{n\left(n-1\right)}\sum\limits_{i=1}^{n}\left(X_i-\overline{X}\right)^2}}$$

服从 ______________分布.

(3) 设 $X_1,X_2,\cdots,X_{15}$ 是来自正态总体 $N(0,1)$ 的样本, 则统计量

$$\frac{X_1^2+X_2^2+\cdots+X_{10}^2}{2\left(X_{11}^2+X_{12}^2+\cdots+X_{15}^2\right)}$$

服从 ______________.

(4) 设随机变量 X 与 Y 相互独立, 且都服从 $N\left(0,\sigma^2\right)$, X_1,X_2,X_3 和 Y_1,Y_2,Y_3,Y_4 是分别来自 X 和 Y 的样本, 则统计量

$$\frac{\sum\limits_{i=1}^{3}X_i^2}{\sum\limits_{j=1}^{4}\left(Y_j-\overline{Y}\right)^2}$$

服从 ______________分布.

2. 选择题

(1) 设总体 $X\sim N\left(\mu,\sigma^2\right)$, $X_1,X_2,\cdots,X_n$ 是总体 X 的样本, 下列结论不正确的是 (　　).

(A) $\dfrac{\overline{X}-\mu}{\dfrac{\sigma}{\sqrt{n}}}\sim N(0,1)$　　(B) $\dfrac{1}{\sigma^2}\sum\limits_{i=1}^{n}\left(X_i-\mu\right)^2\sim\chi^2\left(n-1\right)$

(C) $\dfrac{\overline{X}-\mu}{\dfrac{S}{\sqrt{n}}} \sim t(n-1)$　　(D) $\dfrac{1}{\sigma^2}\sum\limits_{i=1}^{n}\left(X_i-\overline{X}\right)^2 \sim \chi^2(n-1)$

(2) 设 $X \sim t(10)$, 若 $P\{X > 1.8125\} = 0.05$, 则 $t_{0.95}(10) = (\quad)$.

(A) 1.8125　(B) 0.95　(C) -1.8125　(D) -0.95

(3) 设总体 X 服从 $0-1$ 分布，$X_1, X_2, \cdots, X_5$ 是来自总体 X 的简单随机样本，$\overline{X}$ 是样本均值，p 是介于 0 和 1 之间的常数，则下列各选项中不是统计量的为 (　　).

(A) $\min\{X_1, X_2, \cdots, X_5\}$　(B) $X_1-(1-p)\overline{X}$

(C) $\max\{X_1, X_2, \cdots, X_5\}$　(D) $X_5-5\overline{X}$

(4) 设总体 X 服从正态分布 $N\left(\mu, \sigma^2\right)$, 其中 μ 是已知的，而 σ^2 未知，(X_1, X_2, X_3) 是从总体中抽取的一个简单随机样本，则下列表达式中不是统计量的是 (　　).

(A) $\sum\limits_{i=1}^{3}\dfrac{X_i^2}{\sigma^2}$　(B) $\min(X_1, X_2, X_3)$　(C) $X_1+X_2+X_3$　(D) $X_1+2\mu$

3. 设总体 $X \sim N(0,1)$, $(X_1, X_2, \cdots, X_5)$ 为总体 X 的一组简单随机样本，试求 C, 使得 $C\dfrac{X_1+X_2}{\sqrt{X_3^2+X_4^2+X_5^2}}$ 服从 t 分布.

4. 设总体 $X \sim N\left(2, 0.5^2\right)$, 样本容量 $n=9$, 样本均值为 $\overline{X}$, 求：

(1) $P\{1.5 < X < 2.5\}$;　(2) $P\{1.5 < \overline{X} < 2.5\}$.

5. 设总体 $X \sim N(\mu, 9)$, $\overline{X}$ 为容量是 n 的样本均值，若已知 $P\{\overline{X}-1 < \mu < \overline{X}+1\} \geqslant 0.90$, 试求 n 至少应为多少？

6. 设总体 X 的概率密度为 $f(x)=\begin{cases}\mathrm{e}^{-x}, & x>0,\\ 0, & x \leqslant 0,\end{cases}$ $X_1, X_2, \cdots, X_5$ 是来自总体 X 的样本，求 $P\{\min(X_1, X_2, \cdots, X_5) \leqslant 1\}$.

7. 从均值为 μ, 方差为 σ^2 的总体中分别抽取容量为 n_1 和 n_2 的两个独立的样本，样本均值分别为 $\overline{X}_1$ 和 $\overline{X}_2$. 令 $T=a\overline{X}_1+(1-a)\overline{X}_2$, 确定 a 使 $D(T)$ 达到最小.

8. 设总体 X 服从正态分布 $N\left(\mu, \sigma^2\right)$, 从总体 X 中抽取样本 $X_1, X_2, \cdots, X_{2n}$ $(n \geqslant 2)$, 样本均值为 $\overline{X}=\dfrac{1}{2n}\sum\limits_{i=1}^{2n}X_i$, 求统计量 $Y=\sum\limits_{i=1}^{n}\left(X_i+X_{n+i}-2\overline{X}\right)^2$ 的数学期望.

综合练习 6 参考答案与提示

1. (1) $t(16), 16$;　(2) $t(n-1)$;　(3) $F(10,5)$;　(4) $F(3,3)$.

2. (1) (B); (2) (C); (3) (D); (4) (A).

3. 由于 $(X_1, X_2, \cdots, X_5)$ 为总体 $X \sim N(0,1)$ 的简单随机样本，则有

$$X_1 + X_2 \sim N(0,2), \quad X_3^2 + X_4^2 + X_5^2 \sim \chi^2(3).$$

从而 $\dfrac{X_1 + X_2}{\sqrt{2}} \sim N(0,1)$ 且与 $X_3^2 + X_4^2 + X_5^2$ 相互独立.
故

$$T = \frac{(X_1 + X_2)\sqrt{2}}{\sqrt{(X_3^2 + X_4^2 + X_5^2)/\sqrt{3}}} = \sqrt{\frac{3}{2}} \frac{X_1 + X_2}{\sqrt{X_3^2 + X_4^2 + X_5^2}} \sim t(3),$$

则 $C = \sqrt{\dfrac{3}{2}} = \dfrac{\sqrt{6}}{2}$.

4. 因为 $X \sim N(2, 0.5^2)$, $n = 9$, 所以 $\overline{X} \sim N\left(2, \dfrac{0.5^2}{9}\right)$, 于是

$$\begin{aligned}(1)\ P\{1.5 < X < 2.5\} &= P\left\{\frac{1.5-2}{0.5} < \frac{X-2}{0.5} < \frac{2.5-2}{0.5}\right\}\\ &= \Phi\left(\frac{2.5-2}{0.5}\right) - \Phi\left(\frac{1.5-2}{0.5}\right) = \Phi(1) - \Phi(-1)\\ &= 0.6826.\end{aligned}$$

$$\begin{aligned}(2)\ P\{1.5 < \overline{X} < 2.5\} &= P\left\{\frac{1.5-2}{\frac{0.5}{3}} < \frac{\overline{X}-2}{\frac{0.5}{3}} < \frac{2.5-2}{\frac{0.5}{3}}\right\}\\ &= \Phi\left(\frac{2.5-2}{\frac{0.5}{3}}\right) - \Phi\left(\frac{1.5-2}{\frac{0.5}{3}}\right) = \Phi(3) - \Phi(-3)\\ &= 0.9974.\end{aligned}$$

5. $$\begin{aligned}&P\{\overline{X} - 1 < \mu < \overline{X} + 1\}\\ &= P\{-1 < \overline{X} - \mu < 1\} = P\left\{\frac{-1}{\sqrt{\frac{9}{n}}} < \frac{\overline{X}-\mu}{\sqrt{\frac{9}{n}}} < \frac{1}{\sqrt{\frac{9}{n}}}\right\}\\ &= 2\Phi\left(\frac{\sqrt{n}}{3}\right) - 1.\end{aligned}$$

于是有 $2\Phi\left(\dfrac{\sqrt{n}}{3} - 1\right) \geqslant 0.90$, 即 $\Phi\left(\dfrac{\sqrt{n}}{3}\right) \geqslant 0.95$, 查表得 $\dfrac{\sqrt{n}}{3} \geqslant 1.645$, $n \geqslant 24.4$, 故 n 至少应为 25.

6. 总体 X 的分布函数为

$$F(x)=\begin{cases}1-\mathrm{e}^{-x}, & x>0,\\ 0, & x\leqslant 0,\end{cases}$$

$P\{\min(X_1,X_2,\cdots,X_5)\leqslant 1\}=1-[1-F(1)]^5=1-\mathrm{e}^{-5}$.

7. $$\begin{aligned}D(T)&=a^2D\left(\overline{X}_1\right)+(1-a)^2D\left(\overline{X}_2\right)\\&=a^2\frac{\sigma^2}{n_1}+(1-a)^2\frac{\sigma^2}{n_2}.\end{aligned}$$

令 $\dfrac{\mathrm{d}D(T)}{\mathrm{d}a}=0$, 得 $a=\dfrac{n_1}{n_1+n_2}$, 且此时 $\dfrac{\mathrm{d}^2D(T)}{\mathrm{d}a^2}>0$, 故 $D(T)$ 在 $a=\dfrac{n_1}{n_1+n_2}$ 时取最小值.

8. 记 $\overline{X}'=\dfrac{1}{n}\sum\limits_{i=1}^{n}X_i, \overline{X}''=\dfrac{1}{n}\sum\limits_{i=1}^{n}X_{n+i}$, 则 $2\overline{X}=\overline{X}'+\overline{X}''$.

$$\begin{aligned}E(Y)&=E\left[\sum_{i=1}^{n}\left(X_i+X_{n+i}-2\overline{X}\right)^2\right]\\&=E\left\{\sum_{i=1}^{n}\left[\left(X_i-\overline{X}'\right)+\left(X_{n+i}-\overline{X}''\right)\right]^2\right\}\\&=E\left\{\sum_{i=1}^{n}\left[\left(X_i-\overline{X}'\right)^2+2\left(X_i-\overline{X}'\right)\left(X_{n+i}-\overline{X}''\right)+\left(X_{n+i}-\overline{X}''\right)^2\right]\right\}\\&=E\left[\sum_{i=1}^{n}\left(X_i-\overline{X}'\right)^2\right]+2\sum_{i=1}^{n}E\left[\left(X_i-\overline{X}'\right)\left(X_{n+i}-\overline{X}''\right)\right]+\\&\quad E\left[\sum_{i=1}^{n}\left(X_{n+i}-\overline{X}''\right)^2\right]\\&=(n-1)E\left(S_1^2\right)+0+(n-1)E\left(S_2^2\right)\\&=2(n-1)\sigma^2.\end{aligned}$$

第 6 章自测题

第 7 章　参数估计

7.1　点估计

一、主要内容

点估计的基本概念，点估计的两种常用方法：矩估计法、最大似然估计法及其性质，估计量的评选标准：无偏性、有效性、一致性.

二、教学要求

1. 掌握点估计的概念以及估计量和估计值的定义.

2. 熟练运用矩估计法和最大似然估计法求未知参数的估计量 (值).

3. 了解矩估计法和最大似然估计法的性质，会求解未知参数的函数的估计量 (值).

4. 了解矩估计法的“不合理性”和不唯一性.

5. 了解估计量的评选标准，会验证估计量的无偏性、有效性和一致性.

三、例题选讲

例 7.1　设 $X_1, X_2, \cdots, X_n$ 是来自对数分布

$$P\{X=k\}=-\frac{1}{\ln(1-p)}\cdot\frac{p^k}{k},\quad k=1,2,\cdots$$

的样本，其中 $0<p<1$，求参数 p 的矩估计量.

分析　虽然总体分布中只含有一个未知参数，但若只运用总体的一阶矩将解不出未知参数矩估计的显函数形式. 此时，可再求其二阶矩，二者相结合便可以得到参数矩估计的显函数形式.

解　由于

$$\begin{aligned}\frac{1}{n}\sum_{i=1}^{n}X_i=A_1=E(X)&=\sum_{k=1}^{\infty}k\left[-\frac{1}{\ln(1-p)}\cdot\frac{p^k}{k}\right]\\&=-\frac{1}{\ln(1-p)}\sum_{k=1}^{\infty}p^k=-\frac{1}{\ln(1-p)}\cdot\frac{p}{1-p},\end{aligned}$$

$$\frac{1}{n}\sum_{i=1}^{n}X_i^2 = A_2 = E(X^2) = \sum_{k=1}^{\infty}k^2\left[-\frac{1}{\ln(1-p)}\cdot\frac{p^k}{k}\right]$$

$$= -\frac{1}{\ln(1-p)}\sum_{k=1}^{\infty}kp^k = -\frac{p}{\ln(1-p)}\left(\sum_{k=1}^{\infty}p^k\right)'$$

$$= -\frac{1}{\ln(1-p)}\cdot\frac{p}{(1-p)^2},$$

于是得

$$\frac{A_1}{A_2} = 1-p,$$

从而解得 p 的矩估计量为

$$\widehat{p} = 1 - \frac{\sum_{i=1}^{n}X_i}{\sum_{i=1}^{n}X_i^2}.$$

例 7.2　设与古典概型随机试验相应的总体 X 以等概率 $\dfrac{1}{\theta}$ 取值 $1,2,\cdots,\theta$，求参数 θ 的矩估计量.

解　$\mu_1 = E(X) = \dfrac{1}{\theta}(1+2+\cdots+\theta) = \dfrac{\theta+1}{2}$，$A_1 = \dfrac{1}{n}\sum\limits_{i=1}^{n}X_i = \overline{X}$.

令 $\mu_1 = A_1$，解得 θ 的矩估计量为

$$\widehat{\theta} = 2\overline{X} - 1.$$

注　矩估计法的结果可能与事实不符.

例如要通过观察某单位出库的汽车号码 (该单位自编号码 $1,2,\cdots,\theta$) 来估计该单位有多少台汽车. 今设样本观测值为：$x_1 = 1, x_2 = 3, x_3 = 20$，从而 $\widehat{\theta} = 15$.

这显然是不合理的. 因为已经看到 20 号汽车了，该单位至少有 20 台汽车，但给出的估计却是 15 台.

造成上述不合理现象的主要原因是矩估计法没能充分利用总体分布形式所提供的信息. 因此，当总体分布形式已知时，矩估计法不如最大似然估计法的效果好.

例 7.3　设总体 X 服从参数为 λ 的 Poisson 分布 (其中 $\lambda > 0$ 未知)，$X_1, X_2, \cdots, X_n$ 为来自总体的样本. 求：(1) λ 的最大似然估计量；(2) $P\{X=0\}$ 的最大似然估计量.

分析 (1) 若记 $p(x,\lambda)$ 为 X 的分布律，$x_1,x_2,\cdots,x_n$ 为样本值，则似然函数为

$$L(\lambda)=\prod_{i=1}^{n}p(x_i,\lambda),$$

然后取对数得 $\ln L(\lambda)$. 令

$$\frac{\mathrm{d}\ln L(\lambda)}{\mathrm{d}\lambda}=0,$$

解得 λ, 记作 $\widehat{\lambda}$, 即为 λ 的最大似然估计值，再将样本值换成样本即为 λ 的最大似然估计量.

(2) 最大似然估计具有下述性质：设 θ 的函数 $u=u(\theta),\theta\in\mathit{\Theta}$ 具有单值反函数 $\theta=\theta(u),u\in U$. 又设 $\widehat{\theta}$ 是 X 的概率分布中参数 θ 的最大似然估计，则 $\widehat{u}=u(\widehat{\theta})$ 是 $u(\theta)$ 的最大似然估计.

解 (1) Poisson 分布的分布律为

$$p(x,\lambda)=P\{X=x\}=\frac{\lambda^x}{x!}\mathrm{e}^{-\lambda}\quad(x=0,1,2,\cdots,\lambda>0),$$

设样本值为 $x_1,x_2,\cdots,x_n$ $(x_i=0,1,2,\cdots)$, 似然函数为

$$L(\lambda)=\prod_{i=1}^{n}p(x_i,\lambda)=\prod_{i=1}^{n}\frac{\lambda^{x_i}}{x_i!}\mathrm{e}^{-\lambda}=\frac{\lambda^{x_1+x_2+\cdots+x_n}}{x_1!x_2!\cdots x_n!}\mathrm{e}^{-n\lambda},$$

取对数得

$$\ln L(\lambda)=\left(\sum_{i=1}^{n}x_i\right)\ln\lambda-n\lambda-\sum_{i=1}^{n}\ln(x_i!),$$

令

$$\frac{\mathrm{d}\ln L(\lambda)}{\mathrm{d}\lambda}=\frac{1}{\lambda}\sum_{i=1}^{n}x_i-n=0,$$

解得 λ 的最大似然估计值为

$$\widehat{\lambda}=\frac{1}{n}\sum_{i=1}^{n}x_i=\overline{x},$$

因此 λ 的最大似然估计量为

$$\widehat{\lambda}=\overline{X}.$$

(2) 由 (1) 可知 $\widehat{\lambda}=\overline{X}$. 又

$$P\{X=0\}=\mathrm{e}^{-\lambda}\frac{\lambda^0}{0!}=\mathrm{e}^{-\lambda},$$

由最大似然估计的性质可得

$$\widehat{P}\{X=0\}=\mathrm{e}^{-\widehat{\lambda}}=\mathrm{e}^{-\overline{X}}.$$

注　对 Poisson 分布而言，未知参数的矩估计量也是 $\overline{X}$. 事实上，对于许多分布中的未知参数，矩估计量和最大似然估计量都相同，但这并不是必然的.

例 7.4　设总体 X 的概率密度为

$$f(x)=\begin{cases}\dfrac{6x(\theta-x)}{\theta^3}, & 0<x<\theta,\\ 0, & \text{其他},\end{cases}$$

$X_1,X_2,\cdots,X_n$ 为来自总体 X 的样本，试求：

(1) θ 的矩估计量 $\widehat{\theta}$;

(2) $\widehat{\theta}$ 的方差 $D(\widehat{\theta})$;

(3) $\mu=\sin\theta$ 的矩估计量 $\widehat{\mu}$.

分析　总体 X 的概率密度仅含一个未知参数 θ, 计算出总体 X 的一阶原点矩，令它与样本的一阶原点矩相等，再解出 θ, 记作 $\widehat{\theta}$, 即为 θ 的矩估计量. 根据方差的性质来求 $D(\widehat{\theta})$. 以样本矩的连续函数作为相应的总体矩的连续函数的估计量.

解　(1) 由于

$$E(X)=\int_{-\infty}^{+\infty}xf(x)\mathrm{d}x=\int_0^\theta\frac{6}{\theta^3}x^2(\theta-x)\mathrm{d}x=\frac{\theta}{2},$$

$$A_1=\frac{1}{n}\sum_{i=1}^{n}X_i=\overline{X},$$

令

$$E(X)=A_1=\overline{X},$$

解得 θ 的矩估计量为

$$\widehat{\theta}=2\overline{X}.$$

(2) 因为

$$E(X^2)=\int_0^\theta x^2\frac{6}{\theta^3}x(\theta-x)\mathrm{d}x=\frac{3}{10}\theta^2,$$

所以

$$D(X)=E(X^2)-[E(X)]^2=\frac{3}{10}\theta^2-\left(\frac{\theta}{2}\right)^2=\frac{1}{20}\theta^2.$$

故

$$D(\widehat{\theta})=D(2\overline{X})=4D(\overline{X})=\frac{4}{n}D(X)=\frac{\theta^2}{5n}.$$

(3) 根据矩估计法的性质有

$$\widehat{u}=\sin\widehat{\theta}=\sin(2\overline{X}).$$

例 7.5 设 $X_1,X_2,\cdots,X_n$ 是来自总体 X 的样本, X 的概率密度为

$$f(x)=\begin{cases}-\theta^x\ln\theta, & x\geqslant 0,0<\theta<1,\\ 0, & x<0,\end{cases}$$

求未知参数 θ 的矩估计量.

分析 只需求总体 X 的数学期望.

解 由于

$$\begin{aligned}E(X)&=\int_{-\infty}^{+\infty}xf(x)\mathrm{d}x=\int_0^{+\infty}(-x)\theta^x\ln\theta\mathrm{d}x\\&=\int_0^{+\infty}-x\mathrm{d}\theta^x=-x\theta^x\Big|_0^{+\infty}+\int_0^{+\infty}\theta^x\mathrm{d}x\\&=\frac{\theta^x}{\ln\theta}\Big|_0^{+\infty}=-\frac{1}{\ln\theta},\end{aligned}$$

令

$$E(X)=A_1=\overline{X},$$

所以有

$$-\frac{1}{\ln\theta}=\overline{X},$$

解得 θ 的矩估计量为

$$\widehat{\theta}=\mathrm{e}^{-\frac{1}{\overline{X}}}.$$

例 7.6 于例 7.2 中, 求 θ 的最大似然估计量.

解 设 $X_1,X_2,\cdots,X_n$ 是来自总体 X 的样本, $x_1,x_2,\cdots,x_n$ 为样本观测值, 则最大似然函数为

$$L(\theta)=\begin{cases}\dfrac{1}{\theta^n}, & \text{当 } x_1,x_2,\cdots,x_n \text{ 均取值 } 1,2,\cdots,\theta \text{ 时},\\ 0, & \text{其他}.\end{cases}$$

$L_1(\theta)=\dfrac{1}{\theta^n}$, 则 $\dfrac{\mathrm{dlnL_1}(\theta)}{\mathrm{d}\theta}=-n\theta^{-(n+1)}<0$, 所以 θ 越小, $L_1(\theta)$ 越大.

但 $x_1, x_2, \cdots, x_n$ 为取定的值，且 $x_i \leqslant \theta\ (i=1,2,\cdots,n)$, 故当 $\widehat{\theta}=\max\{x_1, x_2, \cdots, x_n\}$ 时， $L_1(\theta)$ 取最大值. 从而 θ 的最大似然估计量为

$$\widehat{\theta}=\max\{X_1, X_2, \cdots, X_n\}.$$

注　根据例 7.2 的条件， $\max\{x_1, x_2, x_3\}=20$, 据此估计该单位有 20 台汽车，这比矩估计法的效果要好. 此例中的分布实际上是离散型均匀分布.

例 7.7　设总体 X 的概率密度为

$$f(x)=\begin{cases}(\alpha+1)x^{\alpha}, & 0<x<1, \\ 0, & \text{其他},\end{cases}$$

其中 $\alpha>-1$ 是未知参数， $X_1, X_2, \cdots, X_n$ 为一个样本，试求参数 α 的矩估计量和最大似然估计量.

解　因为

$$E(X)=\int_0^1 x(\alpha+1)x^{\alpha}\mathrm{d}x=\frac{\alpha+1}{\alpha+2},$$

令

$$E(X)=A_1=\overline{X},$$

即

$$\frac{\alpha+1}{\alpha+2}=\overline{X},$$

所以解得 α 的矩估计量为

$$\widehat{\alpha}=\frac{2\overline{X}-1}{1-\overline{X}}.$$

设 $x_1, x_2, \cdots, x_n$ 是样本 $X_1, X_2, \cdots, X_n$ 的观测值 $(0<x_i<1, i=1,2,\cdots, n)$, 似然函数为

$$L(\alpha)=\prod_{i=1}^{n} f(x_i)=\prod_{i=1}^{n}(\alpha+1)x_i^{\alpha}=(\alpha+1)^n(x_1x_2\cdots x_n)^{\alpha},$$

取对数，得

$$\ln L(\alpha)=n\ln(\alpha+1)+\alpha\sum_{i=1}^{n}\ln x_i,$$

令

$$\frac{\mathrm{d}\ln L(\alpha)}{\mathrm{d}\alpha}=\frac{n}{\alpha+1}+\sum_{i=1}^{n}\ln x_i=0,$$

解得 α 的最大似然估计值为

$$\widehat{\alpha}=-1-\frac{n}{\sum\limits_{i=1}^{n}\ln x_i},$$

从而 α 的最大似然估计量为

$$\widehat{\alpha}=-1-\frac{n}{\sum\limits_{i=1}^{n}\ln X_i}.$$

可见 α 的最大似然估计量与矩估计量不相同.

例 7.8 设 $X_1,X_2,\cdots,X_n$ 为取自对数正态总体 X 的一个简单随机样本, 即 $\ln X\sim N(\mu,\sigma^2)$, 试求 $E(X)$ 与 $D(X)$ 的最大似然估计量.

解 总体 X 的密度函数为

$$f(x;\mu,\sigma^2)=\begin{cases}\dfrac{1}{\sqrt{2\pi}\sigma}\cdot\dfrac{1}{x}\mathrm{e}^{-\frac{(\ln x-\mu)^2}{2\sigma^2}}, & x>0,\\ 0, & x\leqslant 0.\end{cases}$$

设样本值为 $x_1,x_2,\cdots,x_n$ $(x_i>0,\ i=1,2,\cdots,n)$, 则似然函数为

$$\begin{aligned}L(\mu,\sigma^2)&=\prod_{i=1}^{n}\frac{1}{\sqrt{2\pi}\sigma x_i}\mathrm{e}^{-\frac{(\ln x_i-\mu)^2}{2\sigma^2}}\\&=(2\pi\sigma^2)^{-\frac{n}{2}}\left(\prod_{i=1}^{n}\frac{1}{x_i}\right)\mathrm{e}^{-\frac{1}{2\sigma^2}\sum\limits_{i=1}^{n}(\ln x_i-\mu)^2},\end{aligned}$$

取对数得

$$\ln L(\mu,\sigma^2)=-\frac{n}{2}\ln(2\pi\sigma^2)-\sum_{i=1}^{n}\ln x_i-\frac{1}{2\sigma^2}\sum_{i=1}^{n}(\ln x_i-\mu)^2,$$

分别对参数 μ,σ^2 求偏导, 并令其为零,

$$\begin{cases}\dfrac{\partial\ln L}{\partial\mu}=\dfrac{1}{\sigma^2}\sum\limits_{i=1}^{n}(\ln x_i-\mu)=0,\\ \dfrac{\partial\ln L}{\partial\sigma^2}=-\dfrac{n}{2}\cdot\dfrac{1}{\sigma^2}+\dfrac{1}{2\sigma^4}\sum\limits_{i=1}^{n}(\ln x_i-\mu)^2=0,\end{cases}$$

解得 μ 与 σ^2 的最大似然估计值为

$$\widehat{\mu}=\frac{1}{n}\sum_{i=1}^{n}\ln x_i,\quad \widehat{\sigma^2}=\frac{1}{n}\sum_{i=1}^{n}(\ln x_i-\widehat{\mu})^2,$$

因此 μ 与 σ^2 的最大似然估计量为

$$\widehat{\mu}=\frac{1}{n}\sum_{i=1}^{n}\ln X_i,\qquad \widehat{\sigma^2}=\frac{1}{n}\sum_{i=1}^{n}(\ln X_i-\widehat{\mu})^2.$$

由于

$$\begin{aligned}E(X)&=\frac{1}{\sqrt{2\pi}\sigma}\int_0^{+\infty}x\cdot\frac{1}{x}\mathrm{e}^{-\frac{(\ln x-\mu)^2}{2\sigma^2}}\mathrm{d}x\qquad\left(t=\frac{\ln x-\mu}{\sigma}\right)\\&=\frac{1}{\sqrt{2\pi}}\int_{-\infty}^{+\infty}\mathrm{e}^{\mu+\sigma t}\cdot\mathrm{e}^{-\frac{t^2}{2}}\mathrm{d}t\\&=\mathrm{e}^{\mu+\frac{1}{2}\sigma^2}\frac{1}{\sqrt{2\pi}}\int_{-\infty}^{+\infty}\mathrm{e}^{-\frac{1}{2}(t-\sigma)^2}\mathrm{d}(t-\sigma)=\mathrm{e}^{\mu+\frac{1}{2}\sigma^2}.\end{aligned}$$

同理可得

$$E(X^2)=\mathrm{e}^{\sigma^2}\cdot\mathrm{e}^{2(\mu+\frac{1}{2}\sigma^2)}.$$

于是

$$D(X)=E(X^2)-[E(X)]^2=\mathrm{e}^{2(\mu+\frac{1}{2}\sigma^2)}(\mathrm{e}^{\sigma^2}-1).$$

故 $E(X)$ 与 $D(X)$ 的最大似然估计量为

$$\widehat{E(X)}=\mathrm{e}^{\widehat{\mu}+\frac{1}{2}\widehat{\sigma^2}},\quad \widehat{D(X)}=\mathrm{e}^{2(\widehat{\mu}+\frac{1}{2}\widehat{\sigma^2})}(\mathrm{e}^{\widehat{\sigma^2}}-1).$$

例 7.9 某工程师为了解一台天平的精度，用该天平对一物体的质量做 n 次测量，该物体的质量 μ 是已知的. 设 n 次测量结果 $X_1,X_2,\cdots,X_n$ 相互独立且均服从正态分布 $N(\mu,\sigma^2)$，该工程师记录的是 n 次测量的绝对误差 $Z_i=|X_i-\mu|\ (i=1,2,\cdots,n)$. 利用 $Z_1,Z_2,\cdots,Z_n$ 估计 σ.

(1) 求 Z_1 的概率密度；

(2) 利用一阶矩求 σ 的矩估计量；

(3) 求 σ 的最大似然估计量.

例 7.9

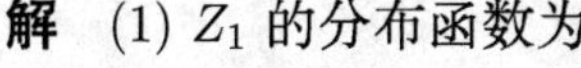

解 (1) Z_1 的分布函数为

$$F(z)=P\{Z_1\leqslant z\}=P\{|X_1-\mu|\leqslant z\}=\begin{cases}2\Phi\left(\dfrac{z}{\sigma}\right)-1, & z\geqslant 0,\\ 0, & z<0,\end{cases}$$

所以 Z_1 的概率密度为

$$f(z)=\begin{cases}\dfrac{2}{\sqrt{2\pi}\sigma}\mathrm{e}^{-\dfrac{z^2}{2\sigma^2}}, & z\geqslant 0,\\ 0, & z<0.\end{cases}$$

(2) $EZ_1=\int_{-\infty}^{+\infty} zf(z)\mathrm{d}z=\frac{2}{\sqrt{2\pi}\sigma}\int_0^{+\infty} z\mathrm{e}^{-\frac{z^2}{2\sigma^2}}\mathrm{d}z=\frac{2}{\sqrt{2\pi}}\sigma.$

$\sigma=\frac{\sqrt{2\pi}}{2}EZ_1$, 令 $\bar{Z}=\frac{1}{n}\sum_{i=1}^{n}Z_i$, 得 σ 的矩估计量为 $\hat{\sigma}=\frac{\sqrt{2\pi}}{2}\bar{Z}$.

(3) 记 $z_1,z_2,\cdots,z_n$ 为样本 $Z_1,Z_2,\cdots,Z_n$ 的观测值, 则似然函数为

$$L(\sigma)=\prod_{i=1}^{n}f(z_i)=\left(\frac{2}{\sqrt{2\pi}}\right)^n\sigma^{-n}\mathrm{e}^{-\frac{1}{2\sigma^2}\sum_{i=1}^{\infty}z_i^2},$$

对数似然函数为 $\ln L(\sigma)=n\ln\frac{2}{\sqrt{2\pi}}-n\ln\sigma-\frac{1}{2\sigma^2}\sum_{i=1}^{n}z_i^2$.

令 $\frac{\mathrm{d}\ln L(\sigma)}{\mathrm{d}\sigma}=-\frac{n}{\sigma}+\frac{1}{\sigma^3}\sum_{i=1}^{n}z_i^2=0$, 得 σ 的最大似然估计值为

$$\hat{\sigma}=\sqrt{\frac{1}{n}\sum_{i=1}^{n}z_i^2},$$

所以 σ 的最大似然估计量为

$$\hat{\sigma}=\sqrt{\frac{1}{n}\sum_{i=1}^{n}Z_i^2}.$$

例 7.10 设总体 X 的概率密度为

$$f(x;\lambda)=\begin{cases}\lambda\alpha x^{\alpha-1}\mathrm{e}^{-\lambda x^{\alpha}}, & x>0,\\ 0, & x\leqslant 0,\end{cases}$$

其中 $\lambda>0$ 为未知参数, $\alpha>0$ 为已知常数. 根据来自总体 X 的样本 $X_1,X_2,\cdots,X_n$, 求 λ 的最大似然估计量.

解 设 $x_1,x_2,\cdots,x_n$ 为样本观测值 $(x_i>0,\ i=1,2,\cdots,n)$, 则似然函数为

$$L(\lambda)=(\lambda\alpha)^n\mathrm{e}^{-\lambda\sum\limits_{i=1}^{n}x_i^{\alpha}}\prod_{i=1}^{n}x_i^{\alpha-1},$$

取对数得

$$\ln L(\lambda)=n\ln(\lambda\alpha)-\lambda\sum_{i=1}^{n}x_i^{\alpha}+\sum_{i=1}^{n}(\alpha-1)\ln x_i,$$

令 $\dfrac{\mathrm{d}\ln L(\lambda)}{\mathrm{d}\lambda}=0$, 得

$$\frac{n}{\lambda}-\sum_{i=1}^{n}x_i^{\alpha}=0,$$

解得 λ 的最大似然估计值为

$$\widehat{\lambda}=\frac{n}{\sum\limits_{i=1}^{n}x_i^{\alpha}},$$

因此 λ 的最大似然估计量为

$$\widehat{\lambda}=\frac{n}{\sum\limits_{i=1}^{n}X_i^{\alpha}}.$$

例 7.11　设总体 X 服从 $[0,\theta]$ 上的均匀分布，其中 $\theta>0$ 为未知参数，$X_1,X_2,\cdots,X_n$ 是 X 的样本，求 θ 的最大似然估计量.

解　总体 X 的概率密度为

$$f(x;\theta)=\begin{cases}\dfrac{1}{\theta}, & 0<x<\theta,\\ 0, & \text{其他}.\end{cases}$$

设 $x_1,x_2,\cdots,x_n$ 为样本值 $(0<x_i<\theta,\ i=1,2,\cdots,n)$, 则似然函数为

$$L(\theta)=\frac{1}{\theta^n},$$

显然

$$\frac{\mathrm{d}\ln L(\theta)}{\mathrm{d}\theta}=-n\theta^{-(n+1)}<0,$$

所以 θ 越小，$L(\theta)$ 越大. 但 $x_1,x_2,\cdots,x_n$ 为取定的值, 且 $x_i<\theta\ (i=1,2,\cdots,n)$, 故当 $\theta=\max(x_1,x_2,\cdots,x_n)$ 时，$L(\theta)$ 取最大值. 从而 θ 的最大似然估计量为

$$\widehat{\theta}=\max(X_1,X_2,\cdots,X_n).$$

注　当总体概率密度 $f(x,\theta)$ 中 $f(x,\theta)>0$ 的范围与 θ 有关时，往往会导致似然方程无解，此时可根据最大似然估计法的原理求最大似然估计量，我们再看一个这样的例子.

例 7.12　已知总体 X 的概率密度为

$$f(x;\theta)=\begin{cases}2\mathrm{e}^{-2(x-\theta)}, & x>\theta,\\ 0, & x\leqslant\theta,\end{cases}$$

其中 $\theta>0$ 为未知参数. 又设 $x_1,x_2,\cdots,x_n$ 是 X 的一组样本观测值 $(x_i>\theta,\ i=1,2,\cdots,n)$, 求参数 θ 的最大似然估计值.

解 似然函数为

$$L(\theta)=\prod_{i=1}^{n}f(x_i;\theta)=\prod_{i=1}^{n}2\mathrm{e}^{-2(x_i-\theta)}$$
$$=2^n\mathrm{e}^{-2\sum\limits_{i=1}^{n}(x_i-\theta)},$$

取对数得

$$\ln L(\theta)=\ln\left[2^n\mathrm{e}^{-2\sum\limits_{i=1}^{n}(x_i-\theta)}\right]=n\ln 2+2n\theta-2\sum_{i=1}^{n}x_i.$$

因为 $\dfrac{\mathrm{d}\ln L(\theta)}{\mathrm{d}\theta}=2n>0$, 所以 $L(\theta)$ 是 θ 的单调增加函数.

又 $x_i>\theta\ (i=1,2,\cdots,n)$, 所以当 $\theta=\min(x_1,x_2,\cdots,x_n)$ 时, $L(\theta)$ 取最大值. 故 θ 的最大似然估计值为

$$\widehat{\theta}=\min(x_1,x_2,\cdots,x_n).$$

例 7.13 设总体 X 具有概率分布

X	-1	0	1
P	θ	$1-2\theta$	θ

其中 θ 为未知参数 $\left(0<\theta<\dfrac{1}{2}\right)$. 已知:

$$-1,\quad 0,\quad 0,\quad 1,\quad 1$$

是来自总体 X 的样本, 求 θ 的矩估计值和最大似然估计值.

解 由于

$$\mu_1=E(X)=-1\cdot\theta+0\cdot(1-2\theta)+1\cdot\theta=0,$$
$$\mu_2=E(X^2)=(-1)^2\cdot\theta+0^2\cdot(1-2\theta)+1^2\cdot\theta=2\theta,$$

于是令 $\mu_2=A_2$, 即 $2\theta=\dfrac{1}{n}\sum\limits_{i=1}^{n}X_i^2$, 解得 θ 的矩估计量为

$$\widehat{\theta}=\frac{1}{2n}\sum_{i=1}^{n}X_i^2,$$

因此 θ 的矩估计值为

$$\begin{aligned}\widehat{\theta} &= \frac{1}{2n}\sum_{i=1}^{n} x_i^2 \\ &= \frac{1}{2\times 5}\left[(-1)^2+0^2+0^2+1^2+1^2\right]=0.3.\end{aligned}$$

对于给定的样本值，似然函数为

$$\begin{aligned}L(\theta) &= P\{X=-1\}\cdot P\{X=0\}\cdot P\{X=0\}\cdot P\{X=1\}\cdot P\{X=1\} \\ &= \theta(1-2\theta)^2\cdot\theta^2=\theta^3\cdot(1-2\theta)^2.\end{aligned}$$

取对数得

$$\ln L(\theta)=3\ln\theta+2\ln(1-2\theta).$$

令 $\dfrac{\mathrm{d}\ln L(\theta)}{\mathrm{d}\theta}=0$, 有

$$\frac{3}{\theta}-\frac{4}{1-2\theta}=0.$$

解得 θ 的最大似然估计值为

$$\widehat{\theta}=0.3.$$

例 7.14　已知一批灯泡的使用寿命 X 服从正态分布 $N(\mu,\sigma^2)$, 假定灯泡一级品的额定标准是 960 小时，从这批灯泡中随机地抽取 15 只，测得它们的寿命 (单位：h) 为

1050,　930,　960,　980,　950,　1120,　990,　1000,
970,　1300,　1050,　980,　1150,　940,　1100.

求这批灯泡一级品率的最大似然估计值.

分析　这批灯泡的一级品率为

$$p=P\{X>960\}=1-\Phi\left(\frac{960-\mu}{\sigma}\right).$$

由于 μ 的最大似然估计值为 $\widehat{\mu}=\overline{x}$, σ 的最大似然估计值为

$$\widehat{\sigma}=\sqrt{\frac{1}{n}\sum_{i=1}^{n}(x_i-\overline{x})^2}.$$

根据最大似然估计的性质知 p 的最大似然估计值为

$$\widehat{p}=1-\Phi\left(\frac{960-\widehat{\mu}}{\widehat{\sigma}}\right).$$

解 这批灯泡的一级品率为

$$p=P\{X>960\}=P\left\{\frac{X-\mu}{\sigma}>\frac{960-\mu}{\sigma}\right\}$$
$$=1-P\left\{\frac{X-\mu}{\sigma}\leqslant\frac{960-\mu}{\sigma}\right\}=1-\Phi\left(\frac{960-\mu}{\sigma}\right),$$

由于正态分布中 μ 的最大似然估计值为

$$\widehat{\mu}=\overline{x}=1031.33,$$

σ 的最大似然估计值为 $\widehat{\sigma}=\sqrt{\dfrac{1}{n}\sum\limits_{i=1}^{n}(x_i-\overline{x})^2}=97.15$. 根据最大似然估计的性质知 p 的最大似然估计值为

$$\widehat{p}=1-\Phi\left(\frac{960-\widehat{\mu}}{\widehat{\sigma}}\right)\approx1-\Phi(-0.73)=0.7673.$$

例 7.15 设 $X_1,X_2,\cdots,X_n$ 为取自参数为 λ 的泊松分布的一个样本. 证明对任一值 a $(0<a<1)$, $a\overline{X}+(1-a)S^2$ 都是 λ 的无偏估计.

证明 因为 $X\sim\pi(\lambda)$, 所以 $E(X)=\lambda, D(X)=\lambda, E(\overline{X})=\lambda, E(S^2)=\lambda$.

又因为

$$E[a\overline{X}+(1-a)S^2]=aE(\overline{X})+(1-a)E(S^2)=\lambda,$$

故 $a\overline{X}+(1-a)S^2$ 是 λ 的无偏估计. □

例 7.16 设总体 X 的概率密度为

$$f(x;\theta)=\begin{cases}\sqrt{\theta}x^{\sqrt{\theta}-1}, & 0<x\leqslant1,\\ 0, & \text{其他},\end{cases}$$

其中 $\theta>0$ 为未知参数. $X_1,X_2,\cdots,X_n$ 为总体 X 的一个样本, $x_1,x_2,\cdots,x_n$ 为样本观测值. 求:

(1) θ 的矩估计量和矩估计值;

(2) θ 的最大似然估计值和最大似然估计量.

解 (1) 由于

$$\mu_1=E(X)=\int_{-\infty}^{+\infty}xf(x)\mathrm{d}x=\int_0^1\sqrt{\theta}x^{\sqrt{\theta}}\mathrm{d}x=\frac{\sqrt{\theta}}{\sqrt{\theta}+1}\ x^{\sqrt{\theta}+1}\Big|_0^1=\frac{\sqrt{\theta}}{\sqrt{\theta}+1}.$$

令 $\mu_1=A_1$, 即

$$\frac{\sqrt{\theta}}{\sqrt{\theta}+1}=\overline{X},$$

解得 θ 的矩估计量为 $\widehat{\theta}=\left(\dfrac{\overline{X}}{1-\overline{X}}\right)^2$，因此 θ 的矩估计值为 $\widehat{\theta}=\left(\dfrac{\overline{x}}{1-\overline{x}}\right)^2$.

(2) 当 $0<x_i\leqslant 1\ (i=1,2,\cdots,n)$ 时，样本 $X_1,X_2,\cdots,X_n$ 的似然函数为

$$L(\theta)=\prod_{i=1}^{n}f(x_i;\theta)=\prod_{i=1}^{n}\sqrt{\theta}x_i^{\sqrt{\theta}-1}=\theta^{\frac{n}{2}}\prod_{i=1}^{n}x_i^{\sqrt{\theta}-1},$$

取对数得

$$\ln L(\theta)=\frac{n}{2}\ln\theta+(\sqrt{\theta}-1)\sum_{i=1}^{n}\ln x_i.$$

令

$$\frac{\mathrm{d}\ln L(\theta)}{\mathrm{d}\theta}=\frac{n}{2\theta}+\frac{\sum\limits_{i=1}^{n}\ln x_i}{2\sqrt{\theta}}=0,$$

解得 θ 的最大似然估计值为

$$\widehat{\theta}=\frac{n^2}{\left(\sum\limits_{i=1}^{n}\ln x_i\right)^2}.$$

因此 θ 的最大似然估计量为

$$\widehat{\theta}=\frac{n^2}{\left(\sum\limits_{i=1}^{n}\ln X_i\right)^2}.$$

例 7.17　设总体 X 的概率密度为

$$f(x;\theta_1,\theta_2)=\begin{cases}\dfrac{1}{\theta_2}\mathrm{e}^{-\frac{x-\theta_1}{\theta_2}}, & x\geqslant\theta_1,\\ 0, & \text{其他},\end{cases}$$

其中 $-\infty<\theta_1<+\infty, 0<\theta_2<+\infty. X_1,X_2,\cdots,X_n$ 是来自总体 X 的样本，求参数 θ_1 和 θ_2 的矩估计量和最大似然估计量.

解　先求矩估计量. 因为

$$\begin{aligned}\mu_1=E(X)&=\int_{-\infty}^{+\infty}xf(x;\theta_1,\theta_2)\mathrm{d}x\\&=\int_{\theta_1}^{+\infty}x\frac{1}{\theta_2}\mathrm{e}^{-\frac{x-\theta_1}{\theta_2}}\mathrm{d}x=\frac{1}{\theta_2}\mathrm{e}^{\frac{\theta_1}{\theta_2}}\int_{\theta_1}^{+\infty}x\mathrm{e}^{-\frac{x}{\theta_2}}\mathrm{d}x\end{aligned}$$

$$
\begin{aligned}
&= \theta_1 + \theta_2, \\
\mu_2 &= E(X^2) = \int_{-\infty}^{+\infty} x^2 f(x;\theta_1,\theta_2)\mathrm{d}x = -\mathrm{e}^{\frac{\theta_1}{\theta_2}} \int_{\theta_1}^{+\infty} x^2 \mathrm{d}\mathrm{e}^{-\frac{x}{\theta_2}} \\
&= -\mathrm{e}^{\frac{\theta_1}{\theta_2}} \left(x^2 \mathrm{e}^{-\frac{x}{\theta_2}} \Big|_{\theta_1}^{+\infty} - 2\int_{\theta_1}^{+\infty} x\mathrm{e}^{-\frac{x}{\theta_2}} \mathrm{d}x \right) \\
&= \theta_1^2 + 2(\theta_1+\theta_2)\theta_2 = (\theta_1+\theta_2)^2 + \theta_2^2,
\end{aligned}
$$

于是令

$$
\begin{cases}
E(X) = A_1 = \overline{X}, \\
E(X^2) = A_2 = \dfrac{1}{n}\displaystyle\sum_{i=1}^n X_i^2,
\end{cases}
$$

即

$$
\begin{cases}
\theta_1 + \theta_2 = \overline{X}, \\
(\theta_1+\theta_2)^2 + \theta_2^2 = \dfrac{1}{n}\displaystyle\sum_{i=1}^n X_i^2.
\end{cases}
$$

解此方程组得 θ_1 与 θ_2 的矩估计量分别为

$$
\widehat{\theta}_1 = \overline{X} - \sqrt{\frac{1}{n}\sum_{i=1}^n X_i^2 - \overline{X}^2} = \overline{X} - \sqrt{\frac{1}{n}\sum_{i=1}^n (X_i - \overline{X})^2},
$$

$$
\widehat{\theta}_2 = \sqrt{\frac{1}{n}\sum_{i=1}^n (X_i - \overline{X})^2}.
$$

再求最大似然估计量. 设 $x_1, x_2, \cdots, x_n$ 是样本 $X_1, X_2, \cdots, X_n$ 的观测值 $(x_i \geqslant \theta_1, i = 1, 2, \cdots, n)$, 则似然函数为

$$
L(\theta_1,\theta_2) = \prod_{i=1}^n \frac{1}{\theta_2}\mathrm{e}^{-\frac{x_i-\theta_1}{\theta_2}} = \theta_2^{-n}\mathrm{e}^{-\frac{1}{\theta_2}\sum\limits_{i=1}^n (x_i-\theta_1)},
$$

取对数得

$$
\ln L(\theta_1,\theta_2) = -n\ln\theta_2 - \frac{1}{\theta_2}\sum_{i=1}^n (x_i - \theta_1).
$$

似然方程组为

$$
\begin{cases}
\dfrac{\partial \ln L(\theta_1,\theta_2)}{\partial\theta_1} = \dfrac{n}{\theta_2} = 0, & ① \\
\dfrac{\partial \ln L(\theta_1,\theta_2)}{\partial\theta_2} = -\dfrac{n}{\theta_2} + \dfrac{1}{\theta_2^2}\displaystyle\sum_{i=1}^n (x_i - \theta_1) = 0. & ②
\end{cases}
$$

方程组无解，但有

$$\frac{\partial \ln L(\theta_1,\theta_2)}{\partial \theta_1}=\frac{n}{\theta_2}>0,$$

说明 $\ln L(\theta_1,\theta_2)$ 关于 θ_1 是单调增加的，θ_1 的值越大，$\ln L(\theta_1,\theta_2)$ 的值也越大，但 θ_1 还受另一个条件的限制，即

$$x_i \geqslant \theta_1 \quad (i=1,2,\cdots,n),$$

所以当 $\theta_1=\min(x_1,x_2,\cdots,x_n)$ 时，似然函数达到最大值，故 θ_1 的最大似然估计量为

$$\widehat{\theta}_1=\min(X_1,X_2,\cdots,X_n).$$

由方程②得

$$\theta_2=\frac{1}{n}\sum_{i=1}^{n}(x_i-\theta_1)=\overline{x}-\theta_1,$$

故 θ_2 的最大似然估计量为

$$\widehat{\theta}_2=\overline{X}-\widehat{\theta}_1=\overline{X}-\min(X_1,X_2,\cdots,X_n).$$

例 7.18 已知总体 X 的概率密度为

$$f(x;\theta)=\begin{cases}2\mathrm{e}^{-2(x-\theta)}, & x>\theta,\\ 0, & x\leqslant\theta,\end{cases}$$

$\theta>0$ 为未知参数，$X_1,X_2,\cdots,X_n$ 为 X 的样本. (1) 求 $\widehat{\theta}=\min(X_1,X_2,\cdots,X_n)$ 的分布函数 $F_{\widehat{\theta}}(x)$; (2) 讨论 $\widehat{\theta}$ 作为 θ 的估计量是否具有无偏性.

解 (1) 总体 X 的分布函数为

$$F(x)=\int_{-\infty}^{x}f(t;\theta)\mathrm{d}t=\begin{cases}1-\mathrm{e}^{-2(x-\theta)}, & x>\theta,\\ 0, & x\leqslant\theta,\end{cases}$$

因此 $\widehat{\theta}$ 的分布函数为

$$\begin{aligned}F_{\widehat{\theta}}(x)&=P\{\widehat{\theta}\leqslant x\}=P\{\min(X_1,X_2,\cdots,X_n)\leqslant x\}\\&=1-P\{\min(X_1,X_2,\cdots,X_n)>x\}\\&=1-[1-F(x)]^n\\&=\begin{cases}1-\mathrm{e}^{-2n(x-\theta)}, & x>\theta,\\ 0, & x\leqslant\theta.\end{cases}\end{aligned}$$

(2) $\widehat{\theta}$ 的概率密度为

$$f_{\widehat{\theta}}(x)=\frac{\mathrm{d}F_{\widehat{\theta}}(x)}{\mathrm{d}x}=\begin{cases}2n\mathrm{e}^{-2n(x-\theta)}, & x>\theta,\\ 0, & x\leqslant\theta,\end{cases}$$

所以

$$\begin{aligned}E(\widehat{\theta})&=\int_{-\infty}^{+\infty}xf_{\widehat{\theta}}(x)\mathrm{d}x=\int_{\theta}^{+\infty}x\cdot 2n\mathrm{e}^{-2n(x-\theta)}\mathrm{d}x\\&=-x\mathrm{e}^{-2n(x-\theta)}\Big|_{\theta}^{+\infty}+\int_{\theta}^{+\infty}\mathrm{e}^{-2n(x-\theta)}\mathrm{d}x\\&=\theta-\frac{1}{2n}\,\mathrm{e}^{-2n(x-\theta)}\Big|_{\theta}^{+\infty}=\theta+\frac{1}{2n}.\end{aligned}$$

由于 $E(\widehat{\theta})\neq\theta$, 故 $\widehat{\theta}$ 不是 θ 的无偏估计量.

例 7.19 设总体 X 服从 $[0,\theta]$ 上的均匀分布, 并记 $\widehat{\theta}_1$ 和 $\widehat{\theta}_2$ 分别为未知参数 θ 的矩估计量和最大似然估计量.

(1) 证明 $\widehat{\theta}_1$ 、 $T_1=\dfrac{n+1}{n}\widehat{\theta}_2$ 和 $T_2=(n+1)\min(X_1,X_2,\cdots,X_n)$ 均为 θ 的无偏估计量;

(2) 证明 T_1 较 $\widehat{\theta}_1$ 和 T_2 更有效.

分析 只需证明 $\widehat{\theta}_1$ 、 T_1 、 T_2 的数学期望均为 θ, T_1 的方差较 $\widehat{\theta}_1$ 和 T_2 的方差小.

证明 (1) 由例 7.11 知 θ 的最大似然估计量为

$$\widehat{\theta}_2=\max(X_1,X_2,\cdots,X_n).$$

下面求 θ 的矩估计量 $\widehat{\theta}_1$. 由于 X 的概率密度为

$$f(x)=\begin{cases}\dfrac{1}{\theta}, & 0\leqslant x\leqslant\theta,\\ 0, & \text{其他},\end{cases}$$

所以

$$E(X)=\int_{-\infty}^{+\infty}xf(x)\mathrm{d}x=\int_0^{\theta}\frac{x}{\theta}\mathrm{d}x=\frac{\theta}{2}.$$

令

$$E(X)=\overline{X},$$

即

$$\frac{\theta}{2}=\overline{X},$$

从而

$$\widehat{\theta}_1 = 2\overline{X}.$$

因为

$$E(\widehat{\theta}_1) = E(2\overline{X}) = 2E(\overline{X}) = 2E(X) = \theta,$$

所以 $\widehat{\theta}_1$ 为 θ 的无偏估计量.

又 X 的分布函数为

$$F(x) = \begin{cases} 0, & x \leqslant 0, \\ \dfrac{x}{\theta}, & 0 < x < \theta, \\ 1, & x \geqslant \theta, \end{cases}$$

从而 $\widehat{\theta}_2$ 的分布函数为

$$F_{\widehat{\theta}_2}(z) = [F(z)]^n = \begin{cases} 0, & z \leqslant 0, \\ \dfrac{z^n}{\theta^n}, & 0 < z < \theta, \\ 1, & z \geqslant \theta, \end{cases}$$

故 $\widehat{\theta}_2$ 的概率密度为

$$f_{\widehat{\theta}_2}(z) = F'_{\widehat{\theta}_2}(z) = \begin{cases} \dfrac{nz^{n-1}}{\theta^n}, & 0 < z < \theta, \\ 0, & \text{其他}, \end{cases}$$

进而

$$E(T_1) = \frac{n+1}{n}E(\widehat{\theta}_2) = \frac{n+1}{n}\int_0^{\theta} \frac{nz^n}{\theta^n}\mathrm{d}z = \theta,$$

说明 T_1 也是 θ 的无偏估计量.

$N = \min(X_1, X_2, \cdots, X_n)$ 的分布函数为

$$F_N(z) = 1 - [1 - F(z)]^n = \begin{cases} 0, & z \leqslant 0, \\ 1 - (1 - \dfrac{z}{\theta})^n, & 0 < z < \theta, \\ 1, & z \geqslant \theta, \end{cases}$$

从而得 N 的概率密度为

$$f_N(z) = F'_N(z) = \begin{cases} \dfrac{n}{\theta}(1 - \dfrac{z}{\theta})^{n-1}, & 0 < z < \theta, \\ 0, & \text{其他}, \end{cases}$$

因此

$$E(T_2) = (n+1)E(\min\{X_1, X_2, \cdots, X_n\})$$
$$= (n+1)\int_0^\theta n\left(1-\frac{z}{\theta}\right)^{n-1}\frac{z}{\theta}\mathrm{d}z = \theta,$$

所以 T_2 也是 θ 的无偏估计量.

(2) 因为

$$E(X^2) = \int_0^\theta \frac{x^2}{\theta}\mathrm{d}x = \frac{\theta^2}{3},$$

$$D(X) = E(X^2) - [E(X)]^2 = \frac{\theta^2}{3} - \frac{\theta^2}{4} = \frac{\theta^2}{12},$$

所以

$$D(\widehat{\theta}_1) = D(2\overline{X}) = 4D(\overline{X}) = 4\times\frac{D(X)}{n} = \frac{\theta^2}{3n}.$$

$$E(T_1^2) = E\left[\left(\frac{n+1}{n}\right)^2\widehat{\theta}_2^2\right] = \frac{(n+1)^2}{n^2}\int_0^\theta x^2\frac{nx^{n-1}}{\theta^n}\mathrm{d}x = \frac{(n+1)^2}{n(n+2)}\theta^2,$$

$$D(T_1) = E(T_1^2) - [E(T_1)]^2 = \frac{(n+1)^2}{n(n+2)}\theta^2 - \theta^2 = \frac{\theta^2}{n(n+2)}.$$

$$E(T_2^2) = E\left[(n+1)^2N^2\right] = (n+1)^2\int_0^\theta x^2\cdot\frac{n}{\theta}\left(1-\frac{x}{\theta}\right)^{n-1}\mathrm{d}x = \frac{2(n+1)}{n+2}\theta^2,$$

$$D(T_2) = E(T_2^2) - [E(T_2)]^2 = \frac{2(n+1)}{n+2}\theta^2 - \theta^2 = \frac{n\theta^2}{n+2}.$$

显然

$$\frac{\theta^2}{n(n+2)} < \frac{\theta^2}{3n} < \frac{n\theta^2}{n+2} \quad (n>1),$$

所以

$$D(T_1) < D(\widehat{\theta}_1) < D(T_2),$$

即 T_1 较 $\widehat{\theta}_1$ 和 T_2 更有效. □

例 7.20 设总体 $X \sim N(\mu, \sigma^2), X_1, X_2, \cdots, X_n$ 为来自总体 X 的样本, 试确定常数 C, 使 $C\sum\limits_{i=1}^{n-1}(X_{i+1}-X_i)^2$ 为 σ^2 的无偏估计量.

解 方法 1 因为 $(X_{i+1}-X_i) \sim N(0, 2\sigma^2)$ $(i=1,2,\cdots,n-1)$, 故

$$\frac{X_{i+1}-X_i}{\sqrt{2}\sigma} \sim N(0,1),$$

$$\sum_{i=1}^{n-1}\left(\frac{X_{i+1}-X_i}{\sqrt{2}\sigma}\right)^2 \sim \chi^2(n-1),$$

因而

$$E\left[\sum_{i=1}^{n-1}\left(\frac{X_{i+1}-X_i}{\sqrt{2}\sigma}\right)^2\right]=n-1,$$

$$E\left[\sum_{i=1}^{n-1}(X_{i+1}-X_i)^2\right]=2\sigma^2(n-1).$$

为使 $C\sum\limits_{i=1}^{n-1}(X_{i+1}-X_i)^2$ 为 σ^2 的无偏估计量，只需

$$E\left[C\sum_{i=1}^{n-1}(X_{i+1}-X_i)^2\right]=\sigma^2,$$

亦即

$$CE\left[\sum_{i=1}^{n-1}(X_{i+1}-X_i)^2\right]=\sigma^2,$$

$$2\sigma^2(n-1)C=\sigma^2,$$

$$C=\frac{1}{2(n-1)}.$$

方法 2　因为 $X_i\sim N(\mu,\sigma^2)\ (i=1,2,\cdots,n)$, 故

$$(X_{i+1}-X_i)\sim N(0,2\sigma^2).$$

于是

$$E(X_{i+1}-X_i)=0, D(X_{i+1}-X_i)=2\sigma^2,$$

因而

$$E\{(X_{i+1}-X_i)^2\}=D(X_{i+1}-X_i)+[E(X_{i+1}-X_i)]^2=2\sigma^2.$$

令 $E\left[C\sum\limits_{i=1}^{n-1}(X_{i+1}-X_i)^2\right]=\sigma^2$, 有

$$2(n-1)\sigma^2C=\sigma^2,$$

故

$$C=\frac{1}{2(n-1)}.$$

例 7.21 设 $X_1, X_2, \cdots, X_n$ $(n > 2)$ 是来自总体 $N(0, \sigma^2)$ 的样本，$\overline{X}$ 为样本均值，$Y_i = X_i - \overline{X}$ $(i = 1, 2, \cdots, n)$. (1) 求 $D(Y_i)$ $(i = 1, 2, \cdots, n)$; (2) 求 $\mathrm{cov}(Y_1, Y_2)$; (3) 若使 $C(Y_1 + Y_2)^2$ 为 σ^2 的无偏估计量，求常数 C.

解 (1) $D(Y_i) = D(X_i - \overline{X}) = D\left[\left(1 - \dfrac{1}{n}\right) X_i - \dfrac{1}{n} \displaystyle\sum_{k \neq i} X_k\right]$

$$
\begin{aligned}
&= \left(1 - \frac{1}{n}\right)^2 D(X_i) + \frac{1}{n^2} \sum_{k \neq i} D(X_k) \\
&= \left(1 - \frac{1}{n}\right)^2 \sigma^2 + \frac{n-1}{n^2} \sigma^2 \\
&= \frac{n-1}{n} \sigma^2.
\end{aligned}
$$

(2) 由于 X_1 与 X_2 相互独立，所以 $\mathrm{cov}(X_1, X_2) = 0$, 从而

$$
\begin{aligned}
\mathrm{cov}(Y_1, Y_2) &= \mathrm{cov}(X_1 - \overline{X}, X_2 - \overline{X}) \\
&= \mathrm{cov}(X_1, X_2) - \mathrm{cov}(X_1, \overline{X}) - \mathrm{cov}(X_2, \overline{X}) + \mathrm{cov}(\overline{X}, \overline{X}) \\
&= 0 - \mathrm{cov}\left(X_1, \frac{1}{n} \sum_{k=1}^{n} X_k\right) - \mathrm{cov}\left(X_2, \frac{1}{n} \sum_{k=1}^{n} X_k\right) + D(\overline{X}) \\
&= -\mathrm{cov}\left(X_1, \frac{1}{n} X_1\right) - \mathrm{cov}\left(X_2, \frac{1}{n} X_2\right) + D(\overline{X}) \\
&= -\frac{1}{n} \mathrm{cov}(X_1, X_1) - \frac{1}{n} \mathrm{cov}(X_2, X_2) + D(\overline{X}) \\
&= -\frac{1}{n} D(X_1) - \frac{1}{n} D(X_2) + D(\overline{X}) \\
&= -\frac{2}{n} \sigma^2 + \frac{1}{n} \sigma^2 = -\frac{1}{n} \sigma^2.
\end{aligned}
$$

(3) 令 $E[C(Y_1 + Y_2)^2] = \sigma^2$, 有

$$
\begin{aligned}
\sigma^2 &= CE[(Y_1 + Y_2)^2] \\
&= C\{D(Y_1 + Y_2) + [E(Y_1 + Y_2)]^2\} \\
&= C[D(Y_1) + D(Y_2) + 2\mathrm{cov}(Y_1, Y_2) + 0] \\
&= C\left(\frac{n-1}{n} \sigma^2 + \frac{n-1}{n} \sigma^2 - \frac{2}{n} \sigma^2\right)
\end{aligned}
$$

$$= C\left(\frac{2n-4}{n}\sigma^2\right),$$

于是有

$$C = \frac{n}{2(n-2)},$$

即当 $C = \dfrac{n}{2(n-2)}$ 时，$C(Y_1+Y_2)^2$ 为 σ^2 的无偏估计量.

例 7.22　设总体 $X \sim N(\mu_1, \sigma^2)$, 总体 $Y \sim N(\mu_2, \sigma^2)$, 从两个总体中分别抽取容量为 n_1 和 n_2 的两个独立的样本，其样本方差分别为 S_1^2 和 S_2^2.

(1) 证明：对于任意常数 a 和 $b(a+b=1)$, $Z = aS_1^2 + bS_2^2$ 都是 σ^2 的无偏估计；

(2) 确定常数 a 和 $b(a+b=1)$, 使 $D(Z)$ 达到最小.

证明　(1) 由于

$$E(S_1^2) = \sigma^2, \quad E(S_2^2) = \sigma^2,$$

于是

$$\begin{aligned} E(Z) &= E(aS_1^2 + bS_2^2) = aE(S_1^2) + bE(S_2^2) \\ &= a\sigma^2 + b\sigma^2 = (a+b)\sigma^2 = \sigma^2, \end{aligned}$$

即对于任意常数 a 和 $b(a+b=1)$, $Z = aS_1^2 + bS_2^2$ 都是 σ^2 的无偏估计.

(2) 由于

$$\chi_1^2 = \frac{(n_1-1)S_1^2}{\sigma^2} \sim \chi^2(n_1-1),$$

$$\chi_2^2 = \frac{(n_2-1)S_2^2}{\sigma^2} \sim \chi^2(n_2-1),$$

所以

$$D(\chi_1^2) = \frac{(n_1-1)^2}{\sigma^4} D(S_1^2) = 2(n_1-1),$$

$$D(\chi_2^2) = \frac{(n_2-1)^2}{\sigma^4} D(S_2^2) = 2(n_2-1),$$

则

$$D(S_1^2) = \frac{2\sigma^4}{n_1-1}, \quad D(S_2^2) = \frac{2\sigma^4}{n_2-1},$$

从而

$$D(Z) = a^2 D(S_1^2) + b^2 D(S_2^2)$$

$$
\begin{aligned}
&= a^2 \cdot \frac{2\sigma^4}{n_1 - 1} + b^2 \cdot \frac{2\sigma^4}{n_2 - 1} \\
&= 2\sigma^4 \left(\frac{a^2}{n_1 - 1} + \frac{(1-a)^2}{n_2 - 1} \right) \\
&= 2\sigma^4 \left(\frac{a^2}{n_1 - 1} + \frac{1 - 2a + a^2}{n_2 - 1} \right).
\end{aligned}
$$

令 $\dfrac{\mathrm{d}D(Z)}{\mathrm{d}a} = 2\sigma^4 \left(\dfrac{2a}{n_1 - 1} + \dfrac{-2 + 2a}{n_2 - 1} \right) = 0$, 得 $a = \dfrac{n_1 - 1}{n_1 + n_2 - 2}$.

因为

$$
\frac{\mathrm{d}^2 D(Z)}{\mathrm{d}a^2} = 2\sigma^4 \left(\frac{2}{n_1 - 1} + \frac{2}{n_2 - 1} \right) > 0,
$$

所以当

$$
a = \frac{n_1 - 1}{n_1 + n_2 - 2}
$$

时 $D(Z)$ 最小, 此时

$$
b = 1 - a = \frac{n_2 - 1}{n_1 + n_2 - 2}.
$$

□

例 7.23 设有一批产品, 为估计其废品率 p, 随机取一样本 $X_1, X_2, \cdots, X_n$, 其中 $X_i = \begin{cases} 1, & \text{取得次品}, \\ 0, & \text{取得正品}, \end{cases}$ $i = 1, 2, \cdots, n$, 证明 $\widehat{p} = \overline{X} = \dfrac{1}{n}\sum\limits_{i=1}^{n} X_i$ 是 p 的一致无偏估计量.

证明 由于 $E(X_i) = p$, $D(X_i) = p(1-p)$, $E(\widehat{p}) = E(\overline{X}) = p$, 故 $\widehat{p}$ 是 p 的无偏估计量.

又

$$
D(\widehat{p}) = D(\overline{X}) = \frac{p(1-p)}{n},
$$

由切比雪夫不等式可得

$$
1 \geqslant P\{|\widehat{p} - p| < \varepsilon\} = P\{|\overline{X} - p| < \varepsilon\} \geqslant 1 - \frac{D(\overline{X})}{\varepsilon^2} = 1 - \frac{1}{\varepsilon^2} \cdot \frac{p(1-p)}{n},
$$

从而

$$
\lim_{n \to \infty} P\{|\widehat{p} - p| < \varepsilon\} = 1,
$$

故 $\widehat{p} = \overline{X}$ 是废品率 p 的一致无偏估计量. □

例 7.24 设 $X_1, X_2, \cdots, X_n$ 是总体 $X \sim N(\mu, \sigma^2)$ 的样本, 求证对任一固定的 α,

$$
g(X_1, X_2, \cdots, X_n) = \begin{cases} 1, & X_1 < \alpha, \\ 0, & X_1 \geqslant \alpha \end{cases}
$$

是 $\Phi\left(\dfrac{\alpha-\mu}{\sigma}\right)$ 的无偏估计，其中 $\Phi(x)$ 是 $N(0,1)$ 的分布函数.

证明 设 $f(t_i)$ 是 $X_i \sim N(\mu,\sigma^2)$ 的概率密度，则 $X_1,X_2,\cdots,X_n$ 的联合密度为 $\prod\limits_{i=1}^{n} f(t_i)$, 从而

$$\begin{aligned}E[g(X_1,X_2,\cdots,X_n)] &= \int_{-\infty}^{\alpha}\int_{-\infty}^{+\infty}\cdots\int_{-\infty}^{+\infty} f(t_1)\cdot f(t_2)\cdots f(t_n)\mathrm{d}t_1\mathrm{d}t_2\cdots\mathrm{d}t_n \\ &= \int_{-\infty}^{\alpha} f(t_1)\mathrm{d}t_1 = \Phi\left(\frac{\alpha-\mu}{\sigma}\right),\end{aligned}$$

故 $g(X_1,X_2,\cdots,X_n)$ 是 $\Phi\left(\dfrac{\alpha-\mu}{\sigma}\right)$ 的无偏估计. □

由辛钦大数定理可知，样本 k 阶原点矩 $A_k = \dfrac{1}{n}\sum\limits_{i=1}^{n} X_i^k$ 是总体 X 的 k 阶原点距 $\mu_k = E(X^k)$ $(k=1,2,\cdots)$ 的一致估计量. 根据依概率收敛的随机变量序列的性质可知：如果未知参数 θ 是 $\mu_1,\mu_2,\cdots,\mu_l$ 的连续函数 $\theta = g(\mu_1,\mu_2,\cdots,\mu_l)$, 则 θ 的矩估计量 $\widehat{\theta} = g(A_1,A_2,\cdots,A_l)$ 是 θ 的一致估计量.

在用一致性去判别估计量的好坏时，样本容量要足够大才行.

例 7.25 设 θ 是总体 X 的分布中的未知参数，$X_1,X_2,\cdots,X_n$ 是来自总体 X 的样本，$\widehat{\theta}_n = \widehat{\theta}_n(X_1,X_2,\cdots,X_n)$ 是 θ 的无偏估计量，且 $\lim\limits_{n\to\infty} D(\widehat{\theta}_n) = 0$, 证明 $\widehat{\theta}_n$ 为 θ 的一致估计量.

证明 因 $E(\widehat{\theta}_n) = \theta$, 根据切比雪夫不等式，对于任意正数 ε, 有

$$1 - \frac{D(\widehat{\theta}_n)}{\varepsilon^2} \leqslant P\{|\widehat{\theta}_n - \theta| < \varepsilon\} \leqslant 1.$$

因为 $\lim\limits_{n\to\infty} D(\widehat{\theta}_n) = 0$, 故

$$\lim_{n\to\infty} P\{|\widehat{\theta}_n - \theta| < \varepsilon\} = 1,$$

所以 $\widehat{\theta}_n = \widehat{\theta}_n(X_1,X_2,\cdots,X_n)$ 为 θ 的一致估计量. □

四、常见错误类型分析

例 7.26 设总体 X 服从参数 $\lambda>0$ 的泊松分布， $X_1,X_2,\cdots,X_n$ 是来自总体 X 的样本，求 $\mathrm{e}^{-3\lambda}$ 的一个合理的估计量.

错误解法

$$E\left[(-2)^{X_1}\right]=E\left[(-2)^X\right]=\sum_{x=0}^{\infty}(-2)^x\frac{\lambda^x}{x!}\mathrm{e}^{-\lambda}$$

$$=\mathrm{e}^{-\lambda}\sum_{x=0}^{\infty}\frac{(-2\lambda)^x}{x!}=\mathrm{e}^{-\lambda}\cdot\mathrm{e}^{-2\lambda}=\mathrm{e}^{-3\lambda},$$

故 $(-2)^{X_1}$ 是 $\mathrm{e}^{-3\lambda}$ 的一个无偏估计量.

错因分析 因 $\mathrm{e}^{-3\lambda}>0$, 而 $(-2)^{X_1}$ 当 X_1 取偶数时大于零，当 X_1 取奇数时小于零，故用 $(-2)^{X_1}$ 作为 $\mathrm{e}^{-3\lambda}$ 的估计有明显弊病.

正确解法 $\widehat{\mathrm{e}^{-3\lambda}}=\mathrm{e}^{-3\widehat{\lambda}}=\mathrm{e}^{-3\overline{X}}$.

例 7.27 设总体 X 服从均匀分布 $U(\theta,\theta+1)$, $X_1,X_2,\cdots,X_n$ 是来自总体 X 的样本，则 θ 的最大似然估计是否唯一.

错误结论 是唯一的.

错因分析 没有正确理解最大似然估计的实质.

正确解法 X 的密度函数为

$$f(x)=\begin{cases}1, & \theta\leqslant x\leqslant\theta+1,\\ 0, & \text{其他},\end{cases}$$

则似然函数为

$$L(\theta)=\begin{cases}1, & \theta\leqslant x_{(1)}\leqslant x_{(n)}\leqslant\theta+1,\\ 0, & \text{其他}.\end{cases}$$

由于 $\theta\leqslant x_{(1)}\leqslant x_{(n)}\leqslant\theta+1, L(\theta)$ 是常数, 所以凡满足: $\widehat{\theta}\leqslant x_{(1)}\leqslant x_{(n)}\leqslant\widehat{\theta}+1$ 的 $\widehat{\theta}$ 都是 θ 的最大似然估计，从而

(1) $\widehat{\theta}_1=X_{(1)}$ 是 θ 的最大似然估计量;

(2) 由于 $X_{(n)}-X_{(1)}\leqslant 1$, 故 $X_{(1)}+X_{(n)}-1\leqslant 2X_{(1)}$,$X_{(1)}+X_{(n)}+1\geqslant 2X_{(n)}$, 则有

$$\widehat{\theta}_2=\frac{1}{2}(X_{(1)}+X_{(2)})-\frac{1}{2}\leqslant X_{(1)}\leqslant X_{(n)}\leqslant\frac{1}{2}(X_{(1)}+X_{(n)})+\frac{1}{2}=\widehat{\theta}_2+1,$$

故 $\widehat{\theta}_2$ 也是 θ 的最大似然估计量.

五、疑难问题解答

1. 设排球运动员的身高 (单位：cm) 服从正态分布 $N(\mu,4^2)$, 随机地选取 100 名运动员，测得身高在 185cm 以上的有 91 人，试用频率替换法求 μ 的估计值.

分析　用随机事件在 n 次试验中发生的频率作为相应的概率，并由此得出估计量的方法称为频率替换法.

解　设排球运动员的身高为随机变量 X, 则 $X\sim N(\mu,\sigma^2)$. 由题意知

$$\begin{aligned}P\{X>185\}&=1-P\{X\leqslant 185\}=1-P\left\{\frac{X-\mu}{4}\leqslant\frac{185-\mu}{4}\right\}\\&=1-\Phi\left(\frac{185-\mu}{4}\right)=\frac{91}{100}=0.91,\end{aligned}$$

即

$$\Phi\left(-\frac{185-\mu}{4}\right)=0.91.$$

查表得 $-\dfrac{185-\mu}{4}=1.34$, 从而 $\widehat{\mu}=190.36$.

2. 设随机变量 $X\sim B(n,p)$, n 已知， p 未知，求 p^2 的无偏估计.

解　因为

$$\begin{aligned}E(X)&=np,\\E(X^2)&=D(X)+[E(X)]^2\\&=np(1-p)+n^2p^2\\&=np+n(n-1)p^2,\end{aligned}$$

所以

$$E(X^2-X)=E(X^2)-E(X)=n(n-1)p^2,$$

由此可得

$$p^2=\frac{1}{n(n-1)}E(X^2-X).$$

当从总体中抽取样本 $X_1,X_2,\cdots,X_m$ 后， p^2 的无偏估计量为

$$\widehat{p^2}=\frac{1}{n(n-1)m}\sum_{i=1}^{m}(X_i^2-\overline{X}).$$

3. 设 $\widehat{\theta}_1,\widehat{\theta}_2$ 是参数 θ 的两个相互独立的无偏估计量，且 $D(\widehat{\theta}_1)=2D(\widehat{\theta}_2)$, 确定常数 K_1,K_2, 使 $K_1\widehat{\theta}_1+K_2\widehat{\theta}_2$ 也是 θ 的无偏估计量，并且使它在所有这样形式的无偏估计量中方差最小.

解 因为 $E(\widehat{\theta}_1)=E(\widehat{\theta}_2)=\theta$, 所以要使

$$E(K_1\widehat{\theta}_1+K_2\widehat{\theta}_2)=(K_1+K_2)\theta=\theta,$$

则必有 $K_1+K_2=1$.

又因为

$$\begin{aligned}D(K_1\widehat{\theta}_1+K_2\widehat{\theta}_2)&=K_1^2D(\widehat{\theta}_1)+K_2^2D(\widehat{\theta}_2)\\&=(2K_1^2+K_2^2)D(\widehat{\theta}_2)\\&=[2K_1^2+(1-K_1)^2]D(\widehat{\theta}_2),\end{aligned}$$

所以要 $D(K_1\widehat{\theta}_1+K_2\widehat{\theta}_2)$ 最小, 必须 $3K_1^2-2K_1+1$ 最小, 从而 $K_1=\dfrac{1}{3}, K_2=\dfrac{2}{3}$ 时估计量的方差最小.

4. 设总体 $X\sim N(\mu,\sigma^2)$, $X_1,X_2,\cdots,X_n$ 是来自总体的样本, 试决定 K 使 $\widehat{\sigma}=\dfrac{1}{K}\displaystyle\sum_{i=1}^{n}|X_i-\overline{X}|$ 是 σ 的无偏估计量.

解 要使 $E(\widehat{\sigma})=\sigma$, 其困难在于计算 $E(|X_i-\overline{X}|)$.

令

$$Y_i=X_i-\overline{X}=\frac{n-1}{n}X_i-\frac{1}{n}\sum_{m=1}^{i-1}X_m-\frac{1}{n}\sum_{m=i+1}^{n}X_m.$$

因为 Y_i 是 $X_1,X_2,\cdots,X_n$ 的线性组合, 所以 $Y_i\sim N(E(Y_i),D(Y_i))$.

因为

$$\begin{aligned}&E(Y_i)=E(X_i-\overline{X})=\mu-\mu=0,\\&D(Y_i)=D(X_i-\overline{X})\\&\quad=\left(\frac{n-1}{n}\right)^2D(X_i)+\frac{1}{n^2}\sum_{m=1}^{i-1}D(X_m)+\frac{1}{n^2}\sum_{m=i+1}^{n}D(X_m)\\&\quad=\frac{(n-1)^2}{n^2}\sigma^2+\frac{i-1}{n^2}\sigma^2+\frac{n-i}{n^2}\sigma^2\\&\quad=\frac{n-1}{n}\sigma^2\ \ (i=1,2,\cdots,n),\end{aligned}$$

故 $Y_i\sim N\left(0,\dfrac{n-1}{n}\sigma^2\right)$.

又

$$E|X_i-\overline{X}|=E(|Y_i|)=\int_{-\infty}^{+\infty}|y|\cdot\frac{1}{\sqrt{2\pi}\sqrt{D(Y_i)}}\mathrm{e}^{-\frac{y^2}{2D(Y_i)}}\mathrm{d}y$$

$$= \sqrt{\frac{2}{\pi}} \cdot \sqrt{D(Y_i)} = \sqrt{\frac{2}{\pi}} \cdot \sqrt{\frac{n-1}{n}}\sigma,$$

$$E(\widehat{\sigma}) = \frac{1}{K} \sum_{i=1}^{n} E|X_i - \overline{X}| = \frac{1}{K}\sqrt{\frac{2}{\pi}} \cdot \sqrt{n(n-1)}\sigma = \sigma,$$

可知当 $K = \sqrt{\frac{2}{\pi}n(n-1)}$ 时，$\widehat{\sigma}$ 是 σ 的无偏估计量.

练习 7.1

1. 已知总体 X 在 $(1,\theta)$ 上服从均匀分布，$X_1, X_2, \cdots, X_n$ 为样本. 求：

(1) θ 的矩估计量 $\widehat{\theta}$, 并问它是否为 θ 的无偏估计量;

(2) $D(\widehat{\theta})$.

2. 设总体 X 服从参数为 n, p 的二项分布，其中正整数 n 和 $0 < p < 1$ 均未知，$X_1, X_2, \cdots, X_m$ 为来自总体 X 的样本，求 n 和 p 的矩估计量.

3. 已知总体 X 的概率密度为

$$f(x) = \begin{cases} \dfrac{1}{\theta_2 - \theta_1}, & \theta_1 < x < \theta_2, \\ 0, & \text{其他}, \end{cases}$$

其中 $\theta_2 > \theta_1$ 为待估参数，$X_1, X_2, \cdots, X_n$ 为 X 的样本，求 θ_1, θ_2 的矩估计量和最大似然估计量.

4. 设总体 X 的分布律为

X	1	2	3
P	θ^2	$2\theta(1-\theta)$	$(1-\theta)^2$

其中 $\theta(0 < \theta < 1)$ 是未知参数. 已知来自总体 X 的样本值为

$$1, \quad 2, \quad 1,$$

求 θ 的矩估计值和最大似然估计值.

5. 已知 X 的概率密度为

$$f(x) = \begin{cases} \theta c^{\theta} x^{-(\theta+1)}, & x > c, \\ 0, & x \leqslant c, \end{cases}$$

其中 $c > 0$ 为已知常数，$\theta > 1$ 为未知参数，$X_1, X_2, \cdots, X_n$ 为 X 的样本，求 θ 的矩估计量和最大似然估计量.

6. 设总体 X 服从 $[\theta,\theta+1]$ 上的均匀分布，其中 θ 为未知参数. $X_1,X_2,\cdots,X_n$ 为 X 的样本， $X_{(1)}=\min(X_1,X_2,\cdots,X_n)$. 证明：

$$\widehat{\theta}_1=\overline{X}-\frac{1}{2} \quad 和 \quad \widehat{\theta}_2=X_{(1)}-\frac{1}{n+1}$$

都是 θ 的无偏估计量，且 $\widehat{\theta}_2$ 比 $\widehat{\theta}_1$ 有效.

7. 总体 X 的概率密度为

$$f(x)=\begin{cases} 5\mathrm{e}^{-5(x-\theta)}, & x>\theta, \\ 0, & x\leqslant\theta, \end{cases}$$

其中 $\theta>0$ 未知， $X_1,X_2,\cdots,X_n$ 为 X 的样本， $\widehat{\theta}=\min(X_1,X_2,\cdots,X_n)$.

(1) 求 $\widehat{\theta}$ 的分布函数 $F_{\widehat{\theta}}(x)$;

(2) 讨论 $\widehat{\theta}$ 是否为 θ 的无偏估计量.

8. 设总体 X 的概率密度为

$$f(x)=\begin{cases} \dfrac{1}{\theta}, & 0<x<\theta, \\ 0, & 其他, \end{cases}$$

求未知参数 θ 的最大似然估计量，并判断它是否为 θ 的无偏估计量.

9. 设 $X\sim P(\lambda)$, 其中 $\lambda>0$ 为未知， $X_1,X_2,\cdots,X_n$ 为来自总体 X 的一个样本. 求：

(1) λ 的矩估计量;

(2) λ 的最大似然估计量;

(3) 概率 $p=P\{X=0\}$ 的最大似然估计量.

练习 7.1 参考答案与提示

1.(1) $\widehat{\theta}=2\overline{X}-1$, 无偏估计量;

(2) $D(\widehat{\theta})=\dfrac{(\theta-1)^2}{3n}$.

2. $\widehat{n}=\dfrac{\overline{X}^2}{\overline{X}-\dfrac{1}{m}\sum\limits_{i=1}^{m}(X_i-\overline{X})^2}=\dfrac{\overline{X}^2}{\overline{X}-B_2}$, $\widehat{p}=\dfrac{\overline{X}-B_2}{\overline{X}}$.

3. θ_1 和 θ_2 的矩估计量分别为

$$\widehat{\theta}_1=\overline{X}-\sqrt{3B_2},$$

$$\widehat{\theta}_2 = \overline{X} + \sqrt{3B_2}.$$

θ_1 和 θ_2 的最大似然估计量分别为

$$\widehat{\theta}_1 = \min(X_1, X_2, \cdots, X_n),$$

$$\widehat{\theta}_2 = \max(X_1, X_2, \cdots, X_n).$$

4. θ 的矩估计值为 $\widehat{\theta} = \dfrac{3-\overline{x}}{2} = \dfrac{5}{6}$. θ 的最大似然估计值为 $\widehat{\theta} = \dfrac{5}{6}$.

5. θ 的矩估计量为 $\widehat{\theta} = \dfrac{\overline{X}}{-c+\overline{X}}$.

θ 的最大似然估计量为 $\widehat{\theta} = \dfrac{n}{\sum\limits_{i=1}^{n}\ln X_i - n\ln c}$.

6. $E(\widehat{\theta}_1) = E(\overline{X}) - \dfrac{1}{2} = E(X) - \dfrac{1}{2} = \dfrac{2\theta+1}{2} - \dfrac{1}{2} = \theta.$

$E(\widehat{\theta}_2) = E(X_{(1)}) - \dfrac{1}{n+1}.$

由于 X 的分布函数为

$$F(x) = P\{X \leqslant x\} = \begin{cases} 0, & x \leqslant \theta, \\ x-\theta, & \theta < x < \theta+1, \\ 1, & x \geqslant \theta+1, \end{cases}$$

其概率密度为

$$f(x) = \begin{cases} 1, & \theta < x < \theta+1, \\ 0, & \text{其他}, \end{cases}$$

故 $X_{(1)}$ 的分布函数为

$$F_{(1)}(x) = 1 - [1-F(x)]^n = \begin{cases} 0, & x \leqslant \theta, \\ 1-(\theta+1-x)^n, & \theta < x < \theta+1, \\ 1, & x \geqslant \theta+1. \end{cases}$$

从而 $X_{(1)}$ 的概率密度为

$$f_{(1)}(x) = \begin{cases} n(\theta+1-x)^{n-1}, & \theta < x < \theta+1, \\ 0, & \text{其他}. \end{cases}$$

因此

$$E[X_{(1)}] = \int_{\theta}^{\theta+1} nx(\theta+1-x)^{n-1}\mathrm{d}x = \theta + \frac{1}{n+1},$$

故

$$E(\widehat{\theta}_2) = E(X_{(1)}) - \frac{1}{n+1} = \theta,$$

说明 $\widehat{\theta}_1$ 和 $\widehat{\theta}_2$ 都是 θ 的无偏估计量. 又

$$\begin{aligned} D(\widehat{\theta}_1) &= D(\overline{X}) = \frac{1}{n}D(X) = \frac{1}{n}\cdot\frac{1}{12} = \frac{1}{12n}, \\ D(\widehat{\theta}_2) &= D(X_{(1)}) = E\{[X_{(1)}]^2\} - \{E[X_{(1)}]\}^2 \\ &= \int_{\theta}^{\theta+1} x^2 n(\theta+1-x)^{n-1}\mathrm{d}x - \left(\theta + \frac{1}{n+1}\right)^2 \\ &= \frac{n}{(n+1)^2(n+2)} \\ &< D(\widehat{\theta}_1), \end{aligned}$$

故 $\widehat{\theta}_2$ 比 $\widehat{\theta}_1$ 有效.

7. $F_{\widehat{\theta}}(x) = \begin{cases} 1 - \mathrm{e}^{-5n(x-\theta)}, & x > \theta, \\ 0, & x \leqslant \theta, \end{cases}$ $\widehat{\theta}$ 不是 θ 的无偏估计量.

8. $\widehat{\theta} = \max(X_1, X_2, \cdots, X_n)$, $\widehat{\theta}$ 不是 θ 的无偏估计量.

9. (1) $\widehat{\lambda} = \overline{X}$; (2) $\widehat{\lambda} = \overline{X}$; (3) $\widehat{p} = \mathrm{e}^{-\hat{\lambda}} = \mathrm{e}^{-\overline{X}}$.

7.2 区间估计

一、主要内容

参数区间估计的基本概念, 单个正态总体的均值与方差的区间估计, 两个正态总体的均值差与方差比的区间估计, 单侧置信区间.

二、教学要求

1. 掌握参数区间估计的基本概念.
2. 熟练掌握单个正态总体均值与方差的区间估计的基本方法.
3. 了解两个正态总体均值差与方差比的区间估计的方法.
4. 了解单侧置信区间的求法.

三、例题选讲

例 7.28 设总体 X 服从正态分布 $N(\mu, 8)$, 其中 μ 是未知参数.

(1) 现有 X 的 10 个观测值 $x_1, x_2, \cdots, x_{10}$, 计算后的样本均值为 $\bar{x} = 1500$, 求 μ 的置信水平为 0.95 的置信区间;

(2) 要使 μ 的置信水平为 0.95 的置信区间的长度不超过 1，则样本容量 n 至少为多少？

(3) 若样本容量 $n=100$, 则区间 $(\bar{x}-1,\bar{x}+1)$ 作为 μ 的置信区间时，置信水平是多少？

例 7.28

分析　本题考查置信区间的三个方面，即置信区间的形式、置信水平和样本容量的确定，核心问题是置信区间的形式.

解　(1) 由题意可知，当正态总体方差已知时，μ 的置信水平为 $1-\alpha$ 的置信区间是

$$\left(\overline{X}-\frac{\sigma}{\sqrt{n}}U_{\frac{\alpha}{2}},\overline{X}+\frac{\sigma}{\sqrt{n}}U_{\frac{\alpha}{2}}\right).$$

由已知条件可知 $n=10,\bar{x}=1500,\sigma=\sqrt{8},U_{\frac{\alpha}{2}}=U_{0.025}=1.96$, 代入上式，得 μ 的置信水平为 0.95 的置信区间是 $(1498,1502)$.

(2) 置信区间长度 $l=2\dfrac{\sigma}{\sqrt{n}}U_{\frac{\alpha}{2}}<1$, 解得 $n\geqslant 122.93$, 即 n 至少为 123 .

(3) 由题意得

$$\begin{aligned}1-\alpha&=P\{\overline{X}-1<\mu<\overline{X}+1\}=P\{|\overline{X}-\mu|<1\}\\&=P\left\{\left|\frac{\overline{X}-\mu}{\sigma/\sqrt{n}}\right|<\frac{\sqrt{n}}{\sigma}\right\}=P\left\{\left|\frac{\overline{X}-\mu}{\sigma/\sqrt{n}}\right|<\frac{10}{\sqrt{8}}\right\}.\end{aligned}$$

例 7.29　设总体 $X\sim N(\mu,0.09)$. 从 X 中抽取出一个样本值如下：

$$12.6,\quad 13.4,\quad 12.8,\quad 13.2.$$

求总体均值 μ 的置信水平为 0.95 的置信区间.

分析　由于 $\sigma^2=0.09$, 因此选取样本函数

$$U=\frac{\overline{X}-\mu}{\sigma/\sqrt{n}}\sim N(0,1),$$

因为

$$P\left\{-U_{\frac{\alpha}{2}}<\frac{\overline{X}-\mu}{\sigma/\sqrt{n}}<U_{\frac{\alpha}{2}}\right\}=1-\alpha,$$

所以

$$P\left\{\overline{X}-\frac{\sigma}{\sqrt{n}}U_{\frac{\alpha}{2}}<\mu<\overline{X}+\frac{\sigma}{\sqrt{n}}U_{\frac{\alpha}{2}}\right\}=1-\alpha,$$

即 μ 的置信区间为

$$\left(\overline{X}-\frac{\sigma}{\sqrt{n}}U_{\frac{\alpha}{2}},\ \overline{X}+\frac{\sigma}{\sqrt{n}}U_{\frac{\alpha}{2}}\right).$$

解 由于 $1-\alpha=0.95$, 即 $\alpha=0.05$, 查表得

$$U_{\frac{\alpha}{2}}=1.96.$$

又 $n=4,\sigma=0.3$, 计算可知 $\overline{x}=13.0$. 于是 μ 的置信度为 0.95 的置信区间为

$$\begin{aligned}&\left(\overline{x}-\frac{\sigma}{\sqrt{n}}U_{\frac{\alpha}{2}},\ \overline{x}+\frac{\sigma}{\sqrt{n}}U_{\frac{\alpha}{2}}\right)\\=&\left(13.0-\frac{0.3}{2}\times 1.96,\ 13.0+\frac{0.3}{2}\times 1.96\right)\\\approx&(12.706,\ 13.294).\end{aligned}$$

例 7.30 *在例 7.29 中, 若 σ^2 未知, 其他数据不变, 求 μ 的置信水平为 0.95 的置信区间.*

分析 σ^2 未知, 故选取样本函数

$$t=\frac{\overline{X}-\mu}{S/\sqrt{n}}\sim t(n-1),$$

因为

$$P\left\{-t_{\frac{\alpha}{2}}(n-1)<\frac{\overline{X}-\mu}{S/\sqrt{n}}<t_{\frac{\alpha}{2}}(n-1)\right\}=1-\alpha,$$

所以

$$P\left\{\overline{X}-\frac{S}{\sqrt{n}}t_{\frac{\alpha}{2}}(n-1)<\mu<\overline{X}+\frac{S}{\sqrt{n}}t_{\frac{\alpha}{2}}(n-1)\right\}=1-\alpha,$$

故 μ 的置信区间为

$$\left(\overline{X}-\frac{S}{\sqrt{n}}t_{\frac{\alpha}{2}}(n-1),\ \overline{X}+\frac{S}{\sqrt{n}}t_{\frac{\alpha}{2}}(n-1)\right).$$

解 因为 $1-\alpha=0.95$, 所以 $\alpha=0.05$. 又 $t_{\frac{\alpha}{2}}(n-1)=t_{0.025}(3)=3.1824$, 计算得 $\overline{x}=13, s=0.3651$. 于是 μ 的置信水平为 0.95 的置信区间为

$$\begin{aligned}&\left(\overline{x}-\frac{s}{\sqrt{n}}t_{\frac{\alpha}{2}}(n-1),\ \overline{x}+\frac{s}{\sqrt{n}}t_{\frac{\alpha}{2}}(n-1)\right)\\=&\left(13.0-\frac{0.3651}{2}\times 3.1824,\ 13.0+\frac{0.3651}{2}\times 3.1824\right)\\\approx&(12.42,\ 13.58).\end{aligned}$$

例 7.31 *若岩石密度的测量误差 $X\sim N(\mu,\sigma^2)$, 随机抽取 12 个样品测得 $s=0.2$, 求方差 σ^2 的置信度为 0.90 的置信区间.*

分析　μ 未知，故选取样本函数

$$\chi^2=\frac{(n-1)S^2}{\sigma^2}\sim\chi^2(n-1).$$

由于

$$P\left\{\chi^2_{1-\frac{\alpha}{2}}(n-1)<\frac{(n-1)S^2}{\sigma^2}<\chi^2_{\frac{\alpha}{2}}(n-1)\right\}=1-\alpha,$$

所以

$$P\left\{\frac{(n-1)S^2}{\chi^2_{\frac{\alpha}{2}}(n-1)}<\sigma^2<\frac{(n-1)S^2}{\chi^2_{1-\frac{\alpha}{2}}(n-1)}\right\}=1-\alpha,$$

即 σ^2 的置信区间为

$$\left(\frac{(n-1)S^2}{\chi^2_{\frac{\alpha}{2}}(n-1)},\frac{(n-1)S^2}{\chi^2_{1-\frac{\alpha}{2}}(n-1)}\right).$$

解　由 $1-\alpha=0.9$ 知 $\alpha=0.1$，又 $n=12$，查表得

$$\chi^2_{\frac{\alpha}{2}}(n-1)=\chi^2_{0.05}(11)=19.675,$$

$$\chi^2_{1-\frac{\alpha}{2}}(n-1)=\chi^2_{0.95}(11)=4.575,$$

于是 σ^2 的置信度为 0.90 的置信区间为

$$\begin{aligned}&\left(\frac{(n-1)s^2}{\chi^2_{\frac{\alpha}{2}}(n-1)},\frac{(n-1)s^2}{\chi^2_{1-\frac{\alpha}{2}}(n-1)}\right)\\=&\left(\frac{(12-1)\cdot0.2^2}{19.675},\frac{(12-1)\cdot0.2^2}{4.575}\right)\\\approx&(0.022,0.096).\end{aligned}$$

例 7.32　假设 0.50,0.80,1.25,2.00 是来自对数正态总体 X 的样本值，且 $Y=\ln X$ 服从正态分布 $N(\mu,1)$. 求：

(1) $E(X)$;

(2) μ 的置信度为 0.95 的置信区间;

(3) $b=E(X)$ 的置信度为 0.95 的置信区间.

分析　μ 为正态总体 Y 的均值，故 μ 的置信区间为

$$\left(\overline{Y}-\frac{\sigma}{\sqrt{n}}U_{\frac{\alpha}{2}},\ \overline{Y}+\frac{\sigma}{\sqrt{n}}U_{\frac{\alpha}{2}}\right),$$

再由 b 与 Y 的函数关系可求得 b 的置信区间.

解 (1) $X=\mathrm{e}^Y, f_Y(y)=\dfrac{1}{\sqrt{2\pi}}\mathrm{e}^{-\frac{(y-\mu)^2}{2}}, \quad -\infty<y<\infty$. 于是

$$\begin{aligned}
E(X)&=\int_{-\infty}^{+\infty}\mathrm{e}^y f_Y(y)\mathrm{d}y=\int_{-\infty}^{+\infty}\frac{\mathrm{e}^y}{\sqrt{2\pi}}\mathrm{e}^{-\frac{(y-\mu)^2}{2}}\mathrm{d}y\\
&\underline{\underline{\ y-\mu=t\ }}\int_{-\infty}^{+\infty}\mathrm{e}^{t+\mu}\frac{1}{\sqrt{2\pi}}\mathrm{e}^{-\frac{t^2}{2}}\mathrm{d}t=\frac{1}{\sqrt{2\pi}}\int_{-\infty}^{+\infty}\mathrm{e}^{\mu+t-\frac{t^2}{2}}\mathrm{d}t\\
&=\frac{1}{\sqrt{2\pi}}\mathrm{e}^{\mu+\frac{1}{2}}\int_{-\infty}^{+\infty}\mathrm{e}^{-\frac{(t+1)^2}{2}}\mathrm{d}t=\frac{\sqrt{2}}{\sqrt{2\pi}}\mathrm{e}^{\mu+\frac{1}{2}}\int_{-\infty}^{+\infty}\mathrm{e}^{-\frac{(t+1)^2}{2}}\mathrm{d}\left(\frac{t+1}{\sqrt{2}}\right)\\
&=\mathrm{e}^{\mu+\frac{1}{2}}.
\end{aligned}$$

(2) $\sigma^2=1,\ 1-\alpha=0.95$, 故 $\alpha=0.05, U_{\frac{\alpha}{2}}=U_{0.025}=1.96$.

计算得 $\overline{y}=\dfrac{1}{4}(\ln x_1+\ln x_2+\ln x_3+\ln x_4)=\dfrac{1}{4}\ln(0.5\times0.8\times1.25\times2)=\dfrac{1}{4}\ln1=0$, 故 μ 的置信度为 0.95 的置信区间为

$$\begin{aligned}
\left(\overline{y}-\frac{\sigma}{\sqrt{n}}U_{\frac{\alpha}{2}},\overline{y}+\frac{\sigma}{\sqrt{n}}U_{\frac{\alpha}{2}}\right)&=\left(-\frac{1}{2}\times1.96,\frac{1}{2}\times1.96\right)\\
&=(-0.98,\ 0.98).
\end{aligned}$$

(3) 由于

$$P\{-0.98<\mu<0.98\}=0.95,$$

所以

$$P\left\{-0.48<\mu+\frac{1}{2}<1.48\right\}=0.95,\quad P\left\{\mathrm{e}^{-0.48}<\mathrm{e}^{\mu+\frac{1}{2}}<\mathrm{e}^{1.48}\right\}=0.95,$$

即

$$P\left\{\mathrm{e}^{-0.48}<b<\mathrm{e}^{1.48}\right\}=0.95,$$

从而 b 的置信度为 0.95 的置信区间为

$$\left(\mathrm{e}^{-0.48},\mathrm{e}^{1.48}\right).$$

例 7.33 从某学校三年级的两个班分别抽出 5 名和 6 名男生, 测得他们的身高 (单位: cm) 分别为:

A 班: 172, 178, 180.5, 174, 175;

B 班: 174, 171, 176.5, 168, 172.5, 170.

设两班学生的身高分别服从正态分布 $N(\mu_1,\sigma_1^2)$ 和 $N(\mu_2,\sigma_2^2)$，求：

(1) $\mu_1-\mu_2$ 的置信度为 0.95 的置信区间 (假设 $\sigma_1^2=\sigma_2^2$)；

(2) $\dfrac{\sigma_1^2}{\sigma_2^2}$ 的置信度为 0.95 的置信区间 (μ_1,μ_2 未知).

分析　当 $\sigma_1^2=\sigma_2^2=\sigma^2$ 未知时，求 $\mu_1-\mu_2$ 的置信区间应选取样本函数

$$t=\frac{\overline{X}-\overline{Y}-(\mu_1-\mu_2)}{S_w\sqrt{\dfrac{1}{n_1}+\dfrac{1}{n_2}}}\sim t(n_1+n_2-2),$$

其中 $S_w=\sqrt{\dfrac{(n_1-1)S_1^2+(n_2-1)S_2^2}{n_1+n_2-2}}$.

因为

$$P\left\{-t_{\frac{\alpha}{2}}(n_1+n_2-2)<\frac{\overline{X}-\overline{Y}-(\mu_1-\mu_2)}{S_w\sqrt{\dfrac{1}{n_1}+\dfrac{1}{n_2}}}<t_{\frac{\alpha}{2}}(n_1+n_2-2)\right\}=1-\alpha,$$

所以

$$P\left\{\overline{X}-\overline{Y}-t_{\frac{\alpha}{2}}(n_1+n_2-2)S_w\sqrt{\frac{1}{n_1}+\frac{1}{n_2}}<\mu_1-\mu_2<\right.$$
$$\left.\overline{X}-\overline{Y}+t_{\frac{\alpha}{2}}(n_1+n_2-2)S_w\sqrt{\frac{1}{n_1}+\frac{1}{n_2}}\right\}=1-\alpha,$$

即 $\mu_1-\mu_2$ 的置信区间为

$$\left(\overline{X}-\overline{Y}-t_{\frac{\alpha}{2}}(n_1+n_2-2)\cdot S_w\cdot\sqrt{\frac{1}{n_1}+\frac{1}{n_2}},\right.$$
$$\left.\overline{X}-\overline{Y}+t_{\frac{\alpha}{2}}(n_1+n_2-2)\cdot S_w\cdot\sqrt{\frac{1}{n_1}+\frac{1}{n_2}}\right).$$

在 μ_1,μ_2 未知的情况下，求 $\dfrac{\sigma_1^2}{\sigma_2^2}$ 的置信区间应选择样本函数

$$F=\frac{\sigma_2^2}{\sigma_1^2}\cdot\frac{S_1^2}{S_2^2}\sim F(n_1-1,n_2-2).$$

因为

$$P\left\{F_{1-\frac{\alpha}{2}}(n_1-1,n_2-1)<\frac{\sigma_2^2}{\sigma_1^2}\cdot\frac{S_1^2}{S_2^2}<F_{\frac{\alpha}{2}}(n_1-1,n_2-1)\right\}=1-\alpha,$$

所以

$$P\left\{\frac{S_1^2}{S_2^2}\cdot\frac{1}{F_{\frac{\alpha}{2}}(n_1-1,n_2-1)}<\frac{\sigma_1^2}{\sigma_2^2}<\frac{S_1^2}{S_2^2}\cdot\frac{1}{F_{1-\frac{\alpha}{2}}(n_1-1,n_2-1)}\right\}=1-\alpha,$$

故 $\dfrac{\sigma_1^2}{\sigma_2^2}$ 的置信区间为

$$\left(\frac{S_1^2}{S_2^2}\cdot\frac{1}{F_{\frac{\alpha}{2}}(n_1-1,n_2-1)},\ \frac{S_1^2}{S_2^2}\cdot\frac{1}{F_{1-\frac{\alpha}{2}}(n_1-1,n_2-1)}\right).$$

解 设 $\overline{X},\overline{Y}$ 分别表示 A,B 两班的样本均值, S_1^2 和 S_2^2 分别表示 A,B 两班的样本方差. 经计算得 $\overline{x}=175.9,\overline{y}=172,s_1^2=\dfrac{45.2}{4},s_2^2=\dfrac{45.5}{5}$, 于是有

$$\overline{x}-\overline{y}=3.9,\quad s_w=\sqrt{\frac{45.2+45.5}{5+6-2}}=3.17.$$

(1) $\sigma_1^2=\sigma_2^2=\sigma^2$, 但 σ^2 未知. 由 $\alpha=0.05$ 查表得, $t_{0.025}(9)=2.262$, 故

$$t_{0.025}(9)s_w\sqrt{\frac{1}{n_1}+\frac{1}{n_2}}=2.262\times3.17\times0.61=4.374.$$

所以 $\mu_1-\mu_2$ 的置信度为 0.95 的置信区间为

$$\left(\overline{x}-\overline{y}-t_{\frac{\alpha}{2}}(n_1+n_2-2)s_w\sqrt{\frac{1}{n_1}+\frac{1}{n_2}},\right.$$
$$\left.\overline{x}-\overline{y}+t_{\frac{\alpha}{2}}(n_1+n_2-2)s_w\sqrt{\frac{1}{n_1}+\frac{1}{n_2}}\right)$$
$$=(3.9-4.374,3.9+4.374)=(-0.474,8.274).$$

(2) 因为 $s_1^2=\dfrac{45.2}{4}=11.3,\ s_2^2=\dfrac{45.5}{5}=9.1$, 由 $\alpha=0.05$ 查表得

$$F_{0.025}(4,5)=7.39,\quad F_{0.975}(4,5)=\frac{1}{F_{0.025}(5,4)}=\frac{1}{9.36},$$

故 $\dfrac{\sigma_1^2}{\sigma_2^2}$ 的置信度为 0.95 的置信区间为

$$\left(\frac{s_1^2}{s_2^2}\cdot\frac{1}{F_{\frac{\alpha}{2}}(n_1-1,n_2-1)},\ \frac{s_1^2}{s_2^2}\cdot\frac{1}{F_{1-\frac{\alpha}{2}}(n_1-1,n_2-1)}\right)$$
$$=\left(\frac{11.3}{9.1}\times\frac{1}{7.39},\frac{11.3}{9.1}\times9.36\right)=(0.17,11.62).$$

例 7.34 设总体 X 服从指数分布, 其概率密度为

$$f(x)=\begin{cases}\dfrac{1}{\theta}\mathrm{e}^{-\frac{x}{\theta}}, & x>0,\\ 0, & x\leqslant0,\end{cases}$$

其中 $\theta>0$ 为参数，从 X 中抽取样本 $X_1,X_2,\cdots,X_n$.

(1) 证明：$2n\dfrac{\overline{X}}{\theta}\sim\chi^2(2n)$;

(2) 求 θ 的置信度为 $1-\alpha$ 的单侧置信下限；

(3) 某原件寿命 (单位：h) 服从上述的指数分布. 从中抽取容量为 $n=16$ 的样本，测得样本均值为 50h, 求元件的平均寿命的置信度为 0.9 的单侧置信下限.

解 (1) 令 $Y=\dfrac{2}{\theta}X$, 则 Y 的分布函数为

$$F_Y(y)=P\{Y\leqslant y\}=P\left\{\frac{2}{\theta}X\leqslant y\right\}$$
$$=P\left\{X\leqslant\frac{\theta}{2}y\right\}=\begin{cases}\displaystyle\int_0^{\frac{\theta}{2}y}\frac{1}{\theta}\mathrm{e}^{-\frac{x}{\theta}}\mathrm{d}x, & y>0,\\ 0, & y\leqslant 0,\end{cases}$$

从而 Y 的概率密度为

$$f_Y(y)=\begin{cases}\dfrac{1}{2}\mathrm{e}^{-\frac{y}{2}}, & y>0,\\ 0, & y\leqslant 0,\end{cases}$$

即 Y 服从参数为 2 的指数分布. 又从 $\chi^2(2)$ 分布的概率密度可知 $\chi^2(2)$ 分布就是参数为 2 的指数分布，于是有

$$Y\sim\chi^2(2),$$

从而由 χ^2 分布的可加性知

$$\frac{2n\overline{X}}{\theta}=\frac{2}{\theta}\left(\sum_{i=1}^{n}X_i\right)=\sum_{i=1}^{n}\left(\frac{2X_i}{\theta}\right)=\sum_{i=1}^{n}Y_i\sim\chi^2(2n).$$

(2) 由于 $\dfrac{2n\overline{X}}{\theta}\sim\chi^2(2n)$, 所以

$$P\left\{\frac{2n\overline{X}}{\theta}<\chi^2_\alpha(2n)\right\}=1-\alpha,$$

即

$$P\left\{\theta>\frac{2n\overline{X}}{\chi^2_\alpha(2n)}\right\}=1-\alpha,$$

故 θ 的置信度为 $1-\alpha$ 的单侧置信下限为 $\dfrac{2n\overline{X}}{\chi^2_\alpha(2n)}$.

(3) 因为平均寿命 $E(X)=\theta$, 由 $1-\alpha=0.9$ 知 $\alpha=0.1$, 查表 $\chi^2_\alpha(2n)=\chi^2_{0.1}(32)=42.585$, 代入 θ 的单侧置信下限中得

$$\widehat{\theta}=\frac{2\times16\times50}{42.585}=37.57.$$

例 7.35 设总体 $X\sim N(\mu,8)$, 其中 μ 未知, $X_1,X_2,\cdots,X_{36}$ 为 X 的样本. $\overline{X}=\dfrac{1}{36}\sum\limits_{i=1}^{36}X_i$. 如果以 $(\overline{X}-1,\overline{X}+1)$ 作为 μ 的置信区间, 那么置信度是多少?

分析 令 $Y=\dfrac{\overline{X}-\mu}{\sigma/\sqrt{n}}$, 则 $Y\sim N(0,1)$, 即 μ 的置信度为 $1-\alpha$ 的置信区间为

$$\left(\overline{X}-\frac{\sigma}{\sqrt{n}}U_{\frac{\alpha}{2}},\overline{X}+\frac{\sigma}{\sqrt{n}}U_{\frac{\alpha}{2}}\right).$$

又

$$\begin{aligned}
&P\left\{\overline{X}-\frac{\sigma}{\sqrt{n}}U_{\frac{\alpha}{2}}<\mu<\overline{X}+\frac{\sigma}{\sqrt{n}}U_{\frac{\alpha}{2}}\right\}\\
=&P\left\{-U_{\frac{\alpha}{2}}<\frac{\overline{X}-\mu}{\sigma/\sqrt{n}}<U_{\frac{\alpha}{2}}\right\}\\
=&\Phi(U_{\frac{\alpha}{2}})-\Phi(-U_{\frac{\alpha}{2}})\\
=&2\Phi(U_{\frac{\alpha}{2}})-1,
\end{aligned}$$

因此置信度为

$$1-\alpha=2\Phi(U_{\frac{\alpha}{2}})-1.$$

解 依题意, 置信区间的长度为 2, 因此 $U_{\frac{\alpha}{2}}$ 满足方程

$$2\frac{\sigma}{\sqrt{n}}U_{\frac{\alpha}{2}}=2,$$

即

$$2\cdot\frac{\sqrt{8}}{\sqrt{36}}U_{\frac{\alpha}{2}}=2,\ U_{\frac{\alpha}{2}}=\sqrt{\frac{36}{8}}=\frac{3\sqrt{2}}{2}=2.12.$$

因此置信度 $1-\alpha=2\Phi(2.12)-1=0.966$, 即以 $(\overline{X}-1,\overline{X}+1)$ 作为 μ 的置信区间, 置信度为 0.966.

例 7.36 设 $X_1,X_2,\cdots,X_n$ 为总体 $X\sim N(\mu,\sigma^2)$ 的样本, 其中 μ 和 σ^2 为未知参数. 设随机变量 L 是关于 μ 的置信度为 $1-\alpha$ 的置信区间的长度, 求 $E(L^2)$.

解　当 σ^2 未知时，μ 的置信度为 $1-\alpha$ 的置信区间为

$$\left(\overline{X}-\frac{S}{\sqrt{n}}t_{\frac{\alpha}{2}}(n-1),\overline{X}+\frac{S}{\sqrt{n}}t_{\frac{\alpha}{2}}(n-1)\right),$$

区间长度 $L=\frac{2S}{\sqrt{n}}t_{\frac{\alpha}{2}}(n-1)$，$L^2=\frac{(2S)^2}{n}t^2_{\frac{\alpha}{2}}(n-1)$.

由于 $E(S^2)=\sigma^2$, 从而

$$E(L^2)=E\left[\frac{4S^2}{n}t^2_{\frac{\alpha}{2}}(n-1)\right]=\frac{4}{n}t^2_{\frac{\alpha}{2}}(n-1)E(S^2)=\frac{4}{n}\sigma^2t^2_{\frac{\alpha}{2}}(n-1).$$

例 7.37　设总体 X 的方差为 1, 从 X 中抽容量为 100 的样本，测得 $\overline{x}=5$, 求总体 X 的均值的置信度为 0.95 的近似置信区间.

分析　记 $E(X)=\mu,D(X)=\sigma^2,X_1,X_2,\cdots,X_{100}$ 为 X 的样本，则由独立同分布的中心极限定理知 $\dfrac{\sum\limits_{k=1}^{100}X_k-100\mu}{\sqrt{100\sigma^2}}$ 近似服从 $N(0,1)$ 分布，亦即 $\dfrac{\overline{X}-\mu}{\frac{1}{10}\sigma}$ 近似服从 $N(0,1)$ 分布. 于是对置信度 $1-\alpha$, 有

$$P\left\{-u_{\frac{\alpha}{2}}<\frac{\overline{X}-\mu}{\frac{1}{10}\sigma}<u_{\frac{\alpha}{2}}\right\}=1-\alpha,$$

$$P\left\{\overline{X}-\frac{\sigma}{10}u_{\frac{\alpha}{2}}<\mu<\overline{X}+\frac{\sigma}{10}u_{\frac{\alpha}{2}}\right\}=1-\alpha,$$

即 μ 的置信度为 $1-\alpha$ 的近似置信区间为

$$\left(\overline{X}-\frac{\sigma}{10}u_{\frac{\alpha}{2}},\overline{X}+\frac{\sigma}{10}u_{\frac{\alpha}{2}}\right).$$

解　设 $\mu=E(X),\sigma^2=D(X)=1,X_1,X_2,\cdots,X_{100}$ 为 X 的样本，则 $\overline{x}=5$. 由独立同分布的中心极限定理知

$$\frac{\sum\limits_{k=1}^{100}X_k-100\mu}{\sqrt{100\sigma^2}}$$

近似服从 $N(0,1)$ 分布，即 $\dfrac{\overline{X}-\mu}{\frac{1}{10}\sigma}$ 近似服从 $N(0,1)$ 分布. 从而由

$$P\left\{-u_{0.025}<\frac{\overline{X}-\mu}{\frac{1}{10}\sigma}<u_{0.025}\right\}=0.95$$

有

$$P\left\{\overline{X}-\frac{\sigma}{10}u_{0.025}<\mu<\overline{X}+\frac{\sigma}{10}u_{0.025}\right\}=1-\alpha,$$

即 μ 的置信度为 0.95 的近似置信区间为

$$\begin{aligned}&\left(\overline{X}-\frac{1}{10}u_{0.025},\overline{X}+\frac{1}{10}u_{0.025}\right)\\=&\left(5-\frac{1}{10}\times 1.96,5+\frac{1}{10}\times 1.96\right)\\=&(4.804,5.196).\end{aligned}$$

例 7.38 在甲、乙两城市进行家庭消费调查, 在甲市抽取 500 户, 平均每户年消费支出 3000 元, 标准差为 $s_1=400$ 元. 在乙市抽取 1000 户, 平均每户年消费支出 4200 元, 标准差为 $s_2=500$ 元. 设两城市家庭消费支出均服从正态分布 $N(\mu_1,\sigma_1^2)$ 和 $N(\mu_2,\sigma_2^2)$, 试求:

(1) 甲、乙两城市平均每户年消费支出间差异的置信区间 (置信度为 0.95);

(2) 甲、乙两城市平均每户年消费支出方差比的置信区间 (置信度为 0.95).

解 (1) 虽然 μ_1,σ_1^2 和 μ_2,σ_2^2 均未知, 但由于 $n=500,m=1000$ 都很大 (只要大于 50 即可), 可用 u 统计量, 即可用 $\left(\overline{x}-\overline{y}\pm u_{\frac{\alpha}{2}}\cdot\sqrt{\dfrac{s_1^2}{n}+\dfrac{s_2^2}{m}}\right)$ 作为 $\mu_1-\mu_2$ 的置信度为 $1-\alpha$ 的近似置信区间. 由计算可知 $\mu_1-\mu_2$ 的置信度为 0.95 的近似置信区间为 $(-1246.79,-1153.21)$.

由于此置信区间的上限小于零, 可认为乙市家庭平均年消费支出比甲市要大.

(2) $F_{\frac{\alpha}{2}}(n-1,m-1)=F_{0.025}(499,999)=1.13$,

$$F_{1-\frac{\alpha}{2}}(n-1,m-1)=\frac{1}{F_{\frac{\alpha}{2}}(m-1,n-1)}=\frac{1}{1.11}.$$

故 $\dfrac{\sigma_1^2}{\sigma_2^2}$ 的置信度为 0.95 的置信区间为

$$\left(\frac{s_1^2}{s_2^2}\cdot\frac{1}{F_{0.025}(499,999)},\frac{s_1^2}{s_2^2}\cdot\frac{1}{F_{0.975}(499,999)}\right)=(0.708,0.888).$$

由于置信区间上限小于 1, 故可认为乙市家庭平均每户年消费支出的方差比甲市要大.

注 (1) 若 $\mu_1-\mu_2$ 的置信区间包含 0, 则可认为 $\mu_1=\mu_2$;

(2) 若 $\dfrac{\sigma_1^2}{\sigma_2^2}$ 的置信区间包含 1, 则可以认为 $\sigma_1^2=\sigma_2^2$.

小结　参数估计是统计推断的两大类基本问题之一，它主要包含点估计和区间估计两种情况.

点估计是适当地选择一个统计量作为未知参数的估计，要熟练掌握矩估计法和最大似然估计法.

点估计不能反映估计的精度，因此而引入区间估计. 在进行区间估计时，要充分利用已知信息，以求得更好的结果. 要熟练掌握区间估计的一般步骤，熟记正态总体中参数的置信区间.

练习 7.2

1. 设来自正态总体 $X\sim N(\mu,\sigma^2)$ 的容量为 5 的样本值为

$$1.86,\quad 3.22,\quad 1.46,\quad 4.01,\quad 2.64.$$

(1) 已知 $\mu=3$, 求 σ^2 的置信水平为 0.95 的置信区间;

(2) 若 μ 未知，求 σ^2 的置信水平为 0.95 的置信区间.

2. 设总体 $N\sim(\mu,0.09)$, 从总体中抽样本值如下：

$$12.6,\quad 13.4,\quad 12.8,\quad 13.2.$$

求总体均值 μ 的置信水平为 0.95 的置信区间.

3. 为比较 I 、II 两种型号步枪子弹的枪口速度，随机取 I 型子弹 10 发，测得枪口速度的平均值 $\overline{x_1}=500\text{m/s}$, 标准差 $s_1=1.10\text{m/s}$; 随机地取 II 型子弹 20 发，测得枪口速度的平均值 $\overline{x_2}=496\text{m/s}$, 标准差 $s_2=1.20\text{m/s}$. 假设两个总体都服从正态分布，且方差相等，求两个总体均值差 $\mu_1-\mu_2$ 的置信度为 0.95 的置信区间.

4. 研究由机器 A 和机器 B 生产的钢管内径，随机地取机器 A 生产的钢管 10 只，测得样本方差 $s_1^2=0.34\ \text{mm}^2$, 抽取机器 B 生产的钢管 13 只，测得样本方差 $s_2^2=0.29\ \text{mm}^2$. 设两个样本相互独立，且两个机器生产的钢管的内径分别服从正态分布 $N(\mu_1,\sigma_1^2)$ 和 (μ_2,σ_2^2), 此处 $\mu_i,\sigma_i(i=1,2)$ 均未知，求方差比 $\dfrac{\sigma_1^2}{\sigma_2^2}$ 的置信度为 0.90 的置信区间.

*5. 为估计一批产品的次品率，从中抽取 100 件进行检测，发现 60 件次品，求这批产品次品率的置信度为 0.95 的置信区间.

练习 7.2 参考答案与提示

1. (1) σ^2 的置信区间为

$$\left(\frac{\sum_{i=1}^{n}(x_i-\mu)^2}{\chi^2_{\frac{\alpha}{2}}(n)},\frac{\sum_{i=1}^{n}(x_i-\mu)^2}{\chi^2_{1-\frac{\alpha}{2}}(n)}\right)=\left(\frac{4.8693}{\chi^2_{0.025}(5)},\frac{4.8693}{\chi^2_{0.975}(5)}\right)$$

$$=(0.38,5.86).$$

(2) 置信区间为

$$\left(\frac{\sum_{i=1}^{n}(x_i-\overline{x})^2}{\chi^2_{\frac{\alpha}{2}}(n-1)},\frac{\sum_{i=1}^{n}(x_i-\overline{x})^2}{\chi^2_{1-\frac{\alpha}{2}}(n-1)}\right)$$

$$=\left(\frac{\sum_{i=1}^{n}(x_i-2.638)^2}{\chi^2_{0.025}(4)},\frac{\sum_{i=1}^{n}(x_i-2.638)^2}{\chi^2_{0.975}(4)}\right)$$

$$=(0.38,8.71).$$

2. 置信区间为

$$\left(\overline{x}-U_{\frac{\alpha}{2}}\frac{\sigma}{\sqrt{n}},\overline{x}+U_{\frac{\alpha}{2}}\frac{\sigma}{\sqrt{n}}\right)=\left(\overline{x}-U_{0.025}\frac{\sigma}{\sqrt{n}},\overline{x}+U_{0.025}\frac{\sigma}{\sqrt{n}}\right)$$

$$=(12.706,\ 13.294).$$

3. 置信区间为

$$\left(\overline{x_1}-\overline{x_2}-t_{\frac{\alpha}{2}}(n_1+n_2-2)\sqrt{\frac{(n_1-1)s_1^2+(n_2-1)s_2^2}{n_1+n_2-2}}\sqrt{\frac{1}{n_1}+\frac{1}{n_2}},\right.$$

$$\left.\overline{x_1}-\overline{x_2}+t_{\frac{\alpha}{2}}(n_1+n_2-2)\sqrt{\frac{(n_1-1)s_1^2+(n_2-1)s_2^2}{n_1+n_2-2}}\sqrt{\frac{1}{n_1}+\frac{1}{n_2}}\right)$$

$$=\left(500-496-2.048\times1.1688\times\sqrt{\frac{1}{10}+\frac{1}{20}},\right.$$

$$\left.500-496+2.048\times1.1688\times\sqrt{\frac{1}{10}+\frac{1}{20}}\right)=(3.07,\ 4.93).$$

4. 置信区间为

$$\left(\frac{s_1^2}{s_2^2}\cdot\frac{1}{F_{\frac{\alpha}{2}}(n_1-1,n_2-1)},\ \frac{s_1^2}{s_2^2}\cdot\frac{1}{F_{1-\frac{\alpha}{2}}(n_1-1,n_2-1)}\right)$$

$$=\left(\frac{\dfrac{0.34}{0.29}}{2.8},\frac{\dfrac{0.34}{0.29}}{\dfrac{1}{3.07}}\right)=(0.42,\ 3.6).$$

*5. 总体 X 为 $(0,1)$ 分布，即分布律为

$$f(x,p)=p^x(1-p)^{1-x},\quad x=0,1,$$

其中 p 为未知参数，则 p 的置信度为 $1-\alpha$ 的置信区间为 (p_1,p_2), 其中

$$p_1=\frac{1}{2a}(-b-\sqrt{b^2-4ac}),\quad p_2=\frac{1}{2a}(-b+\sqrt{b^2-4ac}),$$

$a=n+u_{\frac{\alpha}{2}}^2, b=-\left(2n\overline{X}+u_{\alpha/2}^2\right), c=n\overline{X}^2.$

由于 $n=100,\ \overline{x}=\dfrac{60}{100}=0.6,\ 1-\alpha=0.95,\ u_{\frac{\alpha}{2}}=1.96$, 所以 $a=103.84,\ b=-123.84,\ c=36$, 于是

$$p_1=0.5,\quad p_2=0.69,$$

即 p 的置信度为 0.95 的置信区间为 $(0.5,\ 0.69)$.

综合练习 7

1. 填空题

(1) 设总体 X 的概率密度为 $f(x)=\begin{cases}\mathrm{e}^{-(x-\theta)}, & x>\theta,\\ 0, & x\leqslant\theta,\end{cases}$ 而 $X_1,X_2,\cdots,X_n$ 是来自 X 的简单随机样本, 则未知参数 θ 的矩估计量为 ______, 最大似然估计量为 ______.

(2) 设 $X_1,X_2,\cdots,X_n$ 是来自总体 X 的一个样本，且 $E(X)=\mu, D(X)=\sigma^2, \overline{X}$和$S^2$ 是样本均值和样本方差，则当 $c=$ ______ 时，统计量 $\overline{X}^2-cS^2$ 是 μ^2 的无偏估计量.

(3) 已知总体 $X\sim N(\mu,1)$, 一组样本值为 $-2,1,3,-2$, 则 μ 的置信度为 0.95 的置信区间为 ______.

(4) 设总体 $X\sim N(\mu,\sigma^2)$, μ 未知， σ^2 已知，为使总体均值 μ 的置信度为 $1-\alpha$ 的置信区间长度不超过 L, 则抽取的样本容量 n 至少为 ______.

2. 选择题

(1) 设 $X_1, X_2, \cdots, X_n$ 是来自总体 $X \sim N(\mu, \sigma^2)$ 的样本，则 $\mu^2+\sigma^2$ 的矩估计量为 (   ).

(A) $\dfrac{1}{n}\sum\limits_{i=1}^{n}(X_i-\overline{X})^2$　　(B) $\dfrac{1}{n-1}\sum\limits_{i=1}^{n}(X_i-\overline{X})^2$

(C) $\sum\limits_{i=1}^{n}X_i^2-n\overline{X}^2$　　(D) $\dfrac{1}{n}\sum\limits_{i=1}^{n}X_i^2$

(2) 设 $X_1, X_2, \cdots, X_n$ 是来自总体 X 的样本，$E(X)=\mu, D(X)=\sigma^2$. 如果 $\widehat{\theta}=c\sum\limits_{i=1}^{n-1}(X_{i+1}-X_i)^2$ 为 σ^2 的无偏估计量，则 c 为 (   ).

(A) $\dfrac{1}{2(n-1)}$　　(B) $\dfrac{1}{n}$

(C) $\dfrac{1}{n-1}$　　(D) $\dfrac{1}{2n}$

(3) 设总体 $X \sim N(0, \sigma^2)$，$X_1, X_2, \cdots, X_n$ 为 X 的样本，则 σ^2 的无偏估计量为 (   ).

(A) $\dfrac{1}{n-1}\sum\limits_{i=1}^{n}{X_i}^2$　　(B) $\dfrac{1}{n}\sum\limits_{i=1}^{n}{X_i}^2$

(C) $\dfrac{1}{n+1}\sum\limits_{i=1}^{n}{X_i}^2$　　(D) $\dfrac{n}{(n+1)^2}\sum\limits_{i=1}^{n}{X_i}^2$

(4) 设 n 个随机变量 $X_1, X_2, \cdots, X_n$ 独立同分布，且 $D(X_i)=\sigma^2, \overline{X}=\dfrac{1}{n}\sum\limits_{i=1}^{n}X_i, S^2=\dfrac{1}{n-1}\sum\limits_{i=1}^{n}(X_i-\overline{X})^2$, 则 (   ).

(A) S 是 σ 的无偏估计量　　(B) S 是 σ 的最大似然估计量

(C) S 是 σ 的一致估计量　　(D) S 与 $\overline{X}$ 独立

3. 已知总体 X 的分布函数为

$$F(x,\alpha,\beta)=\begin{cases}1-\left(\dfrac{\alpha}{x}\right)^{\beta}, & x>\alpha,\\ 0, & x\leqslant\alpha,\end{cases}$$

$\alpha>0$, 和 $\beta>1$ 为参数，$X_1, X_2, \cdots, X_n$ 为总体 X 的样本.

(1) 当 $\alpha=1$ 时，求 β 的矩估计量;

(2) 当 $\alpha=1$ 时，求 β 的最大似然估计量;

(3) 当 $\beta=2$ 时，求 α 的最大似然估计量.

4. 设总体 X 服从 $[0,\theta]$ 上的均匀分布，$\theta>0$ 未知，X_1, X_2, X_3 为 X 的样本.

(1) 证明：$\widehat{\theta}_1=\dfrac{4}{3}\max(X_1,X_2,X_3)$, $\widehat{\theta}_2=4\min(X_1,X_2,X_3)$ 都是 θ 的无偏估计量；

(2) 讨论上述两个估计量哪个更有效.

5. 随机地取 9 发子弹做试验，测得子弹速度的样本标准差 $s=11$ m/s, 设子弹速度服从正态分布 $N(\mu,\sigma^2)$, 求这种子弹速度的标准差 σ 的置信度为 0.95 的置信区间.

6. 设两个总体 X,Y 相互独立， $X\sim N(\mu_1,64),Y\sim N(\mu_2,36)$, 从 X 中抽容量为 75 的样本，从 Y 中抽容量为 50 的样本，算得 $\overline{x}=82,\overline{y}=76$, 求 $\mu_1-\mu_2$ 的置信度为 0.96 的置信区间.

综合练习 7 参考答案与提示

1. (1) $\overline{X}-1$, $\min(X_1,X_2,\cdots,X_n)$;

(2) $\dfrac{1}{n}$;

(3) $(-0.98,0.98)$;

(4) $\dfrac{4\sigma^2u_{\frac{\alpha}{2}}^2}{L^2}$.

2. (1) (D);　(2) (A);　(3) (B);　(4) (C).

3. (1) 概率密度

$$f(x,\beta)=\begin{cases}\dfrac{\beta}{x^{\beta+1}}, & x>1,\\ 0, & x\leqslant 1.\end{cases}$$

$E(X)=\displaystyle\int_1^{+\infty}xf(x,\beta)\mathrm{d}x=\int_1^{+\infty}\frac{\beta}{x^{\beta}}\mathrm{d}x=\frac{\beta}{\beta-1}=\overline{X}$, 故 $\widehat{\beta}=\dfrac{\overline{X}}{\overline{X}-1}$.

(2)　$L(\beta)=\displaystyle\prod_{i=1}^{n}\frac{\beta}{x_i^{\beta+1}}=\frac{\beta^n}{(\prod\limits_{i=1}^{n}x_i)^{\beta+1}}$, $\ln L(\beta)=n\ln\beta-(\beta+1)\ln(\displaystyle\prod_{i=1}^{n}x_i)=$ $n\ln\beta-(\beta+1)\displaystyle\sum_{i=1}^{n}\ln x_i$, 由 $0=\dfrac{\mathrm{d}\ln L(\beta)}{\mathrm{d}\beta}=\dfrac{n}{\beta}-\displaystyle\sum_{i=1}^{n}\ln x_i$, 知 $\widehat{\beta}=\dfrac{n}{\sum\limits_{i=1}^{n}\ln X_i}$.

(3) 概率密度

$$f(x,\alpha)=\begin{cases}\dfrac{2\alpha^2}{x^3}, & x>\alpha,\\ 0, & x\leqslant\alpha.\end{cases}$$

$L(\alpha)=\prod_{i=1}^{n}\frac{2\alpha^2}{x_i^3}=2^n\alpha^{2n}\cdot\frac{1}{(\prod_{i=1}^{n}x_i^3)}$ $(x_i>\alpha)$, 显然似然函数是 α 的单调增加函数, 故 α 越大, $L(\alpha)$ 越大, 因此 α 的最大似然估计量为 $\widehat{\alpha}=\min(X_1,X_2,\cdots,X_n)$.

4. (1) 令 $Y=\max(X_1,X_2,X_3)$, $Z=\min(X_1,X_2,X_3)$, 从而

$$F_Y(y)=F_X^3(y)=\begin{cases}0, & y<0,\\ \dfrac{y^3}{\theta^3}, & 0\leqslant y<\theta,\\ 1, & \theta\leqslant y,\end{cases}$$

$$f_Y(y)=\begin{cases}\dfrac{3y^2}{\theta^3}, & 0<y<\theta,\\ 0, & \text{其他}.\end{cases}$$

$$F_Z(z)=1-[1-F_X(z)]^3=\begin{cases}0, & z<0,\\ 1-(1-\dfrac{z}{\theta})^3, & 0\leqslant z<\theta,\\ 1, & \theta\leqslant z,\end{cases}$$

$$f_Z(z)=\begin{cases}\dfrac{3}{\theta^3}(\theta-z)^2, & 0<z<\theta,\\ 0, & \text{其他}.\end{cases}$$

$$E(Y)=\frac{3}{4}\theta,\ E(Z)=\frac{\theta}{4},\ E(\widehat{\theta}_1)=\frac{4}{3}E(Y)=\theta,\ E(\widehat{\theta}_2)=4E(Z)=\theta,$$

故 $\widehat{\theta}_1$ 和 $\widehat{\theta}_2$ 都是 θ 的无偏估计量.

(2) $D(Y)=\frac{3}{80}\theta^2$, $D(Z)=\frac{3}{80}\theta^2$,

$$D(\widehat{\theta}_1)=\frac{16}{9}D(Y)=\frac{1}{15}\theta^2,\quad D(\widehat{\theta}_2)=16D(Z)=\frac{3}{5}\theta^2,$$

故 $\widehat{\theta}_1$ 比 $\widehat{\theta}_2$ 更有效.

5. 置信区间为

$$\left(\sqrt{\frac{(n-1)s^2}{\chi^2_{\frac{\alpha}{2}}(n-1)}},\sqrt{\frac{(n-1)s^2}{\chi^2_{1-\frac{\alpha}{2}}(n-1)}}\right)=\left(\frac{\sqrt{8}\times 11}{\sqrt{17.535}},\frac{\sqrt{8}\times 11}{\sqrt{2.18}}\right)=(7.4,21.1).$$

6. 置信区间为

$$\left(\overline{x}-\overline{y}-u_{\frac{\alpha}{2}}\sqrt{\frac{\sigma^2}{n_1}+\frac{\sigma^2}{n_2}},\overline{x}-\overline{y}+u_{\frac{\alpha}{2}}\sqrt{\frac{\sigma^2}{n_1}+\frac{\sigma^2}{n_2}}\right)$$

$$
=\left(82-76-2.05\sqrt{\frac{64}{75}+\frac{36}{50}},\ 82-76+2.05\sqrt{\frac{64}{75}+\frac{36}{50}}\right)
$$

$$
=(6-2.05\times 1.25,\ 6+2.05\times 1.25)=(3.44,\ 8.56).
$$

第 7 章自测题

第 8 章　假设检验

一、主要内容

假设检验的基本概念，两类错误，单个正态总体均值与方差的假设检验，两个正态总体均值差与方差比的假设检验，总体分布的假设检验.

二、教学要求

1. 理解显著性检验的基本思想，正确理解和使用“小概率原理”，正确理解假设检验可能产生的两类错误.

2. 掌握单个正态总体均值与方差的假设检验.

3. 了解两个正态总体均值差与方差比的假设检验.

4. 了解总体分布的假设检验 - 分布拟合检验.

三、例题选讲

例 8.1　某车间生产一种零件，其长度服从正态分布 $N(\mu,\ 0.5^2)$，要求标准长度为 100cm. 现在从一批数量很大的零件中抽查 9 件，测得它们的长度 (单位：cm) 如下：

$$99.3,\ \ 100.1,\ \ 99.9,\ \ 99.2,\ \ 99.6,\ \ 99.1,\ \ 99.3,\ \ 100.2,\ \ 99.0.$$

问在显著性水平 $\alpha = 0.05$ 下，能否认为这批零件是合格的.

分析　$\sigma^2 = 0.5^2$，本例是在显著水平 $\alpha = 0.5$ 下检验假设

$$H_0:\ \mu = \mu_0 = 100;\ \ H_1:\ \mu \neq 100.$$

当 H_0 成立时，检验统计量为

$$U = \frac{\overline{X} - \mu_0}{\dfrac{\sigma}{\sqrt{n}}} \sim N(0,1),$$

原假设的拒绝域为

$$W = \{|U| \geqslant U_{\frac{\alpha}{2}}\}.$$

解　提出假设 $H_0: \mu=\mu_0=100$; $H_1: \mu\neq 100$, 当 H_0 成立时检验统计量为

$$U=\frac{\overline{X}-\mu_0}{\dfrac{\sigma}{\sqrt{n}}}=\frac{\overline{X}-100}{\dfrac{\sigma}{\sqrt{n}}}\sim N(0,1),$$

原假设 H_0 的拒绝域为

$$W=\{|U|\geqslant U_{\frac{\alpha}{2}}\}=\{|U|\geqslant U_{0.025}\}=\{|U|\geqslant 1.96\}.$$

由于 $n=9,\sigma=0.5$, 计算得 $\overline{x}=99.52$, 所以

$$|U|=\left|\frac{\overline{x}-\mu_0}{\dfrac{\sigma}{\sqrt{n}}}\right|=\left|\frac{99.52-100}{\dfrac{0.5}{30}}\right|=2.88.$$

由于 $|U|=2.88>1.96$, 因此拒绝 H_0, 认为这批零件不合格.

例 8.2　某电器厂生产一种云母片，经验表明云母片的厚度服从正态分布，其数学期望为 0.13mm. 如果在某日的产品中随机抽取 10 片，测得样本值的平均值为 0.146mm, 均方差为 0.015mm, 问在显著性水平 $\alpha=0.05$ 下，该日生产的云母片厚度的数学期望与往日是否有显著差异？

分析　该日生产的云母片厚度 $X\sim N(\mu,\sigma^2)$, 此处 σ^2 未知，要求检验假设

$$H_0:\ \mu=\mu_0=0.13;\quad H_1:\ \mu\neq 0.13.$$

当 H_0 成立时，检验统计量为

$$t=\frac{\overline{X}-\mu_0}{\dfrac{S}{\sqrt{n}}}\sim t(n-1),$$

原假设的拒绝域为

$$W=\{|t|\geqslant t_{\frac{\alpha}{2}}(n-1)\}.$$

解　设该日生产的云母片厚度为 X, 则 $X\sim N(\mu,\sigma^2)$, 此处 σ^2 未知. 假设

$$H_0:\mu=\mu_0=0.13;\quad H_1:\mu\neq 0.13.$$

当 H_0 成立时，检验统计量为

$$t=\frac{\overline{X}-\mu_0}{\dfrac{S}{\sqrt{n}}}=\frac{\overline{X}-0.13}{\dfrac{S}{\sqrt{n}}}\sim t(9),$$

原假设的拒绝域为

$$W=\{|t|\geqslant t_{\frac{\alpha}{2}}(n-1)\}=\{|t|\geqslant t_{0.025}(9)\}=\{|t|\geqslant 2.2622\}.$$

由于 $n=10,\ \overline{x}=0.146,\ s=0.015$, 所以

$$|t|=\left|\frac{\overline{x}-\mu_0}{\dfrac{s}{\sqrt{n}}}\right|=\left|\frac{0.146-0.13}{\dfrac{0.015}{\sqrt{10}}}\right|=3.37.$$

因为 $|t|=3.37>2.2622$, 所以拒绝 H_0, 认为云母片厚度的数学期望与往日有显著差异.

例 8.3 某种电子元件的寿命 (单位: h)$X\sim N(\mu,\sigma^2)$, 现测得 16 只元件的寿命为

759, 880, 701, 812, 824, 979, 779, 864, 822, 962, 768, 850, 749, 860, 1085, 770.

问在显著性水平 $\alpha=0.05$ 下，是否有理由认为这批元件的寿命超过标准时间 825h?

分析 本例是在 σ^2 未知的条件下检验假设

$$H_0:\mu=\mu_0=825;\quad H_1:\mu>825.$$

检验统计量为

$$t=\frac{\overline{X}-\mu_0}{\dfrac{S}{\sqrt{n}}}\sim t(n-1),$$

原假设 H_0 的拒绝域为

$$W=\{t\geqslant t_\alpha(n-1)\}.$$

解 假设 $H_0:\mu\leqslant\mu_0=825,\ \ H_1:\mu>825$. 当 σ^2 未知时，检验统计量为

$$t=\frac{\overline{X}-\mu_0}{\dfrac{S}{\sqrt{n}}}=\frac{\overline{X}-825}{\dfrac{S}{\sqrt{n}}}\sim t(n-1),$$

H_0 的拒绝域为

$$W=\{t\geqslant t_\alpha(n-1)\}=\{t\geqslant t_{0.05}(15)\}=\{t\geqslant 1.7531\}.$$

计算得

$$\overline{x}=841.5,\quad s=98.7259,$$

于是

$$t = \frac{\overline{x} - \mu_0}{\frac{s}{\sqrt{n}}} = \frac{841.5 - 825}{\frac{98.7259}{4}} = 0.6685 < 1.7531,$$

所以接受 H_0, 即没有理由认为这批元件的寿命超过 825h.

例 8.4　要求一种元件平均使用寿命不得低于 1000h, 生产者从一批这种元件中随机地抽取 25 个，测得其寿命的平均值为 950h. 已知该元件寿命服从标准差为 100h 的正态分布，在显著性水平 $\alpha = 0.05$ 下确定这批元件是否合格？

解　假设 $H_0:\ \mu \geqslant \mu_0 = 1000;\ H_1:\ \mu < 1000.$
当 H_0 成立时，检验统计量为

$$u = \frac{\overline{X} - \mu_0}{\frac{\sigma}{\sqrt{n}}} = \frac{\overline{X} - 1000}{\frac{\sigma}{\sqrt{n}}} \sim N(0,1),$$

其拒绝域为

$$W = \{U \leqslant -U_\alpha\} = \{U \leqslant -U_{0.05}\} = \{U \leqslant -1.645\}.$$

由于 $\sigma = 100\text{h}, \overline{x} = 950\text{h}, n = 25$, 所以

$$U = \frac{\overline{x} - \mu_0}{\frac{\sigma}{\sqrt{n}}} = \frac{950 - 1000}{\frac{100}{5}} = -2.5 < -1.645,$$

于是拒绝 H_0, 认为这批零件不合格.

例 8.5　某无线电厂生产的一种高频管，其中的一项指标服从正态分布 $N(60, \sigma^2)$. 从一大批这种产品中随机抽取 8 只高频管，测得该项指标数据为

例 8.5

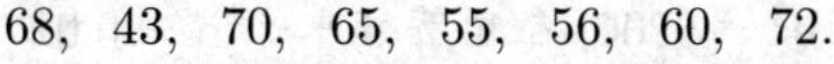

68,　43,　70,　65,　55,　56,　60,　72.

在显著性水平 $\alpha = 0.05$ 下，检验是否有 $\sigma^2 = 8^2$.

解　假设 $H_0: \sigma^2 = \sigma_0^2 = 8^2; H_1: \sigma^2 \neq 8^2$. 当 $\mu = 60$ 时，检验统计量为

$$\chi^2 = \frac{1}{\sigma_0^2}\sum_{i=1}^{n}(X_i - \mu)^2 = \frac{1}{\sigma_0^2}\sum_{i=1}^{n}(X_i - 60)^2 \sim \chi^2(n).$$

拒绝域为

$$W = \{\chi^2 \leqslant \chi^2_{1-\frac{\alpha}{2}}(n) \text{ 或 } \chi^2 \geqslant \chi^2_{\frac{\alpha}{2}}(n)\}.$$

由于 $\alpha=0.05, n=8$, 查表得

$$\chi^2_{1-\frac{\alpha}{2}}(8)=\chi^2_{0.975}(8)=2.180,\quad \chi^2_{\frac{\alpha}{2}}(8)=\chi^2_{0.025}(8)=17.535,$$

所以 H_0 的拒绝域为

$$W=\{\chi^2\leqslant 2.180 \text{ 或 } \chi^2\geqslant 17.535\}.$$

由样本值计算得

$$\chi^2=\frac{1}{\sigma_0^2}\sum_{i=1}^{n}(x_i-60)^2=10.3281,$$

可知 χ^2 不在 H_0 的拒绝域中，所以接受 H_0, 认为 $\sigma^2=8^2$.

例 8.6 设总体 $X\sim N(\mu,\sigma^2)$, 其中 μ,σ^2 均未知. 假设检验问题为

$$H_0:\sigma^2\leqslant 10,\ \ H_1:\sigma^2>10.$$

已知 $n=25,\alpha=0.05,\chi^2_{0.05}(24)=36.415$, 根据样本观察值计算得 $s^2=12$, 则检验结果为 (　　).

例 8.6

(A) 接受 H_0, 可能会犯第二类错误　　(B) 拒绝 H_0, 可能会犯第二类错误

(C) 接受 H_0, 可能会犯第一类错误　　(D) 拒绝 H_0, 可能会犯第一类错误

解 应选 (A).

由题意知

$$\chi^2=\frac{(n-1)s^2}{\sigma_0^2}=\frac{24\times 12}{10}=28.8<\chi^2_{005}(24)=36.415,$$

故接受 H_0. 因此检验结果可能会犯第二类错误.

例 8.7 某种型号的电池寿命 (单位: h) 长期以来服从方差为 $\sigma^2=5000$ 的正态分布. 现有一批这种电池, 从它的生产情况看, 寿命的波动有所改变. 随机取 26 只电池, 测得其寿命的方差 $s^2=9200$, 在显著性水平 $\alpha=0.02$ 下, 讨论据此数据能否推断这批电池寿命的波动较以往有显著性变化?

解 假设 $H_0:\sigma^2=\sigma_0^2=5000$; $H_1:\sigma^2\neq 5000$. 由于电池寿命的均值 μ 未知, 当 H_0 成立时, 检验统计量为

$$\chi^2=\frac{(n-1)S^2}{\sigma_0^2}\sim\chi^2(n-1),$$

拒绝域为

$$W=\{\chi^2\leqslant\chi^2_{1-\frac{\alpha}{2}}(n-1) \text{ 或 } \chi^2\geqslant\chi^2_{\frac{\alpha}{2}}(n-1)\},$$

此处 $n=26$. 由于 $\alpha=0.02$, 查表得

$$\chi^2_{1-\frac{\alpha}{2}}(n-1)=\chi^2_{0.99}(25)=11.524,\quad \chi^2_{\frac{\alpha}{2}}(n-1)=\chi^2_{0.01}(25)=44.314,$$

所以 H_0 的拒绝域为 $W=\{\chi^2\leqslant 11.524$ 或 $\chi^2\geqslant 44.314\}$.

计算得

$$\chi^2=\frac{(n-1)s^2}{\sigma_0^2}=\frac{25\times 9200}{5000}=46,$$

知 χ^2 落在 H_0 的拒绝域中，所以拒绝 H_0, 认为这批电池寿命的波动较以往有显著变化.

例 8.8　某厂生产的缆绳的抗拉强度 $X\sim N(10600,82^2)$. 现在从改进工艺后生产的一批缆绳中随机抽取 10 根，测量其抗拉强度，得样本均值 $\overline{x}=10653$, 方差 $s^2=6992$. 当显著性水平 $\alpha=0.05$ 时，能否据此样本认为：

(1) 新工艺生产的缆绳的抗拉强度较以往有显著提高？

(2) 新工艺生产的缆绳的抗拉强度的方差较以往有显著变化？

解　设改进工艺后的缆绳的抗拉强度 $X\sim N(\mu,\sigma^2)$, 此处 μ,σ^2 均未知.

(1) 假设 $H_0:\mu\leqslant\mu_0=10600$; $H_1:\mu>10600$, 检验统计量为

$$t=\frac{\overline{X}-\mu_0}{\frac{S}{\sqrt{n}}}=\frac{\overline{X}-10600}{\frac{S}{\sqrt{n}}}\sim t(n-1),$$

H_0 的拒绝域为

$$W=\{t\geqslant t_\alpha(n-1)\}=\{t\geqslant t_{0.05}(9)\}=\{t\geqslant 1.8331\}.$$

由于 $n=10$, $\overline{x}=10653$, $s^2=6992$, 所以

$$t=\frac{\overline{x}-\mu_0}{\frac{s}{\sqrt{n}}}=\frac{10653-10600}{\frac{\sqrt{6992}}{\sqrt{10}}}=2.004>1.8331,$$

于是拒绝 H_0, 认为新工艺生产的缆绳的抗拉强度较以往有显著提高.

(2) 假设 $H_0:\sigma^2=\sigma_0^2=82^2$; $H_1:\sigma^2\neq 82^2$. 检验统计量为

$$\chi^2=\frac{(n-1)S^2}{\sigma_0^2}\sim\chi^2(n-1),$$

拒绝域为

$$W=\{\chi^2\leqslant\chi^2_{1-\frac{\alpha}{2}}(n-1)\text{ 或 }\chi^2\geqslant\chi^2_{\frac{\alpha}{2}}(n-1)\}.$$

由于 $n=10, \alpha=0.05$, 查表得

$$\chi^2_{1-\frac{\alpha}{2}}(n-1)=\chi^2_{0.975}(9)=2.7, \quad \chi^2_{\frac{\alpha}{2}}(n-1)=\chi^2_{0.025}(9)=19.023,$$

所以 H_0 的拒绝域为

$$W=\{\chi^2 \leqslant 2.7 \text{ 或 } \chi^2 \geqslant 19.023\}.$$

计算得

$$\chi^2=\frac{(n-1)s^2}{\sigma_0^2}=\frac{9\times 6992}{82^2}=9.36,$$

可见 χ^2 不落在 H_0 的拒绝域中, 所以接受 H_0, 认为新工艺生产的缆绳抗拉强度的方差较以往没有显著变化.

例 8.9 已知甲、乙两煤矿的含灰率分别服从正态分布 $N(\mu_1, 7.5)$ 和 $N(\mu_2, 2.6)$. 现从两个煤矿中各抽几个试样, 分析其含灰率, 数据如下:

甲矿: 24.3 20.8 23.7 21.3 17.4 (%);

乙矿: 18.2 16.9 20.2 16.7 (%).

在显著性水平 $\alpha=0.1$ 下, 甲、乙两矿所采煤的含灰率的数学期望 μ_1 和 μ_2 有无显著差异?

解 设甲、乙两矿所采煤的含灰率分别为 X 和 Y, 则 $X\sim N(\mu_1, 7.5), Y\sim N(\mu_2, 2.6)$. 假设 $H_0: \mu_1-\mu_2=\delta=0; H_1: \mu_1-\mu_2\neq 0$, 检验统计量为

$$u=\frac{\overline{X}-\overline{Y}-\delta}{\sqrt{\dfrac{\sigma_1^2}{n_1}+\dfrac{\sigma_2^2}{n_2}}}\sim N(0,1),$$

拒绝域为

$$W=\{|u|\geqslant u_{\frac{\alpha}{2}}\}=\{|u|\geqslant u_{0.05}\}=\{|u|\geqslant 1.645\}.$$

由于 $\sigma_1^2=7.5, \sigma_2^2=2.6, n_1=5, n_2=4$, 计算得 $\overline{x}=21.5, \overline{y}=18$, 于是

$$u=\frac{\overline{x}-\overline{y}-\delta}{\sqrt{\dfrac{\sigma_1^2}{n_1}+\dfrac{\sigma_2^2}{n_2}}}=\frac{21.5-18}{\sqrt{\dfrac{7.5}{5}+\dfrac{2.6}{4}}}=2.39>1.645,$$

所以拒绝 H_0, 认为两矿所采煤的含灰率有显著差别.

例 8.10 在同一只平炉上进行一项试验以确定改进操作方法是否会增加钢的得率. 每炼一炉钢, 除操作方法外, 其他条件完全相同. 交替地用标准方法和改进的操作方法各炼一炉, 记录各炉钢的得率分别为

标准方法　78.1 72.4 76.2 74.3 77.4 78.4 76.0 75.5 76.7 77.3;

新方法　79.1 81.0 77.3 79.1 80.0 79.1 79.1 77.3 80.2 82.1.

设这两个样本相互独立，且分别来自正态总体 $N(\mu_1,\sigma^2)$ 和 $N(\mu_2,\sigma^2)$，其中 μ_1,μ_2,σ^2 均未知. 在显著性水平 $\alpha=0.05$ 下，检验改进的新方法能否提高钢的得率？

解　设标准方法和新方法下钢的得率分别为 X 和 Y, 则 $X\sim N(\mu_1,\sigma^2), Y\sim N(\mu_2,\sigma^2)$. 假设

$$H_0:\mu_1-\mu_2=\delta=0;\ \ H_1:\mu_1-\mu_2<0.$$

检验统计量为

$$t=\frac{\overline{X}-\overline{Y}-\delta}{S_w\sqrt{\dfrac{1}{n_1}+\dfrac{1}{n_2}}}\sim t(n_1+n_2-2),$$

其中

$$S_w=\sqrt{\frac{(n_1-1)S_1^2+(n_2-1)S_2^2}{n_1+n_2-2}},$$

拒绝域为

$$W=\{t\leqslant -t_\alpha(n_1+n_2-2)\}=\{t\leqslant -t_{0.05}(18)\}=\{t\leqslant -1.7341\}.$$

由于 $n_1=10, n_2=10$, 计算得

$$\overline{x}=76.23,\quad s_1^2=3.325,$$

$$\overline{y}=79.43,\quad s_2^2=2.225,$$

$$s_w^2=\frac{(n_1-1)s_1^2+(n_2-1)s_2^2}{n_1+n_2-2}=\frac{9\times 3.325+9\times 2.225}{18}=2.775.$$

所以

$$t=\frac{\overline{x}-\overline{y}-\delta}{s_w\sqrt{\dfrac{1}{n_1}+\dfrac{1}{n_2}}}=\frac{76.23-79.43}{\sqrt{2.775}\sqrt{\dfrac{1}{10}+\dfrac{1}{10}}}=-4.295<-1.7341,$$

故拒绝 H_0, 认为 $\mu_1-\mu_2<0$, 即改进的新方法能够提高钢的得率.

例 8.11　有甲乙两台机床加工同种产品，现从两台机床加工的产品中随机抽取若干件，测得产品的直径 (单位： mm) 为

甲机床：10.5　9.8　9.7　10.4　10.1　10.0　9.6　9.9;

乙机床：9.5　10.4　10.5　9.6　9.6　10.4　9.6　9.9.

两台机床加工的产品直径都服从正态分布，在显著性水平 $\alpha = 0.05$ 下，比较两台机床加工的产品有无显著差异？

分析 设甲、乙两台机床加工的产品直径 (单位： mm) 分别为 X, Y, 且 $X \sim N(\mu_1, {\sigma_1}^2), Y \sim N(\mu_2, {\sigma_2}^2)$, 产品无差异意味着 $\mu_1 = \mu_2, \sigma_1^2 = \sigma_2^2$.

解 设甲、乙两台机床加工的产品直径 (单位： mm) 分别为 X, Y, 且 $X \sim N(\mu_1, {\sigma_1}^2), Y \sim N(\mu_2, {\sigma_2}^2)$, 此处 $\mu_1, \mu_2, \sigma_1^2, \sigma_2^2$ 均未知.

(1) 假设 $H_0 : \sigma_1^2 = \sigma_2^2$; $H_1 : \sigma_1^2 \neq \sigma_2^2$, 检验统计量为

$$F = \frac{S_1^2}{S_2^2} \sim F(n_1 - 1, n_2 - 1),$$

拒绝域为

$$W = \{F \leqslant F_{1-\frac{\alpha}{2}}(n_1 - 1, n_2 - 1) \text{ 或 } F \geqslant F_{\frac{\alpha}{2}}(n_1 - 1, n_2 - 1)\}.$$

由于 $n_1 = 8, n_2 = 8, \alpha = 0.05$, 查表得

$$F_{1-\frac{\alpha}{2}}(n_1 - 1, n_2 - 1) = F_{0.975}(7, 7) = \frac{1}{F_{0.025}(7, 7)} = \frac{1}{4.99} = 0.2004,$$

$$F_{\frac{\alpha}{2}}(n_1 - 1, n_2 - 1) = F_{0.025}(7, 7) = 4.99,$$

则 H_0 的拒绝域为

$$W = \{F \leqslant 0.2004 \text{ 或 } F \geqslant 4.99\}.$$

计算得 $s_1^2 = \dfrac{0.72}{7}$, $s_2^2 = \dfrac{1.38}{7}$, 即

$$F = \frac{s_1^2}{s_2^2} = \frac{0.72}{1.38} = 0.52,$$

可见 F 不落在 H_0 的拒绝域内, 故接受 H_0, 认为 $\sigma_1^2 = \sigma_2^2$. 在此基础下检验 $\mu_1 = \mu_2$ 是否成立.

(2) 假设 $H_0 : \mu_1 - \mu_2 = \delta = 0$; $H_1 : \mu_1 - \mu_2 \neq 0$. 检验统计量为

$$t = \frac{\overline{X} - \overline{Y} - \delta}{S_w\sqrt{\dfrac{1}{n_1} + \dfrac{1}{n_2}}}, \quad S_w^2 = \frac{(n_1 - 1)S_1^2 + (n_2 - 1)S_2^2}{n_1 + n_2 - 2}.$$

当 H_0 成立时， $t \sim t(n_1 + n_2 - 2)$, 则 H_0 的拒绝域为

$$W = \{|t| \geqslant t_{\frac{\alpha}{2}}(n_1 + n_2 - 2)\} = \{|t| \geqslant t_{0.025}(14)\} = \{|t| \geqslant 2.1448\}.$$

由样本值可知

$$n_1 = 8,\ \ \overline{x} = 10,\ \ s_1^2 = \frac{0.72}{7},$$

$$n_2 = 8,\ \ \overline{y} = 9.9,\ \ s_2^2 = \frac{1.38}{7},$$

$$s_w^2 = \frac{(n_1-1)s_1^2 + (n_2-1)s_2^2}{n_1+n_2-2} = \frac{0.72+1.38}{14} = 0.15,$$

所以

$$t = \frac{\overline{x}-\overline{y}-\delta}{s_w\sqrt{\dfrac{1}{n_1}+\dfrac{1}{n_2}}} = \frac{10-9.9}{\sqrt{0.15}\sqrt{\dfrac{1}{8}+\dfrac{1}{8}}} = 0.52 < 2.1448,$$

可见 t 不落在 H_0 的拒绝域内，所以接受 H_0, 认为 $\mu_1 = \mu_2$.

综上所述, 在显著性水平 $\alpha = 0.05$ 下，可以认为两台机床生产的产品无显著性差异.

例 8.12 有一放射性物质，在长为 $7.5s$ 的时间间隔里观察它放射出的 α 质点数，共观察了 2608 次，样本观察值的频数分布如下：

质点数 i	0	1	2	3	4	5	6	7	8	9	$\geqslant 10$
频数 n_i	57	203	383	525	532	408	273	139	45	27	16

在显著性水平 $\alpha = 0.05$ 下，检验在每个时间间隔里放射出的 α 质点数是否服从泊松分布？

分析　每个时间间隔里放射出的 α 质点数作为总体 X,

$$p_i = P\{X = i\},\quad i = 0, 1, 2, \cdots.$$

当 X 服从泊松分布时，有

$$P\{X = i\} = \frac{\lambda^i}{i!}\mathrm{e}^{-\lambda},\ \ i = 0, 1, 2, \cdots,$$

其中 $\lambda > 0$ 是未知参数，问题归结为检验

$$p_i = \frac{\lambda^i}{i!}\mathrm{e}^{-\lambda},\quad i = 0, 1, 2, \cdots.$$

解　假设 $H_0 : p_i = \dfrac{\lambda^i}{i!}\mathrm{e}^{-\lambda}\ (i = 0, 1, 2, \cdots)$. 由最大似然估计法得未知参数 λ 的估计值为

$$\hat{\lambda} = \bar{x} = \frac{1}{n}\sum_{i=0}^{10} i n_i = \frac{10086}{2608} = 3.87,$$

于是

$$\hat{p}_i = \frac{(3.87)^i}{i!}\mathrm{e}^{-3.87} \quad (i=0,1,2,\cdots),$$

$$n\hat{p}_i = 2608\frac{(3.87)^i}{i!}\mathrm{e}^{-3.87} \quad (i=0,1,2,\cdots).$$

计算 $\hat{p}_i, n\hat{p}_i, n_i - n\hat{p}_i, \dfrac{(n_i-n\hat{p}_i)^2}{n\hat{p}_i}$ 的结果如下：

i	n_i	$\hat{p}_i$	$n\hat{p}_i$	$n_i - n\hat{p}_i$	$\dfrac{(n_i-n\hat{p}_i)^2}{n\hat{p}_i}$
0	57	0.021	54.77	2.23	0.091
1	203	0.081	211.25	−8.25	0.322
2	383	0.156	406.85	−23.85	1.398
3	525	0.201	524.21	0.79	0.001
4	532	0.195	508.56	23.44	1.080
5	408	0.151	393.81	14.19	0.511
6	273	0.097	252.98	20.02	1.584
7	139	0.054	140.83	−1.83	0.024
8	45	0.026	67.81	−22.81	7.673
9	27	0.011	28.69	−1.69	0.100
$\geqslant 10$	16	0.007	18.26	−2.26	0.280

$$\chi^2 = \sum_{i=0}^{10}\frac{(n_i-n\hat{p}_i)^2}{n\hat{p}_i} = 13.064.$$

对于给定的显著性水平 $\alpha = 0.05$, 查自由度为 $k-r-1=9$ 的 χ^2 分布表，得 $\chi^2_{0.05}(9) = 16.919$, 拒绝域为 $W=\{\chi^2 \geqslant \chi^2_\alpha(k-r-1)\} = \{\chi^2 \geqslant 16.919\}$. 由于 $\chi^2 = 13.064 < 16.919$, 所以接受 H_0, 即认为在每个时间间隔里放射出的 α 质点数服从泊松分布.

例 8.13 设总体 $X \sim N(\mu, 9)$, 其中 μ 未知. 从 X 中抽容量为 16 的样本, 已知检验假设 $H_0: \mu = 0\,; H_1: \mu > 0$ 的拒绝域为 $W = \{\overline{X} > 1.41\}$, 求显著性水平 α.

解 检验假设 $H_0: \mu=0$; $H_1: \mu>0$, 检验统计量为

$$u = \frac{\overline{X}-0}{\dfrac{\sigma}{\sqrt{n}}} \sim N(0,1),$$

拒绝域为 $W=\{u\geqslant u_\alpha\}$, 于是有

$$\frac{\overline{X}-0}{\frac{3}{4}}\geqslant u_\alpha,$$

$$\overline{X}\geqslant\frac{3}{4}u_\alpha.$$

令

$$\frac{3}{4}u_\alpha=1.41,$$

则 $u_\alpha=1.88$, 亦即

$$\Phi(1.88)=1-\alpha,$$
$$\alpha=1-\Phi(1.88)=1-0.97=0.03.$$

例 8.14　某工厂生产的螺钉要求标准长度是 68mm, 实际生产的产品其长度 X 服从正态分布 $N(\mu,\ 3.6^2)$. 考虑假设检验问题

$$H_0:\ \mu=68;\ \ H_1:\ \mu\neq 68.$$

记 $\overline{X}$ 为样本均值，按下列方式进行检验：当 $\left|\overline{X}-68\right|>1$ 时拒绝原假设 H_0; 当 $\left|\overline{X}-68\right|\leqslant 1$ 时，接受假设 H_0. 当样本容量 $n=64$ 时，求：

(1) 犯第一类错误的概率 α;

(2) 犯第二类错误的概率 β(设 $\mu=70$).

解　(1) 因为 $n=64$, 当 H_0 成立时，$\overline{X}\sim N\left(68,\dfrac{3.6^2}{64}\right)$, 所以犯第一类错误的概率

$$\begin{aligned}\alpha&=P\{拒绝H_0|H_0为真\}\\&=P\{|\overline{X}-68|>1\}\\&=1-P\{|\overline{X}-68|\leqslant 1\}\\&=1-P\left\{\frac{|\overline{X}-68|}{\frac{3.6}{8}}\leqslant\frac{8}{3.6}\right\}\\&=1-P\{|u|\leqslant 2.22\}\\&=2-2\Phi(2.22)=0.0264.\end{aligned}$$

(2) 由于 $n=64$, 当 $\mu=70$(即 H_0 不真) 时, $\overline{X}\sim N\left(70,\dfrac{3.6^2}{64}\right)=N(70,0.45)$, 所以犯第二类错误的概率

$$\begin{aligned}\beta&=P\{\text{接受}H_0|H_0\text{不真}\}\\&=P\{|\overline{X}-68|\leqslant 1|\mu=70\}\\&=P\{67\leqslant\overline{X}\leqslant 69|\mu=70\}\\&=P\left\{\frac{-3}{\frac{3.6}{8}}<\frac{\overline{X}-70}{\frac{3.6}{8}}<\frac{-1}{\frac{3.6}{8}}\right\}\\&=\Phi(-2.22)-\Phi(-6.67)\\&=0.0132.\end{aligned}$$

小结 假设检验是统计推断的一个重要内容. 有关总体分布的未知参数或未知分布形式的种种论断的统计假设, 人们要根据样本所提供的信息对所考虑的假设作出接受或拒绝的决策.

置信区间与假设检验的联系: 知道了置信区间就能容易判明是否接受原假设; 反之, 知道了检验的接受域就得到了相应的置信区间.

要熟练掌握假设检验的一般步骤, 理解显著性水平 α 取不同值的意义, 理解控制两类不同错误发生的可能性的意义.

四、常见错误类型分析

例 8.15 设 $X_1,X_2,\cdots,X_{n_1}$ 是取自总体 $X\sim N(\mu_1,\sigma_1^2)$ 的样本, $Y_1,Y_2,\cdots,Y_{n_2}$ 是取自总体 $Y\sim N(\mu_2,\sigma_2^2)$ 的样本, 其中 μ_1,μ_2 为已知常数, σ_1^2,σ_2^2 未知, 且 X,Y 相互独立. 令

$$F_1=\frac{n_2-1}{n_1-1}\cdot\frac{\sum\limits_{i=1}^{n_1}(X_i-\overline{X})^2}{\sum\limits_{j=1}^{n_2}(Y_j-\overline{Y})^2},\quad F_2=\frac{n_2}{n_1}\cdot\frac{\sum\limits_{i=1}^{n_1}(X_i-\overline{X})^2}{\sum\limits_{j=1}^{n_2}(Y_j-\overline{Y})^2},$$

求假设检验 $H_0:\sigma_1^2=\sigma_2^2$; $H_1:\sigma_1^2\neq\sigma_2^2$ 的拒绝域.

错误结论 $W=\left\{F_2\leqslant F_{1-\frac{\alpha}{2}}(n_1,n_2)\text{ 或 }F_2\geqslant F_{\frac{\alpha}{2}}(n_1,n_2)\right\}.$

错因分析 将 σ_1^2,σ_2^2 未知的情形误当作 σ_1^2,σ_2^2 已知的情形.

正确结论　$W=\left\{F_1\leqslant F_{1-\frac{\alpha}{2}}(n_1-1,n_2-1)\text{ 或 }F_1\geqslant F_{\frac{\alpha}{2}}(n_1-1,n_2-1)\right\}$.

例 8.16　设 $X_i\ (i=1,2,\cdots,n)$, $Y_i\ (i=1,2,\cdots,n)$ 分别是从两独立正态总体 $X\sim N(\mu_1,\sigma_1^2)$ 和 $Y\sim N(\mu_2,\sigma_2^2)$ 中抽取的样本. 下列检验:

$$H_0:\mu_1=\mu_2;\quad H_1:\mu_1\neq\mu_2\ (\text{假设}\sigma_1^2,\sigma_2^2\text{未知})$$

能否进行.

错误结论　不能进行检验.

错因分析　没有注意到 $m=n$.

正确解法　样本容量 $m=n$ 时，可做变换 $Z_i=X_i-Y_i$, 将双正态总体变成单正态总体问题，只是自由度由过去的 $m+n-2$ 变成了 $(n-1)$, 检验的精度有所降低.

令 $Z_i=X_i-Y_i$, 则 $Z_i\sim N(\mu_1-\mu_2,\sigma_1^2+\sigma_2^2)$, 检验 $H_0:\mu_1-\mu_2=0$.

在 H_0 成立的条件下,

$$Z_i\sim N(0,\sigma_1^2+\sigma_2^2),\quad i=1,2,\cdots,n,$$

$$\overline{Z}=\frac{1}{n}\sum_{i=1}^{n}Z_i\sim N\left(0,\frac{\sigma_1^2+\sigma_2^2}{n}\right),$$

$$u=\frac{\overline{Z}-0}{\sqrt{\dfrac{\sigma_1^2+\sigma_2^2}{n}}}\sim N(0,1);$$

记 $S^2=\dfrac{1}{n-1}\sum\limits_{i=1}^{n}(Z_i-\overline{Z})^2$, 则 $\dfrac{(n-1)S^2}{\sigma_1^2+\sigma_2^2}\sim\chi^2(n-1)$.

令 $t=\dfrac{u}{\sqrt{\dfrac{(n-1)S^2}{\sigma_1^2+\sigma_2^2}\Big/(n-1)}}=\dfrac{u}{\dfrac{S}{\sqrt{\sigma_1^2+\sigma_2^2}}}=\sqrt{n}\cdot\dfrac{\overline{Z}}{S}$,

则 $t\sim t(n-1)$, 即在 H_0 成立的条件下,

$$t=\sqrt{n}\frac{\overline{Z}}{S}\sim t(n-1),$$

故 H_0 的拒绝域为 $W=\left\{\sqrt{n}\dfrac{|\overline{X}-\overline{Y}|}{S}\geqslant t_{\frac{\alpha}{2}}(n-1)\right\}$.

五、疑难问题解答

1. 设总体 X 服从正态分布 $N(\mu,\sigma_0^2)$, 其中 σ_0^2 为已知常数. 关于未知参数 μ 有两个二者必居其一的假设

$$H_0:\mu=\mu_0;\quad H_1:\mu=\mu_1,$$

其中 μ_0 和 μ_1 都是已知常数, 并且 $\mu_0<\mu_1$. 试根据样本 $X_1,X_2,\cdots,X_n$, 确定假设 H_0 的显著性水平为 α 的拒绝域, 并计算第二类错误的概率.

解 选取统计量

$$U=\frac{\overline{X}-\mu_0}{\sigma_0/\sqrt{n}}$$

做检验统计量. 在 $H_0:\mu=\mu_0$ 成立的条件下,

$$U\sim N(0,1).$$

由于

$$\begin{aligned}P\{|U|\geqslant U_{\frac{\alpha}{2}}\}&=P\{U\geqslant U_\alpha\}=P\{U\leqslant -U_\alpha\}\\&=P\{|U|\leqslant U_{\frac{1-\alpha}{2}}\}=\alpha,\end{aligned}$$

所以以下四种都是 H_0 的显著性水平为 α 的拒绝域:

$$\begin{aligned}&V_1=\{|U|\geqslant U_{\frac{\alpha}{2}}\}; &&V_2=\{U\geqslant U_\alpha\};\\&V_3=\{U\leqslant -U_\alpha\}; &&V_4=\{|U|\leqslant U_{\frac{1-\alpha}{2}}\},\end{aligned}$$

其中 U_α 是标准正态分布的上 α 分位点.

在 $H_1:\mu=\mu_1$ 成立的条件下,

$$U=\frac{\overline{X}-\mu_0}{\sigma_0/\sqrt{n}}=\frac{\overline{X}-\mu_1}{\sigma_0/\sqrt{n}}+\frac{\mu_1-\mu_0}{\sigma_0/\sqrt{n}}\sim N\left(\frac{\mu_1-\mu_0}{\sigma_0}/\sqrt{n},1\right)=N(\Delta,1),$$

故以 $V_i\ (i=1,2,3,4)$ 为假设拒绝域的检验的第二类错误概率为

$$\begin{aligned}\beta_i&=P\{\text{接受}H_0|H_0\text{不真}\}\\&=P\{\overline{V}_i|H_1\}=P\{\overline{V}_i|\mu=\mu_1\}\\&=\int_{\overline{V}_i}\frac{1}{\sqrt{2\pi}}\mathrm{e}^{-\frac{(x-\Delta)^2}{2}}\mathrm{d}x,\end{aligned}$$

从而

$$\beta_1 = \frac{1}{\sqrt{2\pi}}\int_{-U_{\frac{\alpha}{2}}}^{U_{\frac{\alpha}{2}}} \mathrm{e}^{-\frac{(x-\Delta)^2}{2}}\mathrm{d}x$$

$$(U = x-\Delta) = \frac{1}{\sqrt{2\pi}}\int_{-U_{\frac{\alpha}{2}}-\Delta}^{U_{\frac{\alpha}{2}}-\Delta} \mathrm{e}^{-\frac{U^2}{2}}\mathrm{d}U$$

$$= \Phi(U_{\frac{\alpha}{2}}-\Delta) - \Phi(-U_{\frac{\alpha}{2}}-\Delta)$$

$$= \Phi(U_{\frac{\alpha}{2}}-\Delta) + \Phi(U_{\frac{\alpha}{2}}+\Delta) - 1;$$

$$\beta_2 = \frac{1}{\sqrt{2\pi}}\int_{-\infty}^{U_\alpha} \mathrm{e}^{-\frac{(x-\Delta)^2}{2}}\mathrm{d}x$$

$$= \Phi(U_\alpha - \Delta);$$

$$\beta_3 = \frac{1}{\sqrt{2\pi}}\int_{-U_\alpha}^{+\infty} \mathrm{e}^{-\frac{(x-\Delta)^2}{2}}\mathrm{d}x$$

$$= 1-\Phi(-U_\alpha-\Delta)$$

$$= \Phi(U_\alpha+\Delta);$$

$$\beta_4 = \frac{1}{\sqrt{2\pi}}\int_{-\infty}^{-U_{\frac{1-\alpha}{2}}} \mathrm{e}^{-\frac{(x-\Delta)^2}{2}}\mathrm{d}x + \frac{1}{\sqrt{2\pi}}\int_{U_{\frac{1-\alpha}{2}}}^{+\infty} \mathrm{e}^{-\frac{(x-\Delta)^2}{2}}\mathrm{d}x$$

$$= \Phi(-U_{\frac{1-\alpha}{2}}-\Delta) + 1 - \Phi(U_{\frac{1-\alpha}{2}}-\Delta)$$

$$= 2-\Phi(U_{\frac{1-\alpha}{2}}+\Delta) - \Phi(U_{\frac{1-\alpha}{2}}-\Delta).$$

为了便于比较，设 $\alpha = 0.1$, $\mu_0 = 0$, $\mu_1 = 1$, $\sigma_0 = 1$, $n = 9$, 则 $\Delta = 3$, $U_{\frac{\alpha}{2}} = 1.645$, $U_\alpha = 1.28$, $U_{\frac{1-\alpha}{2}} = 0.13$, 从而 $\beta_1 \approx 0.0885$, $\beta_2 \approx 0.0427$, $\beta_3 \approx 0.9999$, $\beta_4 \approx 0.9988$.

计算结果表明, 尽管四个检验的第一类错误的概率都等于 $\alpha = 0.1$, 但它们的第二类错误的概率却不同. 以 V_2 为拒绝域的检验的第二类错误的概率最小，而此时的 $H_1: \mu > \mu_0$, 故而右侧检验的拒绝域取为 $W = \{U \geqslant U_\alpha\}$.

2. 设需要对某一正态总体的均值进行假设检验

$$H_0: \mu = 15 = \mu_0; \quad H_1: \mu < 15.$$

已知 $\sigma^2 = 2.5$, 取 $\alpha = 0.05$, 若要求当 H_1 中 $\mu \leqslant 13$ 时犯第二类错误的概率不超过 $\beta = 0.05$, 求所需样本容量.

解　选取统计量

$$U = \frac{\overline{X}-\mu_0}{\sigma/\sqrt{n}},$$

在 $H_0:\mu\geqslant\mu_0$ 成立条件下，取 $\mu=15$, 则 $U\sim N(0,1)$.

由于

$$P\{U\leqslant -U_\alpha\}=\alpha,$$

故拒绝域为 $W=\{U\leqslant -U_\alpha\}=\{U\leqslant -1.645\}$.

在 $H_1:\mu\leqslant 13$ 成立条件下，取 $\mu=13$, 则

$$U=\frac{\overline{X}-\mu_0}{\sigma/\sqrt{n}}=\frac{\overline{X}-13}{\sigma/\sqrt{n}}+\frac{13-15}{\sigma/\sqrt{n}}\sim N\left(-\frac{2}{\sigma/\sqrt{n}},1\right)=N(\varDelta,1),$$

从而

$$\begin{aligned}\beta=0.05&\geqslant P\{接受H_0|H_0不真\}\\&=P\{\overline{W}|\mu=13\}=P\{U\geqslant -1.645|\mu=13\}\\&=\int_{-1.645}^{+\infty}\frac{1}{\sqrt{2\pi}}\mathrm{e}^{-\frac{(x-\varDelta)^2}{2}}\mathrm{d}x\\&\xlongequal{u=x-\varDelta}\int_{-1.645-\varDelta}^{+\infty}\frac{1}{\sqrt{2\pi}}\mathrm{e}^{-\frac{u^2}{2}}\mathrm{d}u\\&=1-\Phi\left(-1.645+\frac{2\sqrt{n}}{\sqrt{2.5}}\right),\end{aligned}$$

则 $0.95\leqslant\Phi\left(-1.645+\dfrac{2\sqrt{n}}{\sqrt{2.5}}\right)$, 即

$$-1.645+\frac{2\sqrt{n}}{\sqrt{2.5}}\geqslant 1.645,$$

$$n\geqslant 6.765,$$

因此 $n\geqslant 7$ 即可.

3. 将一枚骰子掷 120 次，结果如下：

出现点数i	1	2	3	4	5	6
出现频数n_i	23	26	21	20	15	15

检验这枚骰子是否均匀对称？(取显著性水平 $\alpha=0.05$)

解 设 X 表示掷出的点数，若骰子是均匀对称的，则

$$P\{X=i\}=\frac{1}{6},\quad i=1,2,3,\cdots,6.$$

提出假设 $H_0: P\{X=i\}=\dfrac{1}{6}\ (i=1,2,3,\cdots,6)$, H_0 成立时,

$$\chi^2=\sum_{i=1}^{6}\frac{\left(n_i-n\cdot\dfrac{1}{6}\right)^2}{n\cdot\dfrac{1}{6}}\sim\chi^2(6-1).$$

对于 $\alpha=0.05$, 查表得 $\chi^2_{0.05}(5)=11.071$, 拒绝域 $W=\{\chi^2\geqslant\chi^2_{0.05}\}=\{\chi^2\geqslant 11.071\}$. 又

$$\chi^2=\sum_{i=1}^{6}\frac{\left(n_i-120\cdot\dfrac{1}{6}\right)^2}{120\cdot\dfrac{1}{6}}=4.8<11.071,$$

故接受假设 H_0, 可以认为骰子是均匀对称的.

4. 设总体 X 的概率分布为

X	1	2	3
P	θ^2	$2\theta(1-\theta)$	$(1-\theta)^2$

作检验 $H_0: \theta=0.1\ (H_1: \theta=0.9)$. 抽取样本 X_1,X_2,X_3, 拒绝域 $W=\{X_1=1,X_2=1,X_3=1\}$, 求此时第一类错误和第二类错误的概率.

解　第一类错误的概率为

$$\begin{aligned}p_1&=P\{W|H_0\text{为真}\}=P\{X_1=1,X_2=1,X_3=1|\theta=0.1\}\\&=\theta^6|_{\theta=0.1}=10^{-6};\end{aligned}$$

第二类错误的概率为

$$\begin{aligned}p_2&=P\{\overline{W}|H_1\}=1-P\{X_1=1,X_2=1,X_3=1|\theta=0.9\}\\&=1-(0.9)^6\approx 0.4686.\end{aligned}$$

练习 8

1. 某车间用一台包装机包装葡萄糖, 包得的袋装葡萄糖的净重 X(单位: kg) 服从 $N(\mu,\sigma^2)$ 分布, 当机器工作正常时, 其均值为 0.5kg, 根据经验知道标准差为 0.015kg (保持不变). 某日开工后, 为检验包装机工作是否正常, 从包装的葡萄糖中随机地抽取 9 袋, 称得净重为

0.497, 0.506, 0.518, 0.524, 0.498, 0.511, 0.520, 0.515, 0.512.

在显著性水平 $\alpha = 0.05$ 下，检验包装机工作是否正常.

2. 某厂生产的电子元件寿命服从正态分布 $N(\mu, \sigma^2)$, 其中 $\sigma = 40\text{h}$. 从现在生产出的一大批元件中随机抽取 9 件，测得使用寿命的均值 $\overline{x}$ 较以往正常生产的均值 μ 大 20h. 设总体方差不变，问在显著性水平 $\alpha = 0.01$ 下，能否认为这批元件的使用寿命有显著提高.

3. 设一批木材的小头直径服从正态分布，从中取出 100 根，测量其小头直径，得样本平均值 $\overline{x} = 11.2\text{cm}$. 已知标准差 $\sigma = 2.6\text{cm}$, 问这批木材的小头的平均直径能否认为是在 12cm 以上 (取显著性水平 $\alpha = 0.05$)?

4. 某厂生产一种保险丝，规定保险丝熔化时间的方差不能超过 400. 今从一大批产品中抽取 25 个，测得其熔化时间的方差为 388.58. 设熔化时间服从正态分布，检验这批产品的方差是否符合要求 (取显著性水平 $\alpha = 0.05$)?

5. 某制药厂试制一种新的抗菌素，经验表明主要指标 A 服从均值为 23.0 的正态分布. 某日开工后，随机抽取 5 瓶，测得主要指标 A 的数据为

22.3, 21.5, 22.0, 21.8, 21.4.

在显著性水平 $\alpha = 0.01$ 下，检验该日的生产是否正常.

6. 从正态总体 $N(\mu, \sigma^2)$ 中抽取容量为 10 的样本，测得观察值为

4.10, 4.20, 4.25, 4.35, 4.40, 4.50, 4.65, 4.71, 4.80, 5.10.

在显著性水平 $\alpha = 0.01$ 下，检验假设 $\sigma^2 = 0.25$.

7. 有甲乙两台机床加工同种零件，从两台的产品中随机抽取若干件，测得产品直径 (单位：cm) 为

甲：2.05, 1.98, 1.97, 2.04, 2.01, 2.00, 1.90, 1.99;.

乙：1.97, 2.08, 2.05, 1.98, 1.94, 2.06, 1.92.

假设两台机床加工的产品直径都服从正态分布，且总体方差相等，在显著性水平 $\alpha = 0.05$ 下，检验两台机床加工的产品直径有无显著差异.

8. 在正常生产条件下，某种产品的指标 $X \sim N(\mu_0, \sigma_0^2)$, 其中 $\sigma_0^2 = 0.23^2$. 现在改变了生产工艺，从新工艺生产的产品中抽取 10 件，测得 $s = 0.33$. 设新工艺生产的产品的该项指标 $X \sim N(\mu, \sigma^2)$, 在显著性水平 $\alpha = 0.05$ 下，检验：

(1) $H_0 : \sigma^2 = \sigma_0^2 = 0.23^2$, $H_1 : \sigma^2 \neq 0.23^2$;

(2) $H_0 : \sigma^2 = \sigma_0^2 = 0.23^2$, $H_1 : \sigma^2 > 0.23^2$.

9. 从某锌矿的东、西两支矿脉中，分别抽取容量为 9 和 8 的样本，测得样本含锌的均值及样本方差分别为

$$\text{东支}: \overline{x}=0.23, \quad s_1^2=0.1337;$$
$$\text{西支}: \overline{y}=0.269, \quad s_2^2=0.1736.$$

若东西两支矿脉的含锌量都服从正态分布，问东西两支矿脉含锌量的均值是否相同 (取显著性水平 $\alpha=0.05$, 假设两个总体方差相同)?

练习 8 参考答案与提示

1.

$$H_0:\mu=\mu_0=0.5; \quad H_1:\mu\neq 0.5.$$

检验统计量为 $U=\dfrac{\overline{X}-0.5}{\dfrac{0.015}{\sqrt{n}}}\sim N(0,1)$, 拒绝域为 $W=\{|U|\geqslant U_{\frac{\alpha}{2}}\}=\{|U|\geqslant 1.96\}$. 计算得 $|U|=\left|\dfrac{\overline{x}-0.5}{\dfrac{0.015}{3}}\right|=2.2>1.96$, 拒绝 H_0, 认为包装机工作不正常.

2. $H_0:\mu=\mu_0$; $H_1:\mu>\mu_0$. 检验统计量 $U=\dfrac{\overline{X}-\mu_0}{\dfrac{\sigma}{\sqrt{n}}}\sim N(0,1)$, 拒绝域 $W=\{U\geqslant U_\alpha\}=\{U\geqslant 2.33\}$. 计算得 $U=\dfrac{\overline{x}-\mu_0}{\dfrac{40}{3}}=1.5$, 接受 H_0, 认为没有显著提高.

3. $H_0:\mu=12$; $H_1:\mu<12$. 检验统计量为 $U=\dfrac{\overline{X}-12}{\dfrac{\sigma}{\sqrt{n}}}\sim N(0,1)$, 拒绝域 $W=\{U\leqslant -U_\alpha\}=\{U\leqslant -1.645\}$. 计算得 $U=\dfrac{\overline{x}-12}{\dfrac{2.6}{10}}=-3.1$, 拒绝 H_0, 不认为平均直径在 12cm 以上.

4. $H_0:\sigma^2=400$; $H_1:\sigma^2>400$. 检验统计量为 $\chi^2=\dfrac{(n-1)S^2}{\sigma_0^2}\sim\chi^2(n-1)$, 拒绝域为 $W=\{\chi^2\geqslant\chi^2_\alpha(n-1)\}=\{\chi^2\geqslant 36.415\}$. 计算得 $\chi^2=\dfrac{24\times 388.58}{400}=23.31$, 接受 H_0, 认为符合要求.

5. $H_0:\mu=\mu_0=23.0$; $H_1:\mu\neq 23.0$. 检验统计量 $t=\dfrac{\overline{X}-\mu_0}{\dfrac{S}{\sqrt{n}}}\sim t(n-1)$, 拒

绝域为 $W=\{|t|\geqslant t_{\frac{\alpha}{2}}(n-1)\}=\{|t|\geqslant 4.6041\}$. 计算知 $t=\dfrac{21.8-23}{\dfrac{0.135}{\sqrt{5}}}=-19.88$, 拒绝 H_0, 认为生产不正常.

6. $H_0:\sigma^2=0.25$; $H_1:\sigma^2\neq 0.25$. 检验统计量为 $\chi^2=\dfrac{(n-1)S^2}{\sigma_0^2}\sim\chi^2(n-1)$, 拒绝域 $W=\{\chi^2\leqslant\chi^2_{1-\frac{\alpha}{2}}(n-1)$ 或 $\chi^2\geqslant\chi^2_{\frac{\alpha}{2}}(n-1)\}=\{\chi^2\leqslant 1.735$ 或 $\chi^2\geqslant 23.589\}$. 计算得 $\chi^2=\dfrac{9\times 0.1415}{0.25}=5.094$, 接受 H_0, 认为 $\sigma^2=0.25$.

7. $H_0:\mu_1-\mu_2=0$; $H_1:\mu_1-\mu_2\neq 0$. 检验统计量为

$$t=\frac{\overline{X}-\overline{Y}}{\sqrt{\dfrac{(n_1-1)S_1^2+(n_2-1)S_2^2}{n_1+n_2-2}}\sqrt{\dfrac{1}{n_1}+\dfrac{1}{n_2}}}\sim t(n_1+n_2-2),$$

拒绝域为 $W=\{|t|\geqslant t_{\frac{\alpha}{2}}(n_1+n_2-2)\}=\{|t|\geqslant 2.16\}$. 计算得

$$t=\frac{1.9925-2}{\sqrt{\dfrac{0.0153+0.0238}{13}}\sqrt{\dfrac{1}{8}+\dfrac{1}{7}}}=-0.264,$$

接受 H_0, 认为产品直径无显著差异.

8. (1) $H_0:\sigma^2=0.23^2$; $H_1:\sigma^2\neq 0.23^2$. 检验统计量

$$\chi^2=\frac{(n-1)S^2}{\sigma_0^2}\sim\chi^2(n-1),$$

拒绝域为

$$W=\{\chi^2\leqslant\chi^2_{1-\frac{\alpha}{2}}(n-1) \text{ 或 } \chi^2\geqslant\chi^2_{\frac{\alpha}{2}}(n-1)\}=\{\chi^2\leqslant 2.7 \text{ 或 } \chi^2\geqslant 19.023\}.$$

计算知

$$\chi^2=\frac{(n-1)s^2}{\sigma_0^2}=18.53,$$

接受 H_0.

(2) $H_0:\sigma^2\leqslant 0.23^2$; $H_1:\sigma^2>0.23^2$. 检验统计量为

$$\chi^2=\frac{(n-1)S^2}{\sigma_0^2}\sim\chi^2(n-1),$$

拒绝域为

$$W=\{\chi^2\geqslant\chi^2_{\alpha}(n-1)\}=\{\chi^2\geqslant 16.919\}.$$

计算知

$$\chi^2=\frac{(n-1)s^2}{\sigma_0^2}=18.53,$$

故拒绝 H_0, 接受 H_1.

9. $H_0:\mu_1-\mu_2=0$; $H_1:\mu_1-\mu_2\neq 0$. 检验统计量为

$$t=\frac{\overline{X}-\overline{Y}}{\sqrt{\dfrac{(n_1-1)S_1^2+(n_2-1)S_2^2}{n_1+n_2-2}}\sqrt{\dfrac{1}{n_1}+\dfrac{1}{n_2}}}\sim t(n_1+n_2-2),$$

拒绝域为 $W=\{|t|\geqslant t_{\frac{\alpha}{2}}(n_1+n_2-2)\}=\{|t|\geqslant 2.1315\}$. 计算得

$$t=\frac{0.23-0.269}{\sqrt{\dfrac{1.0696+1.2152}{15}}\sqrt{\dfrac{1}{9}+\dfrac{1}{8}}}=-0.21,$$

接受 H_0, 认为两矿脉含锌量的均值相同.

综合练习 8

1. 填空题

(1) 设 $X_1,X_2,\cdots,X_n$ 是来自正态总体 $N(\mu,\sigma^2)$ 的样本, $\sigma^2=1.44$, 则检验假设 $H_0:\mu=10$ 的检验统计量为__________.

(2) 设总体 $X\sim \mathrm{N}(\mu,\sigma^2),X_1,X_2,\cdots,X_n$ 为 X 的样本, 则在显著性水平 α 下, 检验假设 $H_0:\sigma^2\geqslant\sigma_0^2(\sigma_0^2$已知$)$ 的拒绝域为__________.

(3) 设 $X_1,X_2,\cdots,X_n$ 是来自正态总体 $X\sim N(\mu,\sigma^2)$ 的样本, μ 和 σ^2 均未知. 记 $\overline{X}=\dfrac{1}{n}\sum\limits_{i=1}^{n}X_i,Q^2=\sum\limits_{i=1}^{n}(X_i-\overline{X})^2$, 则检验假设 $H_0:\mu=0$ 的检验统计量为__________.

2. 选择题

(1) 设总体 $X\sim N(\mu,\sigma^2),\sigma^2$ 未知, 则检验假设 $H_0:\mu=\mu_0$; $H_1:\mu\neq\mu_0$ 的检验统计量为 (　　).

(A) $U=\dfrac{\overline{X}-\mu}{\dfrac{\sigma}{\sqrt{n}}}$　　(B) $U=\dfrac{\overline{X}-\mu_0}{\dfrac{\sigma}{\sqrt{n}}}$

(C) $t=\dfrac{\overline{X}-\mu_0}{\dfrac{S}{\sqrt{n}}}$　　(D) $t=\dfrac{\overline{X}-\mu_0}{\dfrac{S}{\sqrt{n-1}}}$

(2) 设总体 $X \sim N(\mu, 16)$, 假设 $H_0 : \mu = 4, H_1 : \mu \neq 4$, 若用 U 检验法进行检验，则在显著性水平 α 下，接受域为 (　　).

(A) $|U| \geqslant U_{\frac{\alpha}{2}}$　　(B) $|U| < U_{\frac{\alpha}{2}}$

(C) $U \leqslant -U_{\alpha}$　　(D) $U \geqslant U_{\alpha}$

(3) 设总体 $X \sim N(\mu, \sigma^2), \mu$ 已知，检验假设 $H_0 : \sigma^2 = \sigma_0^2$ 所用的检验统计量为 (　　).

(A) $\dfrac{\overline{X} - \mu}{\dfrac{\sigma}{\sqrt{n}}}$　　(B) $\dfrac{\overline{X} - \mu}{\dfrac{S}{\sqrt{n}}}$

(C) $\dfrac{1}{\sigma_0^2} \sum\limits_{i=1}^{n} (X_i - \mu)^2$　　(D) $\dfrac{(n-1)S^2}{\sigma_0^2}$

3. 从一批灯泡中取 50 个灯泡的随机样本，算得样本均值 $\overline{x} = 1900\text{h}$, 样本标准差 $s = 490\text{h}$. 在显著性水平 $\alpha = 0.01$ 下，检验整批灯泡的平均使用寿命是否为 2000h.

4. 从两个独立的正态总体中抽取如下样本值：

$$\text{甲}(x) : 4.4, \quad 4.0, \quad 2.0, \quad 4.8;$$

$$\text{乙}(y) : 5.0, \quad 1.0, \quad 3.2, \quad 0.4.$$

算得 $\overline{x} = 3.8, s_1^2 = 1.547, \overline{y} = 2.4, s_2^2 = 4.453$. 在显著性水平 $\alpha = 0.05$ 下，能否认为两个样本来自同一个总体.

5. 设总体 $X \sim N(\mu, 9), \mu$ 未知，从 X 中抽容量为 16 的样本，已知检验假设 $H_0 : \mu = 0$; $H_1 : \mu > 0$ 的拒绝域为 $W = \{\overline{X} > 1.41\}$, 求显著性水平 α.

6. 为研究矽肺病人的肺功能变化情况，某医院对 I 期和 II 期矽肺患者各 33 人测量其肺活量，得 I 期患者的平均值为 2710mm, 标准差为 147mm, II 期患者的平均值为 2830mm, 标准差为 118mm. 假设 I 期和 II 期患者的肺活量服从正态分布 $N(\mu_1, \sigma_1^2)$ 和 $N(\mu_2, \sigma_2^2)$. 在显著性水平 $\alpha = 0.05$ 下，检验 I 期和 II 期患者的肺活量是否有显著差异.

综合练习 8 参考答案与提示

1. (1) $\dfrac{\overline{X} - 10}{\dfrac{\sigma}{\sqrt{n}}}$; (2) $\dfrac{(n-1)S^2}{\sigma_0^2} \leqslant \chi_{1-\alpha}^2(n-1)$; (3) $t = \dfrac{\overline{X}}{Q} \sqrt{n(n-1)}$.

2. (1) (C); (2) (B); (3) (C).

3. $H_0 : \mu = \mu_0 = 2000$; $H_1 : \mu \neq 2000$, 检验统计量为 $t = \dfrac{\overline{X} - \mu_0}{\dfrac{S}{\sqrt{n}}} \sim t(n-1)$,

拒绝域为 $W = \{|t| \geqslant t_{\frac{\alpha}{2}}(n-1)\} = \{|t| \geqslant 2.58\}$.

计算得 $t=1.44$, 接受 H_0, 认为平均寿命为 2000h.

4. 先检验 $H_0:\sigma_1^2=\sigma_2^2$; $H_1:\sigma_1^2\neq\sigma_2^2$. 检验统计量

$$F=\frac{S_1^2}{S_2^2}\sim F(n_1-1,n_2-1),$$

拒绝域为

$$W=\{F\leqslant F_{1-\frac{\alpha}{2}}(n_1-1,n_2-1)$$

或

$$F\geqslant F_{\frac{\alpha}{2}}(n_1-1,n_2-1)\}=\left\{F\leqslant\frac{1}{15.44}\text{ 或 }F\geqslant 15.44\right\}.$$

计算知 $F=0.35$, 接受 H_0, 认为 $\sigma_1^2=\sigma_2^2$.

再检验假设 $H_0':\mu_1=\mu_2$; $H_1':\mu_1\neq\mu_2$. 检验统计量为

$$t=\frac{\overline{X}-\overline{Y}}{\sqrt{\dfrac{(n_1-1)S_1^2+(n_2-1)S_2^2}{n_1+n_2-2}}\sqrt{\dfrac{1}{n_1}+\dfrac{1}{n_2}}}\sim t(n_1+n_2-2),$$

拒绝域为 $W=\{|t|\geqslant t_{\frac{\alpha}{2}}(n_1+n_2-2)\}=\{|t|\geqslant t_{0.025}(6)=2.4469\}$.

计算知

$$t=\frac{3.8-2.4}{\sqrt{\dfrac{3\times 1.547+3\times 4.453}{6}}\sqrt{\dfrac{1}{4}+\dfrac{1}{4}}}=1.33,$$

接受 H_0', 认为 $\mu_1=\mu_2$. 故可以认为两个样本来自同一个总体.

5. $H_0:\mu=0$; $H_1:\mu>0$, 检验统计量为 $U=\dfrac{\overline{X}}{\dfrac{\sigma}{\sqrt{n}}}\sim N(0,1)$, 拒绝域为 $\{U\geqslant U_\alpha\}$, 故 $\overline{X}\geqslant\dfrac{3}{4}U_\alpha$, 即 $\dfrac{3}{4}U_\alpha=1.41, U_\alpha=1.88, \alpha=1-\Phi(1.88)=0.03$.

6. 先检验 $H_0:\sigma_1^2=\sigma_2^2$; $H_1:\sigma_1^2\neq\sigma_2^2$. 检验统计量为

$$F=\frac{S_1^2}{S_2^2}\sim F(n_1-1,n_2-1),$$

拒绝域为

$$W=\{F\leqslant F_{1-\frac{\alpha}{2}}(n_1-1,n_2-1)$$

或

$$F\geqslant F_{\frac{\alpha}{2}}(n_1-1,n_2-1)\}=\left\{F\leqslant\frac{1}{2.04}\text{ 或 }F\geqslant 2.04\right\}.$$

计算得 $F=1.55$, 故接受 H_0, 认为 $\sigma_1^2=\sigma_2^2$.

再检验假设 $H_0':\mu_1-\mu_2=0$; $H_1':\mu_1-\mu_2\neq 0$. 检验统计量为

$$t=\frac{\overline{X}-\overline{Y}}{\sqrt{\frac{(n_1-1)S_1^2+(n_2-1)S_2^2}{n_1+n_2-2}}\sqrt{\frac{1}{n_1}+\frac{1}{n_2}}}\sim t(n_1+n_2-2),$$

拒绝域为

$$W=\{|t|\geqslant t_{\frac{\alpha}{2}}(n_1+n_2-2)\}=\{|t|\geqslant 1.96\}.$$

计算得

$$t=\frac{2710-2830}{\sqrt{\frac{32\times 147^2+32\times 118^2}{64}}\sqrt{\frac{1}{33}+\frac{1}{33}}}=-3.6,$$

拒绝 H_0', 认为两期患者的肺活量有显著差异.

第 8 章自测题

参考文献

[1] 白岩，赵建华，杨淑华. 微积分习题课教程 (下册) [M]. 北京：清华大学出版社， 2007.

[2] 李辉来，张魁元，赵建华. 大学数学 —— 微积分 (上、下册) [M]. 北京：高等教育出版社， 2004.

[3] 孙毅，赵建华，王国铭，等. 微积分 (下册) [M]. 北京：清华大学出版社，2006.

[4] 李辉来，孙毅，张旭利. 微积分 (上册) [M]. 北京：清华大学出版社，2005.

[5] 董加礼，孙丽华. 工科数学基础 (上、下册) [M]. 北京：高等教育出版社，2001.

[6] 马知恩，王绵森. 工科数学分析基础 (上、下册) [M]. 北京：高等教育出版社， 1998.

[7] 同济大学应用数学系. 微积分 (上、下册) [M]. 北京：高等教育出版社，1999.

[8] 朱来义. 微积分 [M]. 2 版. 北京：高等教育出版社， 2004.

[9] 黄万风，李忠范，等. 高等数学习题课教程 (上、下册) [M]. 长春：吉林人民出版社， 1999.

[10] 张朝凤，赵建华，王颖，等. 微积分习题课教程 [M]. 北京：高等教育出版社， 2006.